OEUVRES

DU COMTE

DE LACÉPÈDE.

TOME X.

DE L'IMPRIMERIE DE FIRMIN DIDOT FRÈRES,
IMPRIMEURS DE L'INSTITUT, RUE JACOB, N° 24.

OEUVRES

DU COMTE

DE LACÉPÈDE,

MEMBRE DE L'ACADÉMIE ROYALE DES SCIENCES,

L'UN DES PROFESSEURS DU MUSÉUM D'HISTOIRE NATURELLE,
MEMBRE DE PLUSIEURS SOCIÉTÉS SAVANTES, FRANÇAISES ET ÉTRANGÈRES,
PAIR DE FRANCE,
ET ANCIEN GRAND CHANCELIER DE LA LÉGION-D'HONNEUR.

NOUVELLE ÉDITION,

DIRIGÉE

PAR M. A G. DESMAREST,

Correspondant de l'Académie des Sciences, membre titulaire de l'Académie de
Médecine, professeur de Zoologie à l'École royale vétérinaire d'Alfort, etc.

HISTOIRE NATURELLE DES POISSONS. — TOME VI.

A PARIS,

CHEZ VERDIÈRE ET LADRANGE,

LIBRAIRES, QUAI DES AUGUSTINS.

1832.

L'ARGYRÉIOSE VOMER.[1]

Argyreiosus Vomer, Lac., Cuv.; *Abacatuia*, Marcg.; *Zeus Vomer*, Linn. (2).

Lᴇs eaux chaudes du Brésil, et les eaux froides

---

(1) *Argyreios*, en grec, signifie *argenté*.

Pflugschaar, par les Allemands.

Silver skrabba, par les Suédois.

Solopletter, et *guldfisk*, par les Norvégiens.

Zilverfisch, par les Hollandais.

Larger silver fish, à la Jamaïque.

Guaperva abacatuajarana, au Brésil.

Doré le coq. Daubenton et Haüy, Encyclopédie méthodique.

Id. Bonnaterre, planches de l'Encyclopédie méthodique.

Mus. Adolph. Fr. 1, p. 67, tab. 31, fig. 2.

Bloch, pl. 193, fig. 2.

Manuscrits du prince Maurice de Nassau.

« Zeus caudâ bifurcâ, etc. » Muller, Prodrom. Zoolog. Danic., p. 44, n. 370.

« Tetragonoptrus squamulis pinnisque splendentis nigri, etc. » Klein, Miss. pisc. 4, p. 38, n. 7, 8, tab. 12, fig. 1.

« Rhomboïda major alepidota. » Browne, Jam., p. 455, n. 2.

Marcg. Brasil., p. 145.

Willughby, Ichthyol. t. O, 1, fig. 4.

Jonst., de Piscib., p. 178, tab. 32, fig. 3.

Ruysch, Theat. anim. 1, p. 124, tab. 32, fig. 3.

(2) Du sous-genre AʀɢʏʀÉɪᴏsᴇ, dans le grand genre Vᴏᴍᴇʀ de M. Cuvier. Famille des Acanthoptérygiens scombéroïdes. Dᴇsᴍ. 1832.

qui baignent la Norvége, nourrrissent également cet argyréiose; et c'est une nouvelle preuve de ce que nous avons dit, lorsque nous avons exposé, dans un Discours particulier, les effets de l'art de l'homme sur la nature des poissons. La grande différence qui sépare le climat glacial de la Norvége et le climat brûlant du Brésil, n'influe pas même d'une manière très-sensible sur les individus de cette espèce d'argyréiose vomer. Leurs formes sont semblables dans l'hémisphère nord et dans l'hémisphère austral. Ils sont, et près du pôle arctique, et près du tropique du capricorne, également parés d'une belle couleur argentine répandue sur presque toute leur surface, et rendue plus agréable par un beau bleu étendu sur toutes leurs nageoires; seulement des reflets d'azur ondulent au milieu des teintes d'argent des vomers du Brésil, pendant que des tons de pourpre distinguent ceux de la Norvége.

Les uns et les autres se nourrissent de crabes et d'animaux à coquilles; et, comme ils trouvent en très-grande abondance de ces crustacés et de ces mollusques sur les rives de la Norvége, aussi bien que sur celles du Brésil, ils vivent avec une égale facilité dans les mers de ces deux contrées. Ils y parviennent à la même longueur, qui est celle de quinze ou seize centimètres. Leurs muscles sont peu volumineux; leur chair est de bon goût en Europe et en Amérique; et leurs habitudes étant semblables dans l'ancien et dans le nouveau continent, on y emploie les mêmes procédés pour les pêcher : on les prend non-seulement au filet, mais encore à l'hameçon.

Au reste, tous les vomers ont la dorsale deux fois découpée, et l'anale une fois échancrée en forme de faux ; le second rayon de l'anale, et surtout le second et le troisième rayons de la nageoire du dos, assez prolongés pour dépasser les pointes de la caudale ; des thoracines dont la longueur égale celle du corps et de la queue pris ensemble ; des écailles très-difficilement visibles ; la nuque et le dos très-élevés ; la mâchoire inférieure plus longue que celle d'en-haut, et garnie, comme cette dernière, de dents petites et pointues ; un seul orifice à chaque narine ; et la ligne latérale très-courbée.

On remarquera aisément les rapports qui lient le vomer avec la sélène argentée, et d'après lesquels les habitants du Brésil ont donné le nom vulgaire de *Guaperva* à ces deux animaux (1).

---

(1)   7 rayons à la membrane branchiale de l'argyréiose argenté.
18 rayons à chaque pectorale.
6 rayons à chaque thoracine.
19 rayons à la nageoire de la queue.

CENT QUARANTE-SIXIÈME GENRE.

LES ZÉES.

Le corps et la queue très-comprimés ; des dents aux mâchoires ; une seule nageoire dorsale ; plusieurs rayons de cette nageoire terminés par des filaments très-longs, ou plusieurs piquants le long de chaque côté de la nageoire du dos ; une membrane verticale placée transversalement au-dessous de la lèvre supérieure ; les écailles très-petites ; point d'aiguillons au-devant de la nageoire du dos, ni de celle de l'anus.

PREMIER SOUS-GENRE.

La nageoire de la queue fourchue, ou échancrée en croissant.

ESPÈCES.	CARACTÈRES.
1. LE ZÉE LONGS-CHEVEUX.	Trente rayons à la nageoire du dos ; dix-neuf à celle de l'anus ; six rayons de la nageoire du dos, et six rayons de l'anale, terminés chacun par un filament capillaire très-délié, et beaucoup plus long que la tête, le corps et la queue pris ensemble ; les thoracines plus longues que le corps ; la couleur générale argentée.
2. LE ZÉE RUSÉ.	Vingt-quatre rayons à la dorsale ; vingt rayons à la nageoire de l'anus ; une rangée d'aiguillons de chaque côté de la nageoire du dos ; l'ouverture de la bouche très-petite ; le museau prenant une forme cylindrique, à la volonté de l'animal ; la couleur générale argentée.

SECOND SOUS-GENRE.

La nageoire de la queue, rectiligne, ou arrondie, et sans échancrure.

ESPÈCE.	CARACTÈRES.
3. LE ZÉE FORGERON.	Trente-deux rayons à la dorsale; vingt-six à l'anale; un long filament à chacun des rayons de la nageoire du dos, depuis le second jusqu'au huitième inclusivement; une rangée longitudinale d'aiguillons, de chaque côté de la dorsale; la caudale arrondie; la dorsale et l'anale très-échancrées; une tache noire et ronde sur chaque côté de l'animal.

LE ZÉE LONGS-CHEVEUX,[1]

Blepharis ciliaris, Cuv.; *Zeus ciliaris*, Linn., Bl., Lac. (2).

ET LE ZÉE RUSÉ.[3]

Equula insidiatrix, Cuv.; *Zeus insidiator*, Linn., Bl., Lac. (4).

L'ÉCLAT que répand le zée longs-cheveux est très-doux à l'œil, parce que les écailles qui revêtent ce poisson ne pouvant être vues que difficilement, ses nuances argentées ne sont pas réfléchies par des lames dures, larges et polies, qui renvoient avec vivacité et les couleurs et la lumière : mais ses teintes sont belles et riches; chaque opercule présente des reflets dorés; et cet or ainsi que cet argent sont comme encadrés par une dis-

(1) *Doré-gal à longs cheveux.* Bonnaterre, planches de l'Encyclopédie méthodique.

Bloch, pl. 191.

(2) Du sous-genre BLEPHARIS, dans le genre VOMER, Cuv. Famille des Acanthoptérygiens scombéroïdes. DESM. 1832.

(3) *Doré rusé.* Bonnaterre, planches de l'Encyclopédie méthodique. Bloch, pl. 192, fig. 2.

(4) Du sous-genre EQUULA, dans le genre VOMER, Cuv. Famille des Acanthoptérygiens scombéroïdes. DESM. 1832.

tribution aussi noble que gracieuse, au milieu d'un violet foncé et bien fondu qui règne sur toutes les nageoires.

La mâchoire inférieure est plus avancée que la supérieure; chaque narine montre deux orifices; deux plaques forment chaque opercule; la ligne latérale est très-courbe près de la tête, et ensuite très-droite.

Mais ce que l'on doit particulièrement remarquer dans la conformation de ce zée, ce sont l'excessive longueur et la ténuité des filaments qui terminent plusieurs rayons de ses nageoires du dos et de l'anus. Ces filaments si déliés ne peuvent servir ni à ses mouvements, ni à sa défense; mais je ne serais pas surpris quand on apprendrait, par quelque voyageur, qu'ils ont influé sur les habitudes de ce poisson, au point de rendre ses mœurs très-dignes de l'observation du physicien. Il est probable que ce zée, qui ne peut pas employer beaucoup de force pour vaincre sa proie, ni peut-être une grande vitesse pour l'atteindre, à cause de la grande hauteur et de la petite épaisseur de son corps, qui doivent rendre sa natation pénible, a recours à la ruse que ses filaments lui rendent très-facile. On pourrait croire que, par le moyen de ces longs appendices qu'il roule autour des plantes aquatiques et des petites saillies des rochers, il se maintient dans un état de repos qui lui permet de dérober aisément sa présence à de petits poissons, surtout lorsqu'il est à demi caché par les végétaux ou les différents corps derrière lesquels il se place, et que, posté ainsi en embuscade, il emploie une partie de ces mêmes filaments, comme plusieurs osseux ou cartilagineux se servent des leurs, à tromper les poissons trop jeunes et trop imprudents, qui, prenant ces fils agités en différents sens pour des vers marins ou fluviatiles, se jettent sur ces prolongations animées, et se précipitent, pour ainsi dire, dans la gueule de leur ennemi.

Cette conjecture est en quelque sorte confirmée par ce que nous savons déjà de la manière de vivre du zée rusé, que l'on trouve à Surate, comme le longs-cheveux.

Le rusé mérite en effet, par ses petites manœuvres, le nom spécifique qui lui a été donné. Il offre, dans les eaux douces de la côte de Malabar, des habitudes très-analogues à celles du cotte insidiateur, du spare trompeur, du chétodon soufflet, et du chétodon museau - allongé; et cette ressemblance provient de la conformation particulière de son museau, laquelle a beaucoup de rapports avec celle de la bouche des quatre poissons chasseurs que nous venons de nommer.

La mâchoire inférieure du zée rusé s'élève dans une direction presque droite; lorsque l'animal la baisse pour ouvrir la bouche, elle entraîne en en-bas la mâchoire supérieure, et le museau est changé en une sorte de long cylindre, à l'extrémité duquel paraît l'ouverture de la bouche, qui

est très-petite, et qui, par ce mouvement, se trouve
descendue au-dessous du point qu'elle occupait.
Cette ouverture reprend sa première place, lorsque l'animal, retirant vers le haut sa mâchoire
supérieure, relève l'inférieure, l'applique contre
celle d'en-haut, fait disparaître la forme cylindrique du museau, et ferme entièrement sa bouche. Ce cylindre allongé, que l'animal forme toutes
les fois et aussi vite qu'il le veut, lui sert de petit
instrument pour jeter de petites gouttes d'eau sur
les insectes qui volent auprès de la surface des lacs
ou des rivières, et qui, ne pouvant plus se soutenir sur des ailes mouillées, tombent et deviennent sa proie (1).

Chacun des opercules du rusé est d'ailleurs
composé de deux pièces ; sa dorsale peut être pliée
et cachée dans une fossette longitudinale, que
bordent les deux rangées d'aiguillons indiquées
sur le tableau du genre. Ce zée paraît revêtu, sur
toute sa surface, d'une feuille d'argent qui présente des taches noires et irrégulières sur le dos,
et de petits points noirs sur les côtés ; sa chair

---

(1) 7 rayons à la membrane branchiale du zée longs-cheveux.

    17 rayons à chaque pectorale.

     5 rayons à chaque thoracine.

    21 rayons à la nageoire de la queue.

     7 rayons à la membrane branchiale du zée rusé.

    16 rayons à chaque pectorale.

     1 rayon aiguillonné et 5 rayons articulés à chaque thoracine.

    18 rayons à la caudale.

est grasse ainsi qu'agréable au goût ; et lorsqu'on veut le prendre à l'hameçon, on garnit cet instrument d'insectes ailés.

Les peintures chinoises que l'on conserve dans la bibliothèque du Muséum national d'histoire naturelle, offrent la figure d'un zée qui peut-être forme une espèce particulière, et peut-être n'est qu'une variété du rusé. Il paraît en différer par trois caractères : une anale beaucoup plus longue ; un rayon de chaque thoracine très-allongé ; et une ligne latérale non interrompue.

LE ZÉE FORGERON.[1]

Zeus Faber, Linn., Bl., Lacep., Cuv. (2).

CE zée se trouve dans l'Océan atlantique et dans

---

(1) *Dorée*, en France.

Poule de mer, ibid.

Coq, sur quelques côtes françaises de l'Océan.

Lau, ibid.

Troueie, dans quelques départements méridionaux de France.

Saint-pierre, ibid.

Rode, ibid.

Gal, en Espagne.

Il pesce fabro, en Sardaigne.

Laurata, à Malte.

Fabro, en Dalmatie.

Christophoron, par des Grecs modernes.

Pesce san-piedro, en Italie.

Citula, ibid.

Rotula, ibid.

Saint-peter fisch, en Allemagne.

Sonnen fisch, ibid.

Meerschmid, ibid.

Heringskœnig, ou *roi des harengs*, auprès de Hambourg et de Heiligeland.

Skrabba, en Suède.

(2) Du sous-genre DORÉE, *Zeus*, dans le grand genre VOMER, de la
famille des Acanthoptérygiens scombéroïdes, Cuv. DESM. 1832.

la Méditerranée. Dès le temps d'Ovide, il avait

Sonnenvis, en Hollande.

Dorn, en Angleterre.

Doré poissòn saint-pierre. Daubenton et Haüy, Encyclopédie méthodique.

Id. Bonnaterre, planches de l'Encyclopédie méthodique.

Bloch, pl. 41.

Brünn. Pisc. Massil., p. 33, n° 46.

Mus. Ad. Frid. 1, p. 67, tab. 31, fig. 2.

« Zeus ventre aculeato, caudâ in extremo circinatâ. » Artedi, gen. 50, syn. 78.

Ὁ χαλκεὺς. Athen. lib. 7, fol. 163, 50, ed. Vald.

Oppian., lib. 1, fol. 6, 17.

« Zeus, idem faber. » Plin., liq. 9, cap. 18; et lib. 32, cap. 11.

Ovid. Halieutic. versu 111.

« Citula, sive sancti Petri piscis. » P. Jov. cap. 27, p. 98.

Doré, ou *poisson saint-pierre*. Rondelet, première partie, liv. 11, chap. 19.

« Faber, sive gallus marinus. » Gesner, p. 369, 439, et (germ.) fol. 32, *b*.

Id. Willughby, p. 294, tab. *S*, 16.

In. Rai, p. 99.

Faber. Columel., lib. 8, cap. 16.

Id. Wotton, lib. 8, cap. 181, fol. 160, *b*.

Id. Salvian. fol. 203, 204, 205.

Id. Aldrovand., lib. 1, cap. 25, p. 112.

Id. Jonston, lib. 1, tit. 2, c. 1, *a*, 18, tab. 17, fig. 1, 2.

Id. Charlet. p. 136.

Χαλκεὺς, id est *faber*. Schneider, Petri Artedi Synonymia piscium, etc., p. 117.

Gronov. Mus. 1, p. 47, n. 107; Zooph. p. 96, n. 311.

« Tetragonoptrus capite amplo, etc. » Klein, Miss. pisc. 4, p. 39, n. 11.

Ruysch, Theatr. anim. p. 37, tab. 17, fig. 1.

Belon, Aquat. p. 150.

Brit. Zoolog. 3, p. 181, n. 1.

été observé dans cette dernière mer; Pline savait que, très-recherché par les pêcheurs de l'Océan, ce poisson était depuis très-long-temps préféré à presque tous les autres par les citoyens de Cadix; et Columelle, qui était de cette ville, et qui a écrit avant Pline, indique le nom de *Zée* comme donné très-anciennement à ce thoracin. Cet auteur connaissait, ainsi que Pline, le nom de *Forgeron*, que l'on avait employé pour cet osseux, particulièrement sur le rivage de la mer Atlantique, et que nous lui avons conservé avec Linnée, et plusieurs autres naturalistes modernes.

Dans des temps bien postérieurs à ceux d'Ovide, de Columelle et de Pline, des idées très-différentes de celles qui occupaient ces illustres Romains, firent imaginer aux habitants de Rome, que le zée, dont nous donnons une notice, était le même animal qu'un poisson fameux dans l'histoire de Pierre, le premier apôtre de Jésus, et que tous les individus de cette espèce n'avaient sur chacun de leurs côtés une tache ronde et noire que parce que les doigts du prince des apôtres s'étaient appliqués sur un endroit analogue, lorsqu'il avait pris un de ces zées pour obéir aux ordres de son maître; et comme les opinions les plus extraordinaires sont celles qui se répandent le plus vite et qui durent pendant le plus de temps, on donne encore de nos jours, sur plusieurs côtes de la Méditerranée, le nom de *Poisson de saint Pierre* au zée forgeron. Les Grecs modernes l'appellent aussi *Poisson de saint Christophe*, à cause d'une de leurs légendes pieuses, que l'on ne doit pas s'attendre à trouver dans un ouvrage sur les sciences naturelles. Mais il est résulté de cette sorte de dédicace, que le forgeron a été observé avec plus de soin, et beaucoup plus tôt connu que plusieurs autres poissons. Il parvient communément à la longueur de quatre ou cinq décimètres; et il pèse alors cinq ou six kilogrammes. Il se nourrit des poissons timides qu'il poursuit auprès des rivages, lorsqu'ils viennent y pondre ou y féconder leurs œufs. Il est si vorace, qu'il se jette avec avidité et sans aucun discernement sur toutes sortes d'appâts ; et l'espèce d'audace qui accompagne cette voracité ne doit pas étonner dans un zée qui, indépendamment des dimensions de sa bouche, et du nombre ainsi que de la force de ses dents, a une rangée longitudinale de piquants non-seulement de chaque côté de la dorsale, mais encore à droite et à gauche de la nageoire de l'anus. D'ailleurs ces aiguillons sont très-durs, et les sept ou huit derniers sont doubles. Les huit ou neuf premiers piquants de la nageoire du dos peuvent être considérés de chaque côté comme des apophyses des rayons aiguillonnés de cette nageoire; et les deux rangs d'aiguillons recourbés et contigus qui accompagnent la partie antérieure de l'anale, se prolongent jusqu'à la gorge en garnissant le dessous du corps, de deux lames dentelées comme celle d'une scie. A toutes ces armes le forgeron réunit encore deux pointes dures et aiguës, qui partent de la base de chaque pectorale, et se dirigent verticalement, la plus courte vers le dos, et la plus longue vers l'anus.

La mâchoire inférieure est plus avancée que la supérieure; celle-ci peut s'étendre à la volonté de l'animal. Les yeux sont gros et rapprochés; les narines ont de grands orifices, les branchies une large ouverture, et les opercules chacun deux lames; les écailles sont très-minces.

L'ensemble du poisson ressemblant un peu à un disque, au moins si l'on en retranchait le museau et la caudale, il n'est pas surprenant qu'on l'ait comparé à une roue, et qu'on ait donné le nom de *Rondelle* à l'animal. Sa couleur générale est mêlée de peu de vert et de beaucoup d'or, et voilà pourquoi il a été appelé *Doré* : mais sa parure, quoique très-riche, paraît enfumée; des teintes noires occupent le dos, la partie antérieure de la nageoire de l'anus, ainsi que de la dorsale, le museau, quelques portions de la tête; et c'est ce qui a fait nommer ce zée *Forgeron*.

Ses pectorales, ses thoracines, la partie postérieure de la nageoire du dos, et celle de l'anale, sont grises; et la caudale est grise avec des raies jaunes ou dorées.

L'estomac est petit, le canal intestinal très-sinueux, l'ovaire double, ainsi que la laite. On compte trente-une vertèbres à l'épine du dos. La charpente osseuse, excepté les parties solides de la tête, a les plus grands rapports avec celle des pleuronectes, dont nous allons nous occuper ; et cette analogie a été particulièrement remarquée par le savant professeur Schneider.

De même que quelques balistes, quelques cottes, quelques trigles et d'autres poissons, le *Forgeron* peut comprimer assez rapidement ses organes intérieurs, pour que des gaz violemment pressés sortent par les ouvertures branchiales, froissent les opercules, et produisent un léger bruissement. Cette sorte de bruit a été comparée à un grognement, et a fait donner le nom de *Truie* au zée dont nous parlons (1).

---

(1)   7 rayons à la membrane branchiale du zée forgeron.

    12 rayons à chaque pectorale.

     9 rayons à chaque thoracine.

    13 rayons à la nageoire de la queue.

CENT QUARANTE-SEPTIÈME GENRE.

LES GALS.

Le corps et la queue très-comprimés ; des dents aux mâchoires ; deux nageoires dorsales ; plusieurs rayons de l'une de ces nageoires terminés par des filaments très-longs, ou plusieurs piquants le long de chaque côté des nageoires du dos ; une membrane verticale placée transversalement au-dessous de la lèvre supérieure ; les écailles très-petites ; point d'aiguillons au-devant de la première ni de la seconde dorsale, ni de la nageoire de l'anus.

ESPÈCE.	CARACTÈRES.
LE GAL VERDÂTRE.	Sept rayons aiguillonnés à la première nageoire du dos ; cette dorsale très-basse ; dix-sept rayons à la seconde ; quinze rayons à la nageoire de l'anus ; la caudale fourchue ; la couleur générale verdâtre.

LE GAL VERDATRE.[1]

Gallus virescens, Lac., Cuv.; *Zeus Gallus*, Linn., Bl. [2].

DANS quelles mers ne se trouve pas ce gal verdâtre? On l'a vu au Brésil, à la Jamaïque, aux

---

(1) *Coq de mer*, par les Français.

Lune, id.

Serduk, à Malte.

Meerhan, en Allemagne.

Soesmed, en Groenland.

Kollivsinternak, ibid.

Meerhœhn, en Hollande.

Bonte laertje, ibid.

Larger silverfish, à la Jamaïque.

Abacatuaja, au Brésil.

Peixe gallo, par les Portugais du Brésil.

Ikan kapelle, aux Indes orientales.

Zée coq de mer. Bloch, pl. 192, fig. 1.

Doré gal. Daubenton et Haüy, Encyclopédie méthodique.

Id. Bonnaterre, planches de l'Encyclopédie méthodique.

Gronov. Mus. 1, n. 108 ; Zooph. p. 96, n. 312.

« Tetragonoptrus totus argenteus lævissimus, etc. » Klein, Miss.
pisc. 4, p. 38, n. 8 et 9.

« Zeus caudâ bifurcâ. » Artedi, gen. 35, syn. 78.

(2) Du sous-genre GAL, dans le grand genre VOMER de M. Cuvier.
Famille des Acanthoptérygiens scombéroïdes. DESM. 1832.

Antilles, auprès du Groënland, dans les Indes orientales, dans la Méditerranée. Sous tous ces climats si différents, et même si opposés, il présente les mêmes habitudes, les mêmes formes, les mêmes couleurs, les mêmes dimensions. Il offre ordinairement, dans toutes les eaux salées qui le nourrissent, une longueur de près de deux décimètres. Il recherche les très-petits poissons, et les vers ou les insectes qui habitent au fond ou à la surface de l'Océan. Il fait entendre, suivant Pison, un bruissement semblable à celui du zée forgeron. Sa chair est de bon goût. Ses écailles ne peuvent être vues que très-difficilement, tant elles sont petites. Chaque narine a deux orifices. La nuque est très-relevée et un peu bombée. La ligne latérale s'élève, se courbe, descend, se recourbe de nouveau, et va ensuite très-directement jusqu'à la nageoire de la queue. Les nageoires

---

Seba, Mus. 3, p. 72, n. 34, tab. 26, fig. 34.

Marcgr. Brasil. p. 161.

Pison, Ind. p. 154.

Willughby, Ichthyol. p. 295, tab. S, 18, fig. 2.

Rai, Pisc. p, 99, n. 28.

Jonston, Pisc. p. 202, tab. 37, fig. 2.

Ruysch, Theatr. anim. p. 141, tab. 37, fig. 2.

Meerhaehn. Nieuh. Ind. 1, p. 270.

Lune. Du Tertre, Antill. 2, p. 215.

Rameur. Renard, Poiss. 2, tab. 26, fig. 128.

sont d'un beau vert ; et les côtés, d'un argenté
brillant (1).

---

(1) 7 rayons à la membrane branchiale du gal verdâtre.
   16 rayons à chaque pectorale.
    1 rayon aiguillonné et 5 rayons articulés à chaque thoracine,
     dont les premiers rayons sont très-allongés.
   24 rayons à la nageoire de la queue.

CENT QUARANTE-HUITIÈME GENRE.

LES CHRYSOTOSES.

*Le corps et la queue très-comprimés ; la plus grande hauteur
de l'animal, égale ou presque égale à la longueur du corps
et de la queue pris ensemble ; point de dents aux mâchoires ;
une seule nageoire dorsale ; les écailles très-petites ; point
d'aiguillons au-devant de la nageoire du dos, ni de celle de
l'anus ; plus de huit rayons à chaque thoracine.*

ESPÈCE.	CARACTÈRES.
Le Chrysotose lune.	Un ou deux rayons aiguillonnés et quarante-six rayons articulés à la dorsale ; un rayon aiguillonné et trente-cinq rayons articulés à la nageoire de l'anus ; la caudale fourchue ; la couleur générale dorée.

LE CHRYSOTOSE [1] LUNE.[2]

Lampris guttatus, Retzius, Cuv.; *Chrysotosus Luna,* Lac.;
Zeus Luna, Linn., Gmel.; *Zeus regius,* Bonnat. (3).

————

C'EST un grand et magnifique poisson que ce chrysotose, que Duhamel et Pennant ont décrit, et que le professeur Gmelin, ainsi que le professeur Bonnaterre, ont inscrit dans le genre des zées, mais qui n'appartient pas à ce genre, et qui n'est encore qu'imparfaitement connu. Un individu de cette superbe espèce, très-bien conservé dans le Muséum d'histoire naturelle, et qui pourrait bien être celui sur lequel Duhamel a fait sa description, nous a présenté tous les traits distinctifs de ce beau chrysotose. Ce poisson osseux a beaucoup de rapports avec le cartilagineux auquel nous avons conservé le nom de

---

(1) Le nom générique de *Chrysotose* vient du mot grec χρύσοτος, qui signifie *doré.*

(2) *Poisson lune.* Duhamel, Traité des pêches, 3, pl. 15.
Poisson royal. Bonnaterre, planches de l'Encyclopédie méthodique.
Pennant, Zoolog. Brit. vol. 3, n. 101.

(3) Du sous-genre LAMPRIS, dans le grand genre VOMER, Cuv. Famille des Acanthoptérygiens scombéroïdes. DESM. 1832.

Diodon Lune; mais, indépendamment d'autres grandes différences qui l'en séparent, il ne réfléchit pas les mêmes nuances. Lorsqu'il resplendit auprès de la surface de la mer, il ne renvoie pas une lumière argentine comme celle de la lune; il brille de l'éclat de l'or; et c'est au disque solaire plutôt qu'à celui de l'astre des nuits, qu'il aurait fallu comparer la surface richement décorée qu'offre chacun de ses côtés. Plusieurs reflets d'azur, d'un vert clair et d'argent, se jouent sur ce fond doré, au milieu d'un grand nombre de taches couleur de perle ou de saphir; les nageoires sont du rouge le plus vif, et c'est ce qui a fait dire à un observateur, que l'on devrait regarder ce chrysotose *comme un seigneur de la cour de Neptune, en habit de gala* (1).

Lorsque ce poisson lune parvient à des dimensions très-étendues, et par exemple lorsqu'il a soixante-six centimètres de hauteur (sans y comprendre les nageoires du dos et de l'anus) sur dix ou onze décimètres de longueur totale, ainsi que l'individu du Muséum d'histoire naturelle, il pèse près de vingt kilogrammes. On ne distingue pas, sur cet individu du Muséum, de ligne latérale; la lèvre supérieure était extensible; la mâchoire inférieure est plus longue que la supérieure; la dorsale est en forme de faux; l'extrémité de la

---

(1) Note manuscrite envoyée à Guénaud de Montbelliard, et que Buffon, à qui il l'avait remise, m'a donnée dans le temps.

queue, très-basse et cylindrique, s'avance au milieu de la base de la caudale ; les écailles sont
unies ; on n'en voit pas sur les opercules ; les yeux
sont ronds, gros et saillants (1).

On ne rencontre que très-rarement les chrysotoses lunes. Lorsqu'on en montra un à Dieppe,
il y a plusieurs années, les plus anciens pêcheurs
voyaient cette espèce pour la première fois. Les individus que les naturalistes ont observés, avaient
été pris sur les côtes françaises ou anglaises de
l'océan Atlantique. Il paraît cependant que le
chrysotose que nous décrivons habite aussi dans
les mers de la Chine ; nous avons cru en effet reconnaître une variété de cette *Lune*, dans une des
peintures chinoises qui font partie de la collection
du Muséum d'histoire naturelle.

---

(1) 20 rayons à chaque pectorale du chrysotose lune.

   1 rayon aiguillonné et 8 ou 9 rayons articulés à chaque thoracine.

Le premier et le dernier rayons de la caudale, aiguillonnés.

CENT QUARANTE-NEUVIÈME GENRE.

LES CAPROS.

Le corps et la queue très-comprimés et très-hauts ; point de dents aux mâchoires ; deux nageoires dorsales ; les écailles très-petites ; point d'aiguillons au-devant de la première ni de la seconde dorsale, ni de la nageoire de l'anus.

ESPÈCE.	CARACTÈRES.
Le Capros sanglier.	Neuf rayons à la première nageoire du dos ; vingt-trois à la seconde ; trois rayons aiguillonnés et dix-sept rayons articulés à la nageoire de l'anus ; la caudale sans échancrure.

LE CAPROS SANGLIER.[1]

Capros Aper, Lac., Cuv.; *Zeus Aper*, Linn., Bloch (2).

La mer qui baigne les rivages de la Ligurie et
ceux de la campagne de Rome, nourrit ce poisson, que l'on n'y pêchait cependant que très-rarement du temps de Rondelet. Ce thoracin a le museau avancé, un peu cylindrique, terminé par une
ouverture assez petite et par une lèvre supérieure
facile à étendre, ce qui donne à cette partie de

---

(1) *Riondo* , à Rome.

Strivale , aux environs de Gènes.

Lucerna , ibid.

Pesce pavotto , ibid.

Doré sanglier. Daubenton et Haüy , Encyclopédie méthodique.

Id. Bonnaterre , planches de l'Encyclopédie méthodique.

« Zeus totus rubens , caudà æquali , rostro sursum reflexo. » Artedi ,
gen. 50 , syn. 78.

Sanglier. Rondelet, première partie, liv. 5 , chap. 27.

Charlet. p. 123.

Gesner, p. 61 , 70; et (germ.) fol. 30 , *b*.

Aldrovand. lib. 3 , cap. 12 , p. 297.

Jonston, lib. 1 , tit. 1 , cap. 1 , *a* , 4.

Willughby , p. 296.

Rai , p. 99.

(2) Du sous-genre Capros , dans le grand genre Vomer de M. Cuvier.
Famille des Acanthoptérygiens scombéroïdes.   Desm. 1832.

la tête quelque ressemblance avec le groin d'un cochon ou d'un sanglier; et cette analogie l'a fait désigner par le nom spécifique que nous lui avons conservé, ainsi que par celui de *Capros*, qui, en grec, signifie *sanglier* ou *verrat*, et dont nous avons fait son nom générique. D'ailleurs les écailles dont ce poisson est revêtu, sont frangées sur leurs bords; et l'on n'a pas manqué de trouver un assez grand rapport entre les brins écailleux de ces franges et les soies du cochon.

La ligne latérale de ce capros est très-courbée et même ondulée; sa couleur générale paraît rougeâtre; l'extrémité de sa caudale est peinte d'un rouge de minium.

Au reste, on le recherche d'autant moins, que sa chair est dure, et répand quelquefois une mauvaise odeur (1).

---

(1)   7 rayons à la membrane branchiale du capros sanglier.

14 rayons à chaque pectorale.

1 rayon aiguillonné et 5 rayons articulés à chaque thoracine.

CENT CINQUANTIÈME GENRE.

LES PLEURONECTES.

Les deux yeux du même côté de la tête.

PREMIER SOUS-GENRE.

*Les deux yeux à droite; la caudale fourchue, ou échancrée
en croissant.*

ESPÈCES.	CARACTÈRES.
1. LE PLEURONECTE FLÉTAN.	Cent sept rayons à la nageoire du dos; quatre-vingt-deux à celle de l'anus; la caudale en croissant; la couleur du côté droit, grise ou noirâtre.
2. LE PLEURONECTE LIMANDE.	Soixante-six rayons à la dorsale; soixante-un rayons à la nageoire de l'anus; la caudale un peu échancrée en croissant; les écailles dures et dentelées; la ligne latérale partant de l'origine de la dorsale, entourant la pectorale en demi-cercle, et allant ensuite directement jusqu'à la caudale.

SECOND SOUS-GENRE.

*Les deux yeux à droite; la caudale rectiligne ou arrondie,
et non échancrée.*

ESPÈCE.	CARACTÈRES.
3. LE PLEURONECTE SOLE.	Quatre-vingt-un rayons à la nageoire du dos; soixante-un à l'anale; la caudale arrondie; la dorsale étendue jusqu'au bout du museau; la mâchoire supérieure plus avancée que l'inférieure; le corps et la queue allongés.

ESPÈCES.	CARACTÈRES.
4. LE PLEURONECTE PLIE.	Soixante-huit rayons à la nageoire du dos; cinquante-quatre à celle de l'anus; la caudale arrondie; cinq ou six éminences sur la partie antérieure de la ligne latérale; les écailles minces et molles; le côté droit marbré de brun et de gris, avec des taches orangées.
5. LE PLEURONECTE FLEZ.	Cinquante-neuf rayons à la nageoire du dos; quarante-quatre à l'anale; la caudale arrondie; un très-grand nombre de petits piquants sur presque toute la surface du poisson.
6. LE PLEURONECTE FLYNDRE.	Quatre-vingt-neuf rayons à la dorsale; soixante-onze à l'anale; la caudale arrondie; la mâchoire inférieure plus avancée que la supérieure; la ligne latérale droite; les écailles grandes et rudes; le côté droit d'un gris-cendré, avec des taches brunes ou rougeâtres.
7. LE PLEURONECTE PÔLE.	Cent douze rayons à la nageoire du dos; cent deux rayons à la nageoire de l'anus; la caudale arrondie; les écailles ovales, molles et lisses; les dents obtuses; le côté droit d'un rouge-brun.
8. LE PLEURONECTE LANGUETTE.	Soixante-huit rayons à la dorsale; cinquante-cinq à la nageoire de l'anus; la caudale arrondie; les dents aiguës; l'anus situé sur le côté gauche; les écailles rudes; la nageoire du dos étendue presque jusqu'à l'extrémité du museau.
9. LE PLEURONECTE GLACIAL.	Cinquante-six rayons à la nageoire du dos; trente-neuf à l'anale; la caudale arrondie; les deux côtés du corps et de la queue doux au toucher; les rayons du milieu de la dorsale et de la nageoire de l'anus, hérissés de très-petits piquants; une proéminence osseuse et rude auprès des yeux; le côté droit brunâtre.
10. LE PLEURONECTE LIMANDELLE.	Quatre-vingts rayons à la nageoire du dos; les dents obtuses; les écailles arrondies et lisses; les lèvres grosses; l'ouverture de la bouche petite; la caudale presque rectiligne; le côté droit d'un brun-clair, avec des taches blanches, et des taches d'un brun-foncé.

ESPÈCES.	CARACTÈRES.
11. LE PLEURONECTE CHINOIS.	La nageoire du dos ne commençant qu'au-delà de la nuque; cette nageoire très-basse jusque vers le milieu de la longueur totale du poisson; vingt-trois ou vingt-quatre aiguillons gros et courts, placés le long du côté gauche de la partie antérieure de cette nageoire; d'autres aiguillons semblables situés le long du côté gauche de la partie antérieure de l'anale; la caudale très-grande, très-distincte de l'anale et de la dorsale, arrondie, et presque en forme de fer de lance; le côté droit de l'animal, d'une couleur brune, avec des points noirs arrangés en quinconce.
12. LE PLEURONECTE LIMANDOÏDE.	Soixante-dix-neuf rayons à la nageoire du dos; soixante-trois à celle de l'anus; la caudale arrondie en forme de fer de lance, et très-séparée de l'anale et de la dorsale; le corps et la queue très-allongés; la ligne latérale large et droite dans tout son cours; les écailles grandes et dentelées; le côté droit d'un brun-jaunâtre, et sans taches, ni bandes, ni raies.
13. LE PLEURONECTE PÉGOUZE.	Le corps et la queue allongés; les pectorales rectilignes; la dorsale et l'anale plus hautes vers la caudale que vers la tête; les écailles très-difficiles à voir, et très-adhérentes à la peau; de sept à neuf taches grandes, rondes et noirâtres, sur le côté droit.
14. LE PLEURONECTE OEILLÉ.	Soixante-six rayons à la dorsale; cinquante-cinq à la nageoire de l'anus; trois rayons à chaque pectorale; quatre taches rondes, noires et bordées de blanc, sur le côté droit; une bandelette noire sur la queue.
15. LE PLEURONECTE TRICHODACTYLE.	Cinquante-trois rayons à la nageoire du dos; quarante-trois à l'anale; quatre rayons à la pectorale droite; celle de gauche très-petite; les écailles rudes, le côté droit brun, avec des taches noirâtres.

TROISIÈME SOUS-GENRE.

Les deux yeux à droite; la caudale pointue, et réunie avec la nageoire du dos et celle de l'anus.

ESPÈCES.	CARACTÈRES.
16. LE PLEURONECTE ZÈBRE.	Quatre-vingt-un rayons à la dorsale; quarante-huit à la nageoire de l'anus; quatre rayons à chaque pectorale; le corps et la queue très-allongés; la ligne latérale droite; le côté droit blanchâtre, avec des bandes transversales brunes, très-longues, réunies ou rapprochées deux à deux.
17. LE PLEURONECTE PLAGIEUSE.	Le corps et la queue allongés; les écailles un peu rudes; le côté droit grisâtre.
18. LE PLEURONECTE ARGENTÉ.	Le corps et la queue allongés; la mâchoire supérieure plus avancée que l'inférieure; la ligne latérale droite; le côté droit argenté.

QUATRIÈME SOUS-GENRE.

Les deux yeux à gauche; la caudale rectiligne, ou arrondie, et sans échancrure.

ESPÈCES.	CARACTÈRES.
19. LE PLEURONECTE TURBOT.	Soixante-sept rayons à la nageoire du dos; quarante-six à la nageoire de l'anus; la caudale arrondie; le côté gauche parsemé de tubercules osseux, un peu larges à leur base, et pointus.
20. LE PLEURONECTE CARRELET.	Soixante-onze rayons à la dorsale; cinquante-sept à la nageoire de l'anus; la caudale arrondie; l'ouverture de la bouche assez grande, et arquée de chaque côté; la hauteur totale du corps presque égale à la longueur totale de l'animal; les écailles ovales et unies; la ligne latérale d'abord très-courbée, et ensuite droite; le côté gauche marbré de brun et de jaunâtre, ou de rougeâtre

ESPÈCES.	CARACTÈRES.

21. LE PLEURONECTE TARGEUR.
Quatre-vingt-neuf rayons à la nageoire du dos; soixante-huit à celle de l'anus; la caudale arrondie; la hauteur du corps très-grande; les écailles dentelées; le côté gauche parsemé de points rouges, et de taches noires, rondes, ou irrégulières.

22. LE PLEURONECTE DENTÉ.
Quatre-vingt-six rayons à la dorsale; soixante-six à la nageoire de l'anus; la caudale arrondie; les rayons de cette dernière nageoire garnis d'écailles; le corps et la queue allongés et lisses; les dents aiguës et très-apparentes.

23. LE PLEURONECTE MOINEAU.
Cinquante-neuf rayons à la dorsale; quarante-trois à l'anale; la caudale arrondie; le corps et la queue un peu allongés; une série de petits tubercules osseux et piquants le long de la nageoire du dos, de celle de l'anus, et de chaque côté de la partie antérieure de la ligne latérale; le côté gauche marbré de gris, et d'un jaune-brunâtre.

24. LE PLEURONECTE PAPILLEUX.
Cinquante-huit rayons à la nageoire du dos; quarante-deux à l'anale; la ligne latérale courbe; le corps garni de papilles.

25. LE PLEURONECTE ARGUS.
Soixante-dix-neuf rayons à la dorsale; soixante-neuf à l'anale; la caudale arrondie; les yeux inégaux en grandeur, et inégalement éloignés du bout du museau; les pectorales inégales en surface; les écailles petites et molles; le côté gauche d'un jaune-clair, avec des points bruns, de petites taches bleues, et d'autres taches plus grandes, jaunes, pointillées de brun, et entourées de bleu, en tout ou en partie.

26. LE PLEURONECTE JAPONAIS.
Un très-grand nombre de rayons aux nageoires du dos et de l'anus; cinq rayons à chaque thoracine; la langue rude.

27. LE PLEURONECTE CALIMANDE.
Le côté gauche chagriné, et jaspé de différentes couleurs; la mâchoire inférieure très-relevée.

ESPÈCES.	CARACTÈRES.
28. LE PLEURONECTE GRANDES-ÉCAILLES.	Soixante-neuf rayons à la dorsale; quarante-cinq à la nageoire de l'anus; la caudale arrondie; les écailles grandes; la mâchoire inférieure plus avancée que la supérieure; la langue lisse, pointue, et un peu libre dans ses mouvements; la ligne latérale un peu courbée vers le bas; le côté gauche d'un jaune-brun ou blanchâtre; une tache foncée sur chaque écaille.
29. LE PLEURONECTE COMMERSONNIEN.	Quatre-vingt-dix rayons à la nageoire du dos; soixante-dix à celle de l'anus; la caudale arrondie; la pectorale droite plus petite que la gauche; la mâchoire supérieure plus avancée que l'inférieure; la dorsale étendue depuis le bout du museau jusqu'à la queue; l'œil supérieur plus avancé que l'autre; la ligne latérale un peu courbée vers le haut et ensuite vers le bas; le corps et la queue allongés; les écailles très-petites; le côté gauche blanchâtre avec des taches d'une couleur pâle, ou rougeâtres et d'une nuance faible.

LE PLEURONECTE FLÉTAN.[1]

Pleuronectes Hippoglossus, Linn., Lac., Bl., Cuv. (2).

QUELS droits le flétan n'a-t-il pas à l'attention du physicien! Il tient, par sa grandeur, une place

---

(1) *Faitan*, dans quelques départements de la France.
Heilbot, en Hollande.
Heilbut, à Hambourg.
Hilibut, ibid.
Helleflynder, en Danemarck.
Haelgflundra, en Suède.
Queite, en Norvége.
Sandskiebbe, ibid.
Skrobbe flynder, ibid.
Baldes, en Laponie.
Flydra, en Islande,
Heilop fish, ibid.
Queite-barn (lorsqu'il est petit) dans le Groenland.
Styving (lorsqu'il est d'une longueur moyenne), ibid.
Netarnak (lorsqu'il est grand), ibid.
Holibut, en Angleterre.
Turbut et *turbot*, ibid.
Pleuronecte flétan. Bloch, pl. 47.

(2) Type du sous-genre FLÉTAN, *Hippoglossus*, Cuv., dans le grand genre des PLEURONECTES, famille des poissons plats de la division des Malacoptérygiens subbrachiens. DESM. 1832.

3.

distinguée auprès des cétacées ; il rivalise, par le
volume, avec plusieurs de ces énormes habitants
des mers ; il nage l'égal de presque tous les poissons les plus remarquables par leur longueur et
par leur masse ; sa conformation est extraordinaire ; ses habitudes sont particulières ; ses actes
et les organes qui les produisent frappent d'autant
plus l'observateur, que, par une suite de sa taille
démesurée, aucun de ses traits ne se dérobe à
l'œil, aucun de ses mouvements ne lui échappe :
et comment l'imagination ne serait-elle pas émue
par la réunion de dimensions, de formes et de
mouvements très - élevés au - dessus des mouve-

Pleuronecte flet. Daubenton et Haüy, Encyclopédie méthodique.

Id. Bonnaterre, planches de l'Encyclopédie méthodique.

Faun. Suecic. 329.

Muller, Zoolog. Danic. Prodrom., p. 44, n. 371.

O. Fabr. Faun. Groenland., p. 161, n. 117.

« Pleuronectes oculis à dextrâ totus glaber. » Artedi, gen. 17,
syn. 31.

Flétan. Rondelet, première partie, liv. 11, chap. 15.

Rai, p. 33.

Hippoglossus, id est, *buglossus maximus.* Gesner, p. 669, 787 ; et
(germ.), fol. 54, *b.*

« Hippoglossus ab Aldrovando observatus. » Aldrovand., lib. 2,
cap. 43, p. 238.

Passer britannicus. Charlet., p. 146.

Passerum genus majus. Schon., p. 62.

Gronov. Mus. 2, n. 158.

« Passer quatuor cubitos longus. » Klein, Miss. pisc. 4, p. 33, n. 2.

Brit. Zoolog. 3, p. 184, n. 1.

Flétan. Valmont de Bomare, Dictionnaire d'histoire naturelle.

ments, des formes et des dimensions que la nature a le plus multipliés ?

Le flétan, comme tous les autres pleuronectes, a le corps et la queue très-comprimés. Il forme parmi les osseux, et avec les poissons de son genre, les analogues de ces cartilagineux auxquels nous avons conservé le nom de *Raies*. L'épaisseur des pleuronectes est même plus petite à proportion de leur longueur, que celle des raies les plus déprimées. Il y a néanmoins cette différence essentielle entre la conformation générale des raies et celle des pleuronectes, que ceux-ci sont aplatis latéralement, c'est-à-dire de droite à gauche, ou de gauche à droite, pendant que les raies le sont de haut en bas.

Cette compression exercée sur les côtés des pleuronectes n'est cependant pas la seule altération qu'ait éprouvée la totalité du poisson. Le corps et la queue ont été soumis uniquement à cette manière d'être que nous avons déjà vue, quoique à un degré inférieur, dans plusieurs poissons, et particulièrement dans les chétodons, les acanthures, les sélènes, les zées, les chrysotoses, etc.; mais la tête a subi une seconde modification. On dirait qu'après avoir été aplatie, comme celle des zées et des chétodons, par une force agissant sur ses côtés, elle a été défigurée par une puissance qui a joui d'un mouvement composé; cette seconde cause, à laquelle il faudrait rapporter une grande partie de la figure

qu'elle présente, l'aurait tordue, pour ainsi dire.
Elle aurait commencé par peser de haut en bas;
et avant de pénétrer très-avant dans les portions
osseuses et solides, elles aurait tourné en quelque sorte à droite ou à gauche, de manière à entraîner avec elle les organes de la vue, et souvent
ceux de l'odorat.

On sent aisément que, d'après cette supposi-
tion, les deux yeux et les deux narines auraient
dû, à la fin de l'action de la force comprimante,
se trouver situés ou à droite ou à gauche, suivant
le côté vers lequel la puissance aurait fléchi sa
direction, et c'est en effet ce qu'on observe dans
les pleuronectes, et ce qui forme le caractère
distinctif du genre qu'ils composent.

Tout le monde sait que les animaux tant vertébrés que dénués de vertèbres, animés par un
sang rouge ou nourris par un sang blanc, ont
des yeux plus ou moins gros, plus ou moins rapprochés, plus ou moins élevés, plus ou moins nombreux; mais aucun animal, excepté les pleuronectes, ne présente dans ses yeux une position
telle, que ces organes soient situés uniquement à
droite ou à gauche de l'axe qui va de la tête à
l'extrémité opposée. Nous ne connaissons du
moins, dans ce moment, que les pleuronectes qui
n'aient pas leurs yeux disposés avec symétrie de
chaque côté de cet axe longitudinal; et cet exemple unique aurait dû seul attacher un grand intérêt à l'observation des poissons que nous allons
décrire.

De la conformation que nous venons d'expo-
ser, il est résulté nécessairement, que les deux
nerfs olfactifs aboutissent non pas à l'extrémité
supérieure du museau, mais à un des côtés de la
tête. C'est aussi à un seul côté de cette même partie de l'animal que se rendent les deux nerfs op-
tiques, quoique croisés l'un par l'autre, ainsi que
dans tous les autres poissons, et dans tous les
animaux vertébrés et à sang rouge.

Nous avons déjà vu (1) que le cerveau, cet organe dont les nerfs tirent leur origine, était plus
petit dans les pleuronectes que dans presque tous
les poissons cartilagineux, et même que dans tous
les osseux. La cavité qui contient cette source du
système nerveux n'a-t-elle pas dû, en effet, être
plus petite dans une tête qui a subi une double
et plus grande compression?

L'os intermaxillaire est moins développé dans
le côté qui a porté l'effort de la seconde aussi
bien que de la première force comprimante et
altératrice.

Les côtes qui servent à consolider les parois
de l'abdomen, et à donner un peu plus de largeur au corps, sont cependant si courtes, que
plusieurs auteurs ont nié leur existence.

La cavité du ventre est fermée du côté de la
queue, par l'apophyse inférieure de la première
vertèbre caudale; et cette apophyse est très-lon-

____

(1) Discours sur la nature des poissons.

gue, assez grosse, arrondie en avant, et terminée en bas par un piquant ordinairement très-fort.

L'estomac contenu dans cette cavité paraît comme un renflement du canal alimentaire. Le pylore est souvent dénué d'appendices ou de petits cœcums ; quelquefois néanmoins on le voit garni de deux ou trois de ces poches ou tuyaux membraneux ; le foie est sans division et peu étendu ; l'abdomen se prolonge des deux côtés des apophyses inférieures des vertèbres de la queue ; une partie des intestins est placée dans ces extensions abdominales, ainsi que la laite ou les ovaires.

Sans ces deux prolongations, la cavité générale de l'abdomen aurait eu des dimensions trop resserrées pour le nombre et la grandeur des organes intérieurs qu'elle doit renfermer.

Nous venons de dire que les deux yeux sont situés du même côté de la tête ; mais indépendamment de ce défaut remarquable de symétrie, relativement à l'axe longitudinal du poisson, ils en présentent fréquemment un second par une inégalité frappante dans leur volume. Ces deux organes ne sont pas toujours aussi gros l'un que l'autre ; et lorsqu'ils offrent cette inégalité si extraordinaire, c'est quelquefois l'œil supérieur qui l'emporte sur l'œil inférieur, et d'autres fois l'œil inférieur qui surpasse le premier en grandeur.

Ces yeux, au reste, peuvent être placés de trois manières différentes : dans plusieurs pleuronectes, ils sont situés sur la même ligne verticale; mais, dans quelques-uns de ces poissons, l'œil d'en-haut est plus rapproché du museau que celui d'en-bas; et, dans quelques autres, l'œil d'en-bas est au contraire plus avancé que celui d'en-haut.

Il est aussi des espèces de pleuronectes dans lesquelles la nageoire pectorale, attachée au côté sur lequel on voit les yeux, est plus étendue que celle de l'autre côté; et l'on serait tenté de croire que la petitesse de la pectorale opposée provient de ce que cette sorte de bras ou de main appartenant à la surface de l'animal, qui repose très-souvent sur la vase ou sur le sable, a été arrêtée, dans son développement, par les frottements qu'elle a dû éprouver contre le fond des mers, et par la compression que lui a fait subir le poids du corps, qu'elle a dû supporter en très-grande partie.

La position des pleuronectes qui se reposent ou qui nagent, est en effet bien différente de celle des autres poissons osseux ou cartilagineux, cylindriques ou aplatis, qui parcourent, dans le sein des eaux, un espace plus ou moins étendu, ou appuient sur les rochers ou sur le limon leur corps plus ou moins fatigué. Dans l'inaction, de même que dans le mouvement, les pleuronectes sont toujours renversés sur le côté; et nous n'avons pas besoin de faire remarquer que le côté tourné vers le fond de la mer est, dans tous les moments de leur existence, celui qui est dénué d'yeux : lorsque leurs yeux sont à droite, le côté gauche est l'inférieur ; et ils voguent ou s'arrêtent, le côté gauche tourné vers la surface de l'eau, lorsque leurs yeux sont à gauche.

C'est de cette manière très-particulière de nager que leur est venu le nom de *Pleuronectes* (1) : elle est une dépendance du déplacement de leurs yeux, soit que l'on veuille croire que cette réunion des deux yeux sur une seule face de la tête les ait forcés à ne se mouvoir qu'en tournant vers le bas le côté opposé à cette face, afin de tenir les organes de la vue dans la position la plus favorable à la vision ; soit que l'on préfère de penser qu'un très-grand aplatissement latéral ne leur a pas permis de tenir leur corps et leur queue dans un sens vertical, comme les autres poissons ; que les efforts de leurs pectorales, très-petites et très-faibles, n'ont pas pu maintenir en équilibre une lame très-étroite, très-haute, et très-exposée, par conséquent, à l'agitation tumultueuse des flots ; que, renversés bientôt sur un de leurs côtés, forcés de conserver cette position, et obligés de nager dans cette posture, ils ont commencé une suite de tentatives perpétuellement renouvelées, pour ne pas perdre tout-à-fait l'usage de l'œil attaché au côté inférieur ; qu'après un très-long temps, et même après une très-grande série de générations, des altérations successives dans l'or-

____

(1) *Pleuronecte* vient de *plevron*, qui, en grec, veut dire *côté*, et de *nyctes*, qui signifie *nageur*.

ganisation extérieure et intérieure de la tête auront amené l'œil inférieur, de proche en proche, jusque sur le côté supérieur, et par ce transport auront produit, sans doute, une position des organes de la vue bien extraordinaire, mais néanmoins auront fait naître, dans la structure de la tête, des changements bien moins grands et bien moins profonds que les modifications apportées par le temps et par une contrainte permanente dans les parties molles ou solides de plusieurs autres animaux.

En considérant la manière de nager qui appartient aux pleuronectes, il est facile de voir que leurs pectorales très-peu étendues, et situées l'une au-dessus et l'autre au-dessous du corps, ne peuvent pas servir d'une manière sensible à diriger ou accroître les mouvements de ces poissons. Leurs thoracines étant aussi extrêmement petites, sont de même inutiles à leur natation.

Mais l'anale et la dorsale peuvent servir beaucoup à accélérer la vitesse de ces animaux, et à leur imprimer les véritables directions qui leur sont nécessaires; elles sont très-longues et assez hautes; elles s'étendent le plus souvent depuis la tête jusqu'à la queue; elles présentent donc une grande surface : d'ailleurs, dans la position habituelle des pleuronectes, elles sont situées horizontalement, puisque l'animal est, pour ainsi dire, couché sur un côté. Dès-lors on peut les considérer comme deux pectorales très-étendues, et par conséquent comme deux rames qui seraient très-puissantes, si elles étaient mues librement et par des muscles très-vigoureux.

Et c'est précisément parce qu'elles influent beaucoup sur la natation des pleuronectes, que la différence ou l'égalité de grandeur entre cette dorsale et cette anale se font sentir dans la situation de ces osseux ; ils ne présentent un plan véritablement horizontal que lorsque ces deux rames ont une force égale ; et on les voit un peu inclinés vers la nageoire de l'anus, lorsque cette dernière est moins puissante que la nageoire du dos.

Cependant l'instrument le plus énergique de la natation des pleuronectes est leur nageoire caudale, et par-là ils se rapprochent de tous les habitants des eaux ; mais ils se distinguent des autres poissons par la manière dont ils emploient cet organe.

Les pleuronectes étant renversés sur un côté, leur caudale n'est point verticale, mais horizontale : elle frappe donc l'eau de la mer de haut en bas et de bas en haut ; ce qui donne aux pleuronectes des rapports de plus avec les cétacées. Il est facile néanmoins de comprendre que le mouvement rapide et alternatif duquel dépend la progression en avant de l'animal, peut offrir le même degré de force et de fréquence dans une rame horizontale que dans une rame verticale. Les pleuronectes peuvent donc, tout égal d'ailleurs, s'avancer aussi vite que les autres poissons. Ils ne tournent pas à droite ou à gauche avec la même facilité, parce que, n'ayant dans leur situation ordinaire aucune grande surface verticale dont ils puissent se servir pour frapper l'eau à gauche ou à droite, ils sont contraints d'augmenter le nombre des opérations motrices, et d'incliner leur corps avant de le dévier d'un côté ou de l'autre ; mais ils compensent cet avantage par celui de monter ou de descendre avec plus de promptitude.

Et cette faculté de s'élever ou de s'abaisser facilement et rapidement dans le sein de l'Océan leur est d'autant plus utile, qu'ils passent une grande partie de leur vie dans les profondeurs des mers les plus hautes.

Cet éloignement de la surface des eaux, et par conséquent de l'atmosphère, les met à l'abri des rigueurs d'un froid excessif ; et c'est parce qu'ils trouvent facilement un asile contre les effets des climats les plus âpres, en se précipitant dans les abîmes de l'Océan, qu'ils habitent auprès du pôle, de même que dans la Méditerranée, et dans les environs de l'équateur et des tropiques. Ils séjournent d'autant plus long-temps dans ces retraites écartées, que, dénués de vessie natatoire, et privés par conséquent d'un grand moyen de s'élever, ils sont tentés moins fréquemment de se rapprocher de l'air atmosphérique. Ils se traînent sur la vase plus souvent qu'ils ne nagent véritablement; ils y tracent, pour ainsi dire, des sillons, et s'y cachent presque en entier sous le sable, pour dérober plus facilement leur présence ou à la proie qu'ils recherchent, ou à l'ennemi qu'ils redoutent.

Aristote, qui connaissait bien presque tous ceux que l'on pêche dans la Méditerranée, dit que lorsqu'ils se sont mis en embuscade ou renfermés sous le limon à une petite distance du rivage, on les découvre par le moyen de l'élévation que leur corps donne au sable ou à la vase, et qu'alors on les harponne et les enlève (1). Du temps de ce grand philosophe, on pensait que les pleuronectes, que l'on nommait *Bothes*, *Peignes*, *Rhombes*, *Lyres*, *Soles*, etc., engraissaient beaucoup plus dans le même lieu et pendant la même saison, lorsque le vent du midi soufflait, quoique les poissons allongés ou cylindriques acquissent, au contraire, plus de graisse lorsque le vent de nord régnait sur la mer.

Columelle (2) nous apprend que les étangs marins, que l'on formait aux environs de Rome pour y élever des poissons, convenaient très-bien aux pleuronectes, lorsqu'ils étaient limoneux et vaseux; qu'il suffisait de creuser pour ces animaux très-plats, des piscines de soixante ou soixante-dix centimètres de profondeur (dix-huit pouces à

_____

(1) Hist. anim. IV, 8.
(2) VIII, 17.

deux pieds), pourvu que, situées très-près de la côte, elles fussent toujours remplies d'une certaine quantité d'eau; que l'on devait leur donner une nourriture plus molle qu'à plusieurs autres habitants des eaux, parce qu'ils ne pouvaient mâcher que très-peu, et qu'un aliment salé et odorant leur convenait mieux que tout autre, parce que, couchés sur un côté, et ayant leurs deux yeux tournés vers le haut, ils cherchaient plus souvent leur nourriture par le moyen de leur odorat qu'avec le secours de leur vue.

Il faut observer que le côté supérieur de ces poissons, celui, par conséquent, qui, tourné vers l'atmosphère, reçoit, pendant les mouvements ainsi que pendant le repos de l'animal, l'influence de toute la lumière qui peut pénétrer jusqu'à ces osseux, présente souvent des couleurs vives, des taches brillantes et régulières, des raies ou des bandes variées dans leurs nuances, pendant que le côté inférieur, auquel il ne parvient que des rayons réfléchis, n'offre qu'une teinte pâle et uniforme. Cette diversité est même moins superficielle qu'on ne le croirait au premier coup d'œil; et les écailles d'un côté sont quelquefois très-différentes de celles de l'autre, non-seulement par leur grandeur, mais encore par leur forme et par la nature de la matière qui les compose. Ces faits ne sont-ils pas des preuves remarquables des principes que nous avons cherché à établir, en traitant de la coloration des poissons, dans notre premier Discours sur ces animaux?

Pour mieux ordonner nos idées au sujet des pleuronectes, et pour les distribuer dans l'ordre qui nous a paru le plus convenable, nous en avons d'abord séparé les espèces qui sont entièrement dénuées de nageoires pectorales, et par conséquent privées des organes que l'on a comparés à des bras. Nous avons formé de ces espèces un genre particulier, et nous leur avons conservé le nom collectif d'*Achire*, qui signifie *sans main*

Nous avons ensuite placé dans deux groupes différents les pleuronectes qui ont leurs deux yeux à droite, et ceux qui les ont à gauche ; et nous avons suivi, en adoptant cette division, non-seulement les idées des naturalistes modernes, mais encore celles des anciens, et particulièrement de Pline (1), qui ont très-bien distingué les pleuronectes dont les yeux sont à gauche, d'avec ceux dont les yeux sont à droite.

Passant ensuite à la considération particulière de chacun de ces groupes, nous avons réparti en différentes sections les espèces à caudale fourchue ou échancrée en croissant, celles dont la nageoire de la queue est rectiligne ou arrondie sans échancrures, et enfin celles dont la caudale, plus ou moins pointue, touche à la dorsale et à la nageoire de l'anus.

---

(1) Plin. Hist. mundi, lib. 9, cap. 19.

Nous aurions pu, par conséquent, former six sous-genres ou sections dans le genre que nous décrivons; mais, parmi les pleuronectes qui ont les yeux à gauche, nous n'avons vu ni caudale pointue et confondue avec celles de l'anus et du dos, ni caudale fourchue ou découpée en croissant.

Nous ne proposons donc, quant à présent, que quatre sous-genres, dont on a pu voir les caractères distinctifs sur le tableau du genre qui nous occupe.

A la tête du premier de ces quatre sous-genres est le *Flétan* ou *Hippoglosse*, que ses grandes dimensions rendent encore plus comparable aux cétacées que tous les autres pleuronectes. On a pêché en Angleterre des individus de cette espèce qui pesaient trois cents livres; on en a pris en Islande qui pesaient quarante livres; Olafsen en a vu de près de dix-huit pieds de longueur, et l'on en trouve en Norvége qui sont assez grands pour couvrir toute une nacelle.

On trouve les flétans dans tout l'océan Atlantique septentrional. Les peuples du Nord les recherchent beaucoup. Les Anglais en tirent une assez grande quantité des environs de Newfoundland; et les Français en ont pêché auprès de Terre-Neuve.

On se sert communément, pour les prendre, d'un grand instrument que les pêcheurs nomment *Gangvaden,* ou *Gangwad.* Cet instrument est com-

posé d'une grosse corde de quinze ou dix-huit cents
pieds de longueur, à laquelle on attache trente cordes moins grosses, et garnies chacune à son extrémité d'un crochet très-fort. On emploie pour appât
des cottes ou des gades. Des planches qui flottent à
la surface de la mer, mais qui tiennent à la grosse
corde par des liens très-longs, indiquent la place
de cet instrument lorsqu'on l'a jeté dans l'eau.
En le construisant, les Groenlandais remplacent
ordinairement les cordes de chanvre par des lanières ou portions de fanon de baleine, et par
des bandes étroites de peau de squale. On retire
les cordes au bout de vingt-quatre heures; et il
n'est pas rare de trouver quatre ou cinq flétans
pris aux crochets.

On tue aussi les hippoglosses à coups de jave-
lot, lorsqu'on les surprend couchés, pendant la
chaleur, sur des bancs de sable, ou sur des fonds
de la mer, très-rapprochés de la surface : mais
lorsque les pêcheurs les ont ainsi percés de leurs
dards, ils se gardent bien de les tirer à eux,
pendant que ces pleuronectes jouiraient encore
d'assez de force pour renverser leur barque; ils
attendent que ces poissons très-affaiblis aient
cessé de se débattre; ils les élèvent alors et les
assomment à coups de massue.

Vers les rivages de la Norvége, on ne poursuit
les flétans que lorsque le printemps est déjà assez
avancé pour que les nuits soient claires, et que
l'on puisse les découvrir facilement sur les bas-

fonds. Pendant l'été on interrompt la pêche de ces animaux, parce que, extrêmement gras lorsque cette saison règne, ils ne pourraient pas être séchés convenablement, et que les préparations que l'on donnerait à leur chair ne l'empêcheraient pas de se corrompre même très-promptement.

On donne le nom de *raff* aux nageoires du flétan, et à la peau grasse à laquelle elles sont attachées; on appelle *rœckel*, des morceaux de la chair grasse de ce pleuronecte, coupée en long; et on distingue par la dénomination de *skare flög*, ou de *square queite*, des lanières de la chair maigre de ce thoracin.

Ces différents morceaux sont salés, exposés à l'air sur des bâtons, séchés et emballés pour être envoyés au loin. On les sale aussi par un procédé semblable à celui que nous décrirons en parlant des *Clupées harengs*. On a écrit que le meilleur *raff* et le meilleur *rœckel* venaient de Samosé, près de Berghen en Norvége. Mais ces sortes d'aliments ne conviennent guère, dit-on, qu'aux gens de mer et aux habitants des campagnes, qui ont un estomac fort et un tempérament robuste. Auprès de Hambourg et en Hollande, la tête fraîche du flétan a été regardée comme un mets un peu délicat. Les Groenlandais ne se contentent pas de manger la chair de ce poisson, soit fraîche, soit séchée; ils mettent aussi au nombre de leurs comestibles le foie et même la peau de ce pleuronecte. Ils préparent la membrane de son estomac, de manière qu'elle est assez transparente pour remplacer le verre des fenêtres.

Quelque grand que soit le flétan, il a dans les dauphins des ennemis dangereux, qui l'attaquent avec d'autant plus de hardiesse, qu'il ne peut leur opposer, avec beaucoup d'avantage, que son volume, sa masse et ses mouvements, et qui employant contre lui leurs dents grosses, solides et crochues, le déchirent, emportent des morceaux de sa chair, lorsqu'ils sont contraints de renoncer à une victoire complète, et le laissent, ainsi mutilé, traîner en quelque sorte une misérable existence. Quand il est très-jeune, il est aussi la proie des squales, des raies, et des autres habitants de la mer, remarquables par leurs armes ou par leur force.

Les oiseaux de proie qui vivent sur les rivages de la mer et se nourrissent de poissons, le poursuivent avec acharnement, lorsqu'ils le découvrent auprès de la surface de l'Océan. Mais lorsque le flétan est gros et fort, l'oiseau de proie périt souvent victime de son audace ; le poisson plonge avec rapidité à l'instant où il sent la serre cruelle qui le saisit ; et l'oiseau, dont les ongles crochus sont embarrassés sous la peau et les écailles du pleuronecte, fait en vain des efforts violents pour se dégager ; le flétan l'entraîne ; ses cris sont bientot étouffés par l'onde, et il est précipité jusque dans les abîmes de l'Océan, asile ordinaire de l'hippoglosse.

Il paraît que, dans les différentes circonstances où le flétan se montre couvert d'insectes ou de vers marins attachés à sa peau, il éprouve une maladie qui influe sur le goût de sa chair, ainsi que sur la quantité de sa graisse.

Il fraie au printemps; et c'est ordinairement entre les pierres qu'il dépose, près du rivage, des œufs dont la couleur est d'un rouge pâle.

Tous les individus de cette espèce sont très-voraces; ils dévorent non-seulement les crabes, et même des gades, mais encore des raies. Ils paraissent très-friands des cycloptères lompes qu'ils trouvent attachés aux rochers. Ils se tiennent plusieurs ensemble dans le fond des mers qu'ils fréquentent; ils y forment quelquefois plusieurs rangées; ils y attendent, la gueule ouverte, les poissons qui ne peuvent leur résister, et qu'ils engloutissent avec vitesse; et lorsqu'ils sont très-affamés, ils s'attaquent les uns les autres, et se mangent les nageoires ou la queue.

Leur canal intestinal présente deux sinuosités; un long appendice est situé auprès de leur estomac; leur ovaire est double; et soixante-cinq vertèbres composent leur épine du dos.

Les écailles qui les recouvrent sont arrondies à leur extrémité, molles, fortement attachées, enduites d'une liqueur visqueuse, et très-difficiles à voir avant que le poisson ne soit mort et même desséché.

Le corps et la queue sont allongés. La tête

n'est pas grande à proportion de l'énorme étendue des autres portions de ces pleuronectes : mais l'ouverture de la bouche est large; et les deux mâchoires sont garnies de plusieurs dents longues, pointues, courbées, et un peu séparées les unes des autres. La lèvre supérieure peut être étendue en avant. Les yeux sont gros, et aussi rapprochés du museau l'un que l'autre. Trois lames composent l'opercule, qui cependant ne cache pas en entier la membrane branchiale. Un piquant tourné vers la gorge est placé au-devant de l'anale. L'anus est aussi éloigné de la tête que de la pectorale. La ligne latérale se courbe d'abord vers le haut, et s'étend ensuite directement jusqu'à la nageoire de la queue.

Le côté gauche du flétan, celui sur lequel il nage ou se repose, est blanc ou blanchâtre : le côté droit paraît d'autant plus foncé, que l'animal est plus maigre. L'iris est blanc; la dorsale et l'anale sont jaunâtres; chaque pectorale est jaunâtre ou jaune, avec une bordure foncée; les thoracines et la caudale sont brunes (1).

---

(1)   7 rayons à la membrane branchiale du pleuronecte flétan.

     14 rayons à chaque pectorale.

     7 rayons à chaque thoracine.

     18 rayons à la nageoire de la queue.

LE PLEURONECTE LIMANDE.[1]

Pleuronectes Limanda, Linn., Lacep., Bl.; *Pleuronectes*
(*Platessa*) *Limanda*, Cuv. (2).

CE poisson, très-commun sur nos tables, se
trouve non-seulement dans l'océan Atlantique,

---

(1) *Lima*, en Sardaigne.
Glahrke, en Poméranie.
Kleische, à Hambourg.
Kliesche, ibid.
Skrubbe, en Danemarck.
Grette, en Hollande.
Dab, en Angleterre.
Brut, ibid.
Pleuronecte limande. Daubenton et Haüy, Encyclopédie méthodique.
Id. Bonnaterre, planches de l'Encyclopédie méthodique.
Pleuronecte limande. Bloch, pl. 46.
Mus. Ad. Frid. 2, p. 68.
Mull. Prodrom. Zoolog. Danic., p. 45, n. 375.
Artedi, gen. 17, syn. 33, spec. 58.
Limande. Rondelet, première partie, liv. 11, chap. 8.
Schonev., p. 61.
Aldrovand., lib. 2, cap. 46, p. 242.

(2) Du sous-genre PLIE, *Platessa*, Cuv., dans le grand genre des
PLEURONECTES; Malacoptérygiens subbrachiens de la famille des Poissons
plats. DESM. 1832.

mais encore dans la Baltique et dans la Méditerranée. Le temps de l'année où il est le plus agréable au goût, au moins dans les contrées du nord
de l'Europe, est la fin de l'hiver ou le commencement du printemps. Il fraie ensuite ; et alors sa
chair est moins savoureuse et plus molle. Elle est
cependant, dans les autres saisons, plus ferme
que celle de plusieurs pleuronectes ; mais comme
elle est aussi moins succulente et moins délicate,
on la fait sécher sur plusieurs côtes de l'Angleterre et de la Hollande.

La limande vit de vers ou d'insectes marins, et
très-souvent de petits crabes.

Son épine dorsale ne comprend que cinquante-
une vertèbres.

L'ouverture de sa bouche est étroite. Les deux
mâchoires sont d'égale longueur ; mais on compte
plus de dents à la supérieure qu'à l'inférieure.
L'œil supérieur est placé au sommet de la tête.
On aperçoit au-devant de la nageoire de l'anus
un piquant tourné vers la gorge. Le côté droit

Willughby, Ichthyolog., p. 97.
Rai, Pisc., p. 32.
Limanda, etc. Gesner, p. 665 et 781, et (germ.), fol. 52, *a.*
Citharus. Charlet., p. 145.
Belon, Aquat., p. 145.
Limanda. Jonston, Pisc., p. 90.
Brit. Zoolog. 3, p. 188, n. 5.
Limande. Valmont de Bomare, Dictionnaire d'histoire naturelle.

est jaune; le gauche est blanc; l'iris couleur d'or; et la caudale brune (1).

Le rhomboïde de Rondelet me paraît être une variété de la limande (2).

---

(1) 6 rayons à la membrane branchiale du pleuronecte limande.

11 rayons à chaque pectorale.

6 rayons à chaque thoracine.

15 rayons à la nageoire de la queue.

(2) Rondelet, première partie, liv. 11, chap. 3.

LE PLEURONECTE SOLE.[1]

Pleuronectes Solea, Linn., Gmel., Bl., Lac., Cuv. (2).

CE poisson est recherché, même pour les tables les plus somptueuses. Sa chair est si tendre, si

---

(1) *Boyglotton, boglosson, boglossa, boglotta, boglossos,* et *boglottos,* par les anciens auteurs grecs.

Perdrix de mer, dans plusieurs départements de la France.

Linguato, en Espagne.

Sagliola, en Sardaigne.

Linguata, en Italie.

Sfoia, dans les environs de Venise.

Dil baluck, en Turquie.

Samamkusi, en Arabie.

Zange, en Allemagne.

See rephuhn, ibid.

Tunge, en Danemarck.

Hunde tunge, ibid.

Tunge pledder, ibid.

Hav ager, ibid.

Hone, ibid.

Tunga sola, en Suède.

Tonge, en Norvége.

Id, en Hollande.

(2) Type du sous-genre SOLE, *Solea,* dans le grand genre PLEURO-NECTE, CUV. DESM. 1832.

délicate et si agréable au goût, qu'on l'a sur-
nommé la *Perdrix de mer*. On le trouve non-
seulement dans la Baltique et dans l'océan Atlan-

Sol, en Angleterre.

Soul, ibid.

Zeetong, par les Hollandais de Surinam.

Bot, id.

Pleuronectes Solea, Faun. Suecic. 326.

Mull. Prodrom. Zoolog. Danic., p. 45, n. 376.

Pleuronectes tunga. It. Wgoth. 178.

« Pleuronectes maxillâ superiore longiore, corpore oblongo, squamis
« utrinque asperis. » Artedi, gen. 18, syn. 32, spec. 60.

Pleuronecte sole. Daubenton et Haüy, Encyclopédie méthodique.

Id. Bonnaterre, planches de l'Encyclopédie méthodique.

Bloch, pl. 45.

Boglossos. Athen., lib. 7, p. 288.

Solea. Ovid. Halieut., v. 124.

Id. Plin., lib. 9, cap. 16, 20.

Id. Cuba, lib. 3, cap. 84, fol. 90, *a*.

Id. Jov., cap. 26, p. 98.

Id. et *buglossus*. Gesner, p. 666, 667, 671, 785, et (germ.),
fol. 53, *b*, 55.

Jonston, lib. 1, tit. 3, cap. 2, *a*. 2, punct. 1, p. 82.

Solea. Charlet,, p. 145.

Buglossus. Wotton, lib. 8, cap. 167, fol. 150.

Sole. Rondelet, part. 1, liv. 11, chap. 10.

Buglossus, sive *solea*. Willughby, p. 100, tab. *F*, 7.

Buglossa, vel *solea*. Aldrovand., lib. 1, cap. 43, p. 235, 255.

Solea, vel *buglossus*. Schonev., p. 63.

Pleuronectes solea. Brünn. Ichthyol. Massil., p. 34, n. 47.

Gronov. Mus. 1, p. 14, n. 37; Zooph., p. 74, n. 251.

« Solea squamis minutis. » Klein, Miss. pisc. 4, p. 31, n. 1.

Belon, Aquat., p. 147.

Solea. Ruysch, Theatr. anim., p. 57, tab. 20, fig. 13.

Brit. Zoolog. 3, p. 190, n. 7.

Sole. Valmont de Bomare, Dictionnaire d'histoire naturelle.

tique boréal, mais encore dans les environs de Surinam et dans la mer Méditerranée, où l'on en fait particulièrement une pêche abondante auprès d'Orytana et de Saint-Antioche de Sardaigne. Il paraît que sa grandeur varie suivant les côtes qu'il fréquente, et vraisemblablement suivant la nourriture qu'il peut avoir à sa portée. On en prend quelquefois auprès de l'embouchure de la Seine, qui ont un pied et demi ou deux pieds de longueur. Il se nourrit d'œufs ou de très-petits individus de quelques espèces de poissons; mais lorsqu'il est encore très-jeune, il est la proie des grands crabes, qui le déchirent, le dépècent et le dévorent. On le voit quelquefois entrer dans les rivières. M. Noël de Rouen nous a écrit qu'on a pêché ce pleuronecte dans les guideaux de la Seine, auprès de Tancarville; et il ajoute que, pendant l'été, le flot peut l'apporter jusque dans le lac de Tôt; mais pendant l'hiver il se tient dans les profondeurs de l'Océan. Il quitte le fond de la mer lorsque la belle saison arrive; il va chercher alors les endroits voisins des rivages ou des embouchures des fleuves, où les rayons du soleil peuvent parvenir assez facilement pour faciliter l'accroissement de ses œufs et la sortie des fœtus.

On le prend de plusieurs manières. On emploie, pour y parvenir, des hameçons dormants auxquels on attache pour appât des fragments de petits poissons. On peut aussi, lorsqu'une lumière très-vive est répandue dans l'atmosphère, chercher auprès des côtes et des bancs de sable, des fonds unis sur lesquels rien ne dérobe les soles à la vue du pêcheur; à peine ce dernier en a-t-il découvert une, qu'il lance contre ce pleuronecte un plomb attaché à l'extrémité d'une petite corde, et garni de plusieurs crochets qui, pénétrant assez avant dans le dos de l'animal, servent à le retenir et à l'enlever, malgré les efforts qu'il fait pour échapper à la mort qui le menace. S'il n'y a même que deux ou trois brasses d'eau au-dessus du poisson, on le harponne, pour ainsi dire, par le moyen d'une perche dont le bout est armé de pointes recourbées. Il est aisé de voir que, pour avoir recours avec avantage à ces deux dernières sortes de pêche, il ne suffit pas que le soleil brille sans nuages; il faut encore que la mer ne soit agitée par aucune vague autour du bateau pêcheur. L'illustre Franklin nous a fait connaître le procédé employé avec succès, pour maintenir pendant long-temps un calme presque parfait à une certaine distance autour de la barque. Une petite quantité d'huile que l'on répand sur la surface de la mer, et qui surnage autour du bâtiment, rend cette surface unie, presque immobile, et très-propre à laisser parvenir les rayons de la lumière jusqu'au pleuronecte que l'on désire de distinguer.

On a d'autant plus de motifs de pêcher la sole, qu'une saveur exquise n'est pas la seule qualité précieuse de la chair de ce poisson. Cette même

chair présente aussi la propriété de pouvoir être
gardée pendant plusieurs jours, non-seulement
sans se corrompre, mais encore sans cesser d'ac-
quérir un goût plus fin. Voilà pourquoi, tout égal
d'ailleurs, les soles de l'Océan sont meilleures à
Paris qu'auprès du Havre, et celles de la Méditerranée à Lyon, par exemple, qu'à Toulon ou à
Montpellier.

Les écailles de la sole sont dures, raboteuses,
dentelées, et fortement attachées à la peau, sur
le côté gauche, comme sur le côté droit. L'ouverture de la bouche représente un croissant. On
voit plusieurs rangs de dents petites et pointues
à la mâchoire inférieure, et des barbillons blancs
et très-courts au côté gauche des deux mâchoires.
Deux os arrondis et deux os allongés, tous les
quatre hérissés de petites dents, sont placés autour du gosier. La ligne latérale est droite. Un
piquant assez fort paraît auprès de l'anus, qui est
très-près de la gorge. De petites écailles garnissent
la base des longues nageoires de l'anus et du dos.
Le côté droit est olivâtre; et le gauche, plus ou
moins blanc.

Le canal intestinal offre plusieurs sinuosités; il
n'y a point de cœcums auprès du pylore; la colonne vertébrale est composée de quarante-huit
vertèbres.

D'après une note que M. Noël a bien voulu
nous faire parvenir, on doit regarder comme une
variété de la sole, un pleuronecte que l'on pêche

auprès de l'embouchure de l'Orne, et que l'on nomme *Cardine*. La tête de cette cardine est beaucoup plus grande et plus allongée que celle de la sole; le côté droit de ce thoracin est d'un fauve roux assez clair; et sa chair est moins recherchée que celle du poisson que nous venons de décrire (1).

---

(1) 6 rayons à la membrane branchiale du pleuronecte sole.

10 rayons à chaque pectorale.

7 rayons à chaque thoracine.

17 rayons à la nageoire de la queue.

LE PLEURONECTE PLIE.[1]

Pleuronectes Platessa, Linn., Gmel., Bl., Lac., Cuv. (2).

LA plie est bonne à manger ; mais, moins agréable au goût, moins tendre et moins délicate que

(1) *Platesia, plada, plays, pleis, plaethiz.*
Plye, dans quelques départements de la France.
Flotant, à Bordeaux, suivant M. Duthrouil, officier de santé.
Plaise, en Angleterre.
Karkole, en Islande.
Hellebutt, en Norvége.
Sondmeer kong, ibid.
Vaar-guld, ibid.
Floender slaeter, ibid.
Skalla, en Suède.
Rædspœtte, en Danemarck.
Schickpleder, ibid.
Schuller, ibid.
Schulle, auprès de Hambourg.
Platteis, en Allemagne.
Pladise, ibid.
Scholle, ibid.
Id. en Hollande.
Come, au Japon.
Jei, ibid.
Bot, aux Moluques.

(2) Type du sous-genre PLIE, *Platessa* de M. Cuvier, dans le grand genre des PLEURONECTES. DESM. 1832.

la sole, elle est moins recherchée. Elle habite dans la Baltique, dans l'océan Atlantique boréal, et dans plusieurs autres mers. Le côté gauche de ce thoracin est d'un blanc bleuâtre pendant la jeunesse du poisson, et rougeâtre lorsqu'il est plus âgé; l'ouverture de la bouche petite; la mâchoire inférieure plus avancée que la supérieure, et garnie, comme cette dernière, d'une rangée

---

Pleuronectes platessa. Linnée, édition de Gmelin.

Pleuronecte plie. Daubenton et Haüy, Encyclopédie méthodique.

Id. Bonnaterre, planches de l'Encyclopédie méthodique.

Bloch, pl. 42.

« Pleuronectes tuberculis sex. » Faun. Suecic. 328.

Mull. Prodrom. Zoolog. Danic., p. 44, n. 373.

It. Wgoth. 179.

Pleuronectes slaetvar. It. Scan. 326.

« Pleuronectes.... tuberculis sex in dextra capitis.... » Artedi, gen. 17, syn. 30.

Plie. Rondelet, part. 1, liv. 11, chap. 6.

Passer, vel *platessa.* Gesner, p. 664 et 670; et (germ.), fol. 52; *a.*

Id. Schonev., p. 61.

Id. Willughby, p. 96, t. 3.

Id. Rai, p. 31, n. 3.

Passer lœvis. Aldrovand., lib. 2, cap. 47, p. 243.

Id. Jonston, lib. 1, tit. 3, cap. 3, *a.* 2, punct. 1, tab. 22, fig. 7 et 9.

Id. Charlet. 149.

Gronov. Mus. 1, p. 14, n. 36; Zooph., p. 72, n. 246.

Act. Helvet. 4, p. 262, n. 142.

Klein, Miss. pisc. 4, p. 33, n. 5; et p. 34, n. 6.

Belon, Aquat., p. 141.

Ruysch, Theatr. anim.. p. 59, 66, tab. 22, fig. 7 et 9.

Brit. Zoolog. 3, p. 186, n. 3.

Plie. Valmont de Bomare, Dictionnaire d'histoire naturelle.

de dents petites et mousses; le gosier défendu,
pour ainsi dire, par deux os très-rudes; la langue
lisse; le palais dénué de dents; la ligne latérale
presque droite; la base des nageoires du dos, de
l'anus et de la queue, couverte de petites écailles;
l'anale précédée d'un aiguillon assez fort; la hauteur de l'animal plus grande que celle de la sole,
à proportion de la longueur totale; l'estomac allongé; le canal intestinal très-sinueux; le pylore
voisin de deux ou quatre cœcums ou appendices;
et l'épine dorsale composée de quarante-trois vertèbres.

La plie pèse quelquefois quinze ou seize livres.
Plusieurs de ses habitudes, et les différentes
manières de la pêcher, ressemblent beaucoup à
celles que nous avons décrites en parlant de la
sole. Souvent on la sale ou on la sèche à l'air.

On a cru pendant long-temps, sur quelques
côtes de France ou d'Angleterre, que la plie était
engendrée par un petit crustacée nommé *Chevrette*.
Le physicien Deslandes chercha, il y a déjà un
très-grand nombre d'années, à découvrir l'origine
de cette opinion qui maintenant serait absurde.
Il fit plusieurs observations à ce sujet. Il mit des
chevrettes dans un vase de trois mètres de circonférence, et rempli d'eau de mer. Au bout de
douze ou treize jours, il aperçut huit ou neuf
petites plies, qui grandirent insensiblement; et
cette expérience lui réussit toutes les fois qu'il la
tenta. Dans le printemps suivant, il plaça dans

un vase des plies, et dans un second des plies et des chevrettes. Il paraît que, parmi les plies des deux vases, il y avait des femelles qui pondirènt leurs œufs, et cependant aucun jeune pleuronecte ne parut que dans celui des vaisseaux qui contenait des chevrettes. Deslandes examina alors ces crustacées, et il vit de véritables œufs de plie attachés sous le ventre de ces crabes. Il les ouvrit, et s'aperçut non-seulement qu'ils avaient été fécondés, mais encore qu'ils renfermaient des embryons déjà un peu développés. Il conclut de tout ce qu'il avait vu, que les œufs des plies ne pouvaient se développer que couvés, pour ainsi dire, sous le ventre des chevrettes. Au lieu d'admettre cette opinion que rien ne peut soutenir, ce physicien aurait dû penser que les plies écloses dans ces vases provenaient d'œufs pondus et fécondés près d'un rivage fréquenté par des chevrettes, qui aiment beaucoup à se nourrir du frai des poissons, et particulièrement de celui des pleuronectes. Ces œufs enduits d'une humeur très-visqueuse, au moment de leur fécondation, comme ceux de presque tous les habitants des eaux douces ou salées, s'étaient collés facilement contre le ventre des chevrettes qu'il avait prises pour en faire les sujets de ses expériences.

Avant de terminer cet article, nous devons faire remarquer que plusieurs auteurs, et notamment Belon, Rondelet, Gesner, et Aldrovande, ont fait représenter la plie avec les deux yeux placés au côté gauche. Cette faute est venue vraisemblablement de ce qu'ils n'ont pas eu le soin de diriger leurs artistes, qui auraient dû dessiner le poisson à rebours. Mais, quoi qu'il en soit, il paraît qu'une faute semblable a eu lieu pour plusieurs espèces du genre de la plie; et nous pensons avec Bloch, que ce défaut d'attention a dû contribuer à faire compter par les naturalistes récents, plus d'espèces de pleuronectes qu'ils n'auraient dû en admettre dans leurs catalogues (1).

M. Noël, de Rouen, nous a mandé, dans le temps, que l'on connaissait à Caen, sous le nom de *Franquise*, une variété de la plie ou *Plie franche*, qu'on appelle *Carrelet* à Dieppe, ainsi qu'à Fécamp, et qu'il ne faut pas confondre avec notre pleuronecte carrelet. Les individus de cette variété remontent jusque dans les guideaux du Tôt, lorsqu'ils sont portés avec violence dans la Seine par les eaux de la barre située à l'embouchure de cette rivière.

---

(1)   6 rayons à la membrane branchiale du pleuronecte plie.
   12 rayons à chaque pectorale.
   6 rayons à chaque thoracine.
   19 rayons à la nageoire de la queue.

LE PLEURONECTE FLEZ.[1]

Pleuronectes Flessus, Linn., Gmel., Bloch ; *Platessa Flessus*,
Cuv.; *Pleuronectes Passer*, Bl. (2).

Le PLEURONECTE FLYNDRE (3), *Pleuronectes platessoides*, Linn.,
Gmel., Lac. (4). — PLEURONECTE POLE (5), *Platessa Pola*,
Cuv.; *Pleuronectes Cynoglossus*, Linn., Gmel., Lac. (6). —
PLEURONECTE LANGUETTE (7), *Pleuronectes Linguatula*, Lin.,
Gmel., Lac., (8). — PLEURONÈCTE GLACIAL (9), *Pleuronectes
glacialis*, Linn., Gmel., Lac. (10). — PLEURONECTE LIMAN-
DELLE (11), *Pleuronectes Limandula*, Lac. (12). — PLEURO-
NECTE CHINOIS, *Pleuronectes sinensis*, Lac. (13). — PLEURO-
NECTE LIMANDOÏDE (14), *Pleuronectes limandoides*, Linn.,
Gmel., Lac.; *Hippoglossus limandoides*, Cuv. (15). — PLEU-
RONECTE PÉGOUZE (16), *Pleuronectes Pegusa*, Lac.; *Solea
oculata*, Cuv.; *Pleuronectes oculatus*, Schn.; *Pleuronectes
Rondeletii*, Shaw. (17).

LE flez se rend, au printemps, vers les rivages
de la mer et les embouchures des fleuves. Il pénètre même dans les rivières : on le voit remonter

---

(1) *Flinder*, en Prusse.
Flonder, ibid.
Flunder, dans la Livonie.
Butte, ibid.
Buttes, chez les Lettes.
Lestes, ibid.
Plehkstes, ibid.

très-avant dans celles d'Angleterre ; et M. Noël nous
a écrit qu'on le pêchait souvent dans la Seine, jus-

Læst, en Estonie.

Kamlias, ibid.

Flundra, en Suède.

Sluettskaedu, ibid.

Skey, en Norvége.

Sandskraa, ibid.

Kola, en Islande.

Lura, ibid.

Butte, en Danemarck.

Sandskreble, ibid.

Flounder, et *But*, en Angleterre.

Fluke, ibid.

Bot, en Hollande.

Amsterdamse-bot, ibid.

Fey kot, ibid.

Het-tey, ibid.

Pleuronecte fléton. Daubenton et Haüy, Encyclopédie méthodique.

Id. Bonnaterre, planches de l'Encyclopédie méthodique.

Faun. Suec. 327.

Mus. Ad. Frid, 2 , p. 67.

Muller, Prodrom. Zoolog. Dan., p. 45 , n. 374.

It. Scan. 326.

Bloch, pl. 44.

Gronov. Mus. 2 , p. 15 , n. 40 ; Zooph., p. 73 , n. 248.

« Pleuronectes lineâ laterali asperâ. » Artedi, gen. 17 , syn. 31 , spec. 59.

« Passer fluviatilis, *vulgò* flesus. » Belon, Aquat., p. 144.

Id. Willughby, p. 98.

Flez. Rondelet, première partie, liv. 11 , chap. 9 , édition de Lyon, 1558.

« Passeris tertia species. » Gesner, 666.

« Passer niger. » Charlet., p. 145.

Klein, Miss. pisc. 4 , p. 33 , n. 1 et 4 , tab. 2., fig. 4.

Flounder, Brit. Zoolog. 8 , p. 187 , n. 4.

qu'auprès de Tournedos, quelques myriamètres
au-dessus du Pont-de-l'Arche, où on le nomme

Flet, *fletelet*, et *flez*. Valmont de Bomare, Dictionnaire d'histoire naturelle.

(2) Du sous-genre PLIE, *Platessa*, dans le grand genre PLEURONECTE, Cuv. DESM. 1832.

(3) *Picot*, sur quelques côtes françaises de l'océan Atlantique.
O. Fabric. Faun. Groenland., p. 164, n. 119.
Pleuronecte flyndre. Bonnaterre, planches de l'Encyclopédie méthodique.

(4) Cette espèce de pleuronecte n'est pas citée par M. Cuvier ; mais il est probable qu'elle se rapporte au sous-genre des PLIES, *Platessa*. DESM. 1832.

(5) Gronov. Mus. 1, p. 14, n. 39 ; Zooph., p. 13, n. 247.
O. Fabric. Faun. Groenland, p. 162, n. 118.
Pleuronecte pole. Bonnaterre, planches de l'Encyclopédie méthodique.

(6) Du sous-genre PLIE, *Platessa*, dans le grand genre PLEURONECTE, Cuv. DESM. 1832.

(7) « Pleuronectes.... ano ad latus sinistrum, dentibus acutis. » Artedi, gen. 17, syn. 31.
Pleuronecte languette. Daubenton et Haüy, Encyclopédie méthodique.
Id. Bonnaterre, planches de l'Encyclopédie méthodique.

(8) Ce pleuronecte n'est pas cité par M. Cuvier. S'il se rapporte au *P. linguatata*, Rondel. 324, il est du sous-genre MONOCHIRE de M. Cuvier. DESM. 1832.

(9) Pallas, It. 3, p. 706, n. 48.
Pleuronecte glacial. Bonnaterre, planches de l'Encyclopédie méthodique.

(10) Ce poisson, du genre Pleuronecte, n'est pas cité par M. Cuvier. DESM. 1832.

(11) *Pleuronecte limandelle*. Bonnaterre, planches de l'Encyclopédie méthodique.

(12) Non cité par M. Cuvier. DESM. 1832.

(13) Espèce non mentionnée par M. Cuvier. DESM. 1832.

Flondre et *Flondre d'eau douce* ou *de rivière*. Les individus de cette espèce que l'on prend dans l'eau douce, ont la couleur plus claire et la chair plus molle que ceux que l'on trouve dans la mer. On pêche le flez pendant la belle saison, parce qu'alors il est plus charnu et plus gros. La bonté de sa chair varie d'ailleurs suivant la nourriture qui est à sa portée, et par conséquent suivant le pays qu'il habite. On prétend qu'aux environs de Memel, sa saveur est plus agréable que dans les autres parties de la Baltique. On peut le transporter facilement dans des vases et à une distance assez grande de son séjour ordinaire, sans lui faire perdre la vie; et on a profité de cette facilité, ainsi que de celle avec laquelle il s'accoutume à toute sorte d'eau, pour l'acclimater et le multiplier dans plusieurs étangs de la Frise (1). Il ne pèse pas ordinairement plus de six livres. Deux petits cœcums sont placés auprès de son

---

(14) *Rauhe-schelle*, par les Allemands.

Plie rude. Bloch, pl. 186.

Pleuronecte plie rude. Bonnaterre, planches de l'Encyclopédie méthodique.

(15) Du sous-genre FLÉTAN, *Hippoglossus*, Cuv., dans le genre Pleuronecte. DESM. 1832.

(16) *Pleuronecte pégouse.* Rondelet, première partie, liv. 11, chap. 11, édition de Lyon, 1558.

(17) Du sous-genre SOLE, *Solea*, Cuv., dans le grand genre PLEURONECTE. DESM. 1832.

(1) Voyez le Discours intitulé *Des effets de l'art de l'homme sur la nature des poissons.*

pylore. Sa colonne dorsale comprend trente-cinq vertèbres. Les piquants dont sa surface est hérissée sont très-petits, mais paraissent crochus, excepté ceux qui garnissent, du côté droit, la ligne latérale ou la base de la nageoire de l'anus et de celle du dos. Ces derniers sont droits et forment de petits groupes; on en voit de semblables sur la ligne latérale du côté gauche, et sur le bord gauche de la base des nageoires du dos et de l'anus. Ce côté gauche ou inférieur, et par conséquent presque toujours dérobé à l'influence de la lumière, est blanc avec quelques nuages bruns et des taches noirâtres, vagues, très-peu foncées, très-peu nombreuses, et petites, tandis que le côté droit est d'un brun foncé, relevé par des taches olivâtres, ou d'un vert jaune et noir. Au reste, indépendamment des piquants dont nous venons de parler, les deux côtés du flez sont couverts d'écailles minces, allongées, fortement attachées à la peau, et très-difficiles à voir. La mâchoire inférieure dépasse celle d'en-haut; la langue est courte et étroite ; deux os ronds et rudes sont situés auprès du gosier. La ligne latérale se courbe vers le bas, après s'être avancée vers la nageoire de la queue, jusqu'au-delà de la pectorale. Un aiguillon assez fort paraît au-devant de la nageoire de l'anus.

La Baltique n'est pas la seule mer où se plaise le flez : il est aussi très-répandu dans l'océan Atlantique boréal, ainsi que le flyndre, qui fréquente particulièrement les embouchures des rivières du Groenland. Ce dernier poisson est un des pleuronectes les moins grands et les moins agréables au goût. Il ne parvient ordinairement qu'à la longueur d'un pied ; et on ne le mange le plus souvent que séché. Il se plaît sur les fonds sablonneux, où il se nourrit de vers marins et de petits poissons, et où il dépose ses œufs vers le commencement de l'été. Sa forme générale est un peu semblable à celle d'une navette. Le côté gauche est blanc et doux au toucher, ainsi que la tête et la langue. Six tubercules garnis de petites dents entourent le gosier. Les pectorales sont courtes. Le flyndre est fréquemment tourmenté par des *Gordius*, ou par d'autres vers intestinaux.

Le pole habite dans la partie de l'océan Atlantique qui baigne la Belgique, et dans celle qui avoisine le Groenland. On le trouve pendant l'hiver dans les enfoncements littoraux dont les eaux sont profondes. Sa ligne latérale est droite ; sa dorsale s'étend depuis les yeux jusqu'à la nageoire de la queue. Son côté gauche est blanc. Il a beaucoup de rapport avec le flétan, mais sa chair est plus délicate ; et il n'a communément que deux pieds ou deux pieds et demi de longueur (1).

---

(1) 6 rayons à la membrane branchiale du pleuronecte flez.

12 rayons à chaque pectorale.

Les mers de l'Europe sont la patrie du pleuronecte languette; et l'océan Glacial arctique est
celle du pleuronecte glacial, dont le nom indique le séjour, et qui en fréquente les côtes sa-
blonneuses.

Les yeux de la limandelle sont ovales et très-
rapprochés; sa ligne latérale est d'abord courbée
et ensuite droite; son côté gauche est blanc; ses
pectorales et ses thoracines sont jaunes. Elle est
quelquefois longue d'un pied et demi.

Le pleuronecte chinois est encore inconnu des
naturalistes. Nous en avons trouvé une image
très-bien faite parmi les peintures chinoises

------

  6 rayons à chaque thoracine.
16 rayons à la nageoire de la queue.

  8 rayons à la membrane branchiale du pleuronecte flyndre.
12 rayons à chaque pectorale.
  6 rayons à chaque thoracine.
16 rayons à la caudale.

  7 rayons à la membrane branchiale du pleuronecte pole.
14 rayons à chaque pectorale.
  6 rayons à chaque thoracine.
17 rayons à la nageoire de la queue.

  9 rayons à chaque pectorale du pleuronecte languette.
  7 rayons à chaque thoracine.
19 rayons à la caudale.

  9 rayons à chaque pectorale du pleuronecte limandelle.
  6 rayons à chaque thoracine.
17 rayons à la nageoire de la queue.

11 rayons à chaque pectorale du pleuronecte limandoïde.
  6 rayons à chaque thoracine.
15 rayons à la caudale.

que la Hollande a cédées à la France, avec plusieurs belles collections d'histoire naturelle; et nous lui avons donné un nom spécifique qui indique le pays où il a été observé et peint avec beaucoup de soin. Trois ou quatre pièces composent chaque opercule. La hauteur de l'animal surpasse la moitié de sa longueur totale. Des taches brunes, irrégulières, assez grandes et nuageuses, sont répandues sur le côté droit, et varient le fond qui fait ressortir des points noirs arrangés en quinconce. Le côté gauche est d'un blanc-rose; et l'iris est un peu doré.

On pêche dans l'océan Atlantique septentrional, et particulièrement aux environs de Heiligeland, le pleuronecte auquel nous conservons le nom de *Limandoïde*. Ce thoracin habite sur les sables du fond de la mer; il vit de jeunes crabes; il se prend à l'hameçon; sa chair est blanche et d'un bon goût; il a deux laites ou deux ovaires; son foie n'est pas divisé en lobes; deux ou trois ou quatre cœcums sont placés auprès du pylore; plusieurs rangées de dents pointues arment chaque mâchoire; deux os rudes sont voisins du gosier; la langue et le palais sont lisses; les deux ouvertures des narines paraissent dans une sorte de petite fossette; des écailles semblables à celles du dos revêtent la tête et les opercules; le côté gauche est blanc.

La pégouze vit dans la Méditerranée, où on lui a donné, suivant Rondelet, le nom qu'elle porte, parce que ses écailles sont adhérentes à la peau comme de la poix, et ne peuvent être détachées facilement qu'après avoir été trempées dans l'eau chaude. On l'a prise aussi dans les environs de Caen, selon M. Noël (1); mais elle y est très-rare. Les belles taches de son côté droit sont placées sur un fond d'un roux sale, et souvent entourées d'une bordure très-foncée.

(1) Note manuscrite communiquée par M. Noël de Rouen.

LE PLEURONECTE OEILLÉ,[1]

Pleuronectes ocellatus, Linn., Gmel., Lacep. (2).

ET

LE PLEURONECTE TRICHODACTYLE.[3]

Pleuronectes trichodactylus, Linn., Gmel., Lacep. (4).

CES deux espèces ont beaucoup de ressemblance avec les achires. Elles s'en rapprochent par le petit nombre de rayons que l'on trouve dans leurs pectorales, et par la petitesse de ces nageoires. La première a la dorsale comme plissée, et vit à

---

(1) Mus. Ad. Frid. 2 , p. 68.

Pleuronecte argus. Daubenton et Haüy ; Encyclopédie méthodique.

Id. Bonnaterre, planches de l'Encyclopédie méthodique.

(2) M. Cuvier ne fait pas mention de cette espèce de Pleuronecte. DESM. 1832.

(3) *Pleuronecte manchot.* Daubenton et Haüy , Encyclopédie méthodique.

Id. Bonnaterre, planches de l'Encyclopédie méthodique.

« Pleuronectes pinnis lateralibus vix conspicuis. » Artedi, gen. 18, spec. 61, syn. 33.

(4) M. Cuvier rapporte ce poisson à son sous-genre MONOCHIRE, *monochir*, dans le grand genre des PLEURONECTES. DESM. 1832.

Surinam. La seconde a le côté gauche blanchâtre;
de très-grands rapports avec la sole; la ligne latérale droite; les dents si menues, qu'on a de la
peine à les distinguer; la pectorale gauche si réduite dans ses dimensions, qu'elle ne montre ordinairement qu'un rayon; et une longueur totale
presque toujours au-dessous de quatre pouces. On
pêche le trichodactyle (1) dans les eaux d'Amboine (2).

(1) Le mot grec et composé *trichodactyle* désigne l'exiguïté et la forme
des doigts ou des rayons de chaque pectorale, qui sont déliés comme
des filaments.

(2) 6 rayons à chaque thoracine du pleuronecte œillé.

14 rayons à la nageoire de la queue.

6 rayons à la membrane branchiale du pleuronecte trichodactyle.

5 rayons à chaque thoracine.

16 rayons à la caudale.

LE PLEURONECTE ZÈBRE,[1]

Pleuronectes Zebra, Linn., Gm., Lac. (2); *Solea Zebra*, Cuv.

LE PLEURONECTE PLAGIEUSE,[3]

Pleuronectes Plagiusa, Linn., Gmel., Lac.; *Solea Plagusia*,
Cuv. (4).

ET LE PLEURONECTE ARGENTÉ.[5]

Pleuronectes argenteus, Lacep. (6).

La forme pointue de la caudale, et la réunion
de cette nageoire avec celles du dos et de l'anus,

---

(1) *Die bandirte zunge*, par les Allemands.

Zèbre de mer. Bloch, pl. 187.

Pleuronecte zèbre de mer. Bonnaterre, planches de l'Encyclopédie méthodique.

(2) Espèce du sous-genre Sole, *Solea* de M. Cuvier, dans le genre des Pleuronectes. Desm. 1832.

(3) *Pleuronecte plagieuse*. Daubenton et Haüy, Encyclopédie méthodique.

Id. Bonnaterre, planches de l'Encyclopédie méthodique.

(4) Autre espèce du sous-genre Sole, *Solea*, selon M. Cuvier. Desm. 1832.

(5) *Pleuronecte argenté*. Bonnaterre, planches de l'Encyclopédie méthodique.

Petiv. Gazophyl., n. 10, tab. 26.

(6) Espèce non mentionnée par M. Cuvier. Desm. 1832.

donnent une conformation générale assez remarquable aux trois poissons qui composent le troisième sous-genre des pleuronectes. Le premier de ces trois, celui qui a reçu le nom de *Zèbre*, et qui est originaire des Indes orientales, présente d'ailleurs une mâchoire inférieure moins avancée que celle d'en-haut; des dents menues et pointues, placées le long de chaque mâchoire; des yeux très-petits et inégaux; un seul orifice à chaque narine; des écailles dentelées et très-rudes au toucher; un anus situé au-dessous des pectorales.

Le pleuronecte plagieuse a été observé dans les eaux de la Caroline, par le docteur Garden.

L'argenté a le côté gauche d'une couleur brune et terne, pendant que son côté droit resplendit de l'éclat de l'argent. On le trouve dans la mer des Indes (1).

---

(1) 4 rayons à chaque pectorale du pleuronecte zèbre.
    6 rayons à chaque thoracine.
    10 rayons à la caudale.

LE PLEURONECTE TURBOT.[1]

Pleuronectes maximus, Linn., Gmel., Bl., Lac.; *Rhombus maximus*, Cuv.

CE poisson est très-recherché, et doit l'être. Il réunit, en effet, la grandeur à un goût exquis,

---

(1) *Faisan d'eau.*
Bertonneau, sur quelques côtes du nord-ouest de la France.
Breet, en Angleterre.
Tarboth, en Hollande.
Oigvar, en Danemarck.
Tonne, ibid.
Steenbut, ibid.
Vrang flonder, en Norvége.
Skrabe flynder, ibid.
Butta, en Suède.
Botte, en Prusse.
Stein botte, ibid.
Stein butt, dans plusieurs contrées de l'Allemagne.
Rhombo, en Italie.
Rombi aspri, en Sardaigne.
Rhomb, dans plusieurs départements méridionaux de France.
« Pleuronectes corpore aspero. » Faun. Suecic. 298 et 325.
Id. Mus. Ad. Frid. 2, p. 69*.
Id. Artedi, gen. 18; syn. 32.
« Rhombus maximus asper, non squamosus. » Willughby, p. 93, tab. *F.* 8, fig. 3; et p. 94, tab. *F.* 2.

ainsi qu'à une chair ferme; et voilà pourquoi on l'a nommé *Faisan d'eau* ou *Faisan de mer*, pendant qu'on a donné à la sole le nom de *Perdrix marine*. Le turbot habite, non-seulement dans la mer du Nord et dans la Baltique, mais encore dans la Méditerranée. Rondelet dit avoir vu dans cette dernière mer un individu de cette espèce qui avait cinq *coudées* de long, quatre *coudées* de large et un *pied* d'épaisseur. Des turbots de cette taille sont très-rares : mais on en prend quelquefois sur les côtes de France ou d'Angleterre,

---

Rai, p. 31, n. 1; et p. 32, n. 6.

Pleuronecte turbot. Bloch, pl. 49.

Id. Daubenton et Haüy, Encyclopédie méthodique.

Id. Bonnaterre, planches de l'Encyclopédie méthodique.

Müller, Prodrom. Zoolog. Danic., p. 45, n. 379.

Brünn. Pisc. Massil., p. 35, n. 49.

It. Gotl. 178.

Gronov. Mus. 2, p. 10, n. 159; Zooph., p. 74, n. 254.

Klein, Miss. pisc. 4, p. 34, n. 1, cap. 35, n. 2, tab. 8, fig. 1, 2 ; et tab. 9, fig. 1.

Turbot piquant. Rondelet, première partie, liv. 11, chap. 1.

Gesner, Aquat., p. 661, 670; Icon. anim., p. 95; Thierb., p. 50, *b.*

Aldrovand. Pisc., p. 248.

Rhombus aculeatus. Jonston, Pisc., p. 89, tab. 20, fig. 15; et p. 99, tab. 22, fig. 12.

Rhombus. Plin. Hist. mundi, lib. 9, cap. 15, 20, 42.

Id. Belon, Aquat., p. 139.

Turbot. Brit. Zoolog. 3, p. 192, n. 9.

Turbot rhombe. Valmont de Bomare, Dictionnaire d'histoire naturelle.

Rhombus. P. Artedi, Synonymia piscium, auctore J. G. Schneider, etc., p. 31.

qui pèsent de vingt à trente livres; et M. Noël a bien voulu nous écrire que, dans le mois d'avril 1801., on avait vendu dans le marché de Rouen un turbot du poids de plus de vingt-six livres.

Le pleuronecte que nous décrivons est très-goulu; sa voracité le porte souvent à se tenir auprès de l'embouchure des fleuves, ou de l'entrée des étangs qui communiquent avec la mer, pour trouver un plus grand nombre des jeunes poissons dont il se nourrit, et pour les saisir avec plus de facilité lorsqu'ils pénètrent dans ces étangs et dans ces fleuves, ou lorsqu'ils en sortent pour revenir dans la mer. Quoique très-grand, il ne se contente pas d'employer sa force contre sa proie; il a recours à la ruse. Il se précipite au fond de l'Océan ou des Méditerranées, applique son large corps contre le sable, se couvre en partie de limon, trouble l'eau autour de lui, et se tenant en embuscade au milieu de cette eau agitée, vaseuse et peu transparente, trompe ses victimes, et les dévore.

Au reste, les turbots sont très-difficiles dans le choix de leur nourriture; ils ne touchent guère qu'à des poissons vivants ou très-frais. Aussi, au lieu de garnir uniquement de morceaux de gade, ou de clupée, et particulièrement de hareng, les hameçons avec lesquels on veut prendre ces pleuronectes, les Anglais ont-ils imaginé d'employer pour appât de petits poissons encore en vie, et surtout de jeunes pétromyzons pricka, qu'ils ont achetés de pêcheurs hollandais. On prétend même que les turbots ne sont point attirés par des amorces auxquelles d'autres poissons ont mordu. Quoi qu'il en soit, ils sont très-abondants sur les côtes de Suède, d'Angleterre et de France. On en trouve notamment un très-grand nombre entre Honfleur et l'embouchure de l'Orne, où on pêche ceux que l'on vend dans les marchés du Havre, de Rouen et de Paris.

Les pêcheurs d'Angleterre, suivant le naturaliste Bloch, vont à la recherche des turbots, dans des canots qui portent trois hommes. Chacun d'eux a trois cordes ou lignes de trois *milles* anglais de longueur; on attache à chaque corde, de six pieds en six pieds, un crochet retenu par une ficelle de crin; des plombs maintiennent les lignes dans le fond de la mer; des morceaux de liége en indiquent la place, et on se règle sur les marées pour jeter ou relever les cordes.

La forme générale du turbot est un losange; et c'est de cette figure qu'est venu le nom de *Rhombe*, que tant d'auteurs anciens et modernes lui ont donné. La mâchoire inférieure, plus avancée que la supérieure, est garnie, comme cette dernière, de plusieurs rangées de petites dents. La ligne latérale descend pour se courber autour de la pectorale, et tend ensuite directement vers la nageoire de la queue, sans présenter aucun tubercule. Les nageoires sont jaunâtres, avec des taches et des

points bruns; le côté gauche est marbré de brun
et de jaune; le côté droit, qui est l'inférieur, est
blanc avec des taches brunes; les tubercules osseux de la femelle sont moins nombreux que ceux
du mâle (1).

---

(1) 7 rayons à la membrane branchiale du pleuronecte turbot.
      10 rayons à chaque pectorale.
       6 rayons à chaque thoracine.
      16 rayons à la nageoire de la queue.

LE PLEURONECTE CARRELET.[1]

Pleuronectes Rhombus, Linn., Gmel., Bl., Lac., Cuv. (2).

LE carrelet est très-commun. On le trouve dans l'océan Atlantique boréal, ainsi que dans la Mé-

---

(1) *Barbue*, dans plusieurs départements de France.
Rhomboïde, ibid.
Rhombo, en Italie.
Scatto, auprès de Venise.
Soagia, ibid.
Glattbutt, en Allemagne.
Winckelbutt, ibid.
Elb butt, à Hambourg.
Slaetwar, en Danemarck.
Pigghuars, en Suède.
Sand-flynder, en Norvége.
Pearl, à Londres.
Lug-aleaf, dans le comté de Cornouailles.
Griet, en Hollande.
« Pleuronectes corpore glabro. » Mus. Ad. Frid. 2, p. 69*.
Id. Artedi, gen. 18, syn. 31.
Pleuronecte carrelet. Daubenton et Haüy, Encyclopédie méthodique.
Id. Bonnaterre, planches de l'Encyclopédie méthodique.

(2) Type du sous-genre TURBOT, *Rhombus*, dans le grand genre PLEURONECTE, selon M. Cuvier. Ce poisson est celui que l'on connaît dans nos ports de la Manche, sous le nom de *Barbue*. DESM. 1832.

diterranée. Il se plaît particulièrement dans cette
dernière mer, auprès des côtes de la Sardaigne ; il
pénètre quelquefois dans les fleuves ; il entre notamment dans l'Elbe ; et M. Noël a appris d'un
pêcheur, qu'on avait pris un individu de cette espèce dans la Seine, auprès de Quevilly, à une
petite distance de Rouen. On ne doit donc pas être
étonné qu'on ait vu des empreintes ou des dé-
pouilles de cet osseux dans la carrière d'OEningen, auprès du Rhin et du lac de Constance (1).

Ce thoracin et le turbot sont les pleuronectes
qui présentent le plus de largeur ou plutôt de
hauteur. Ils l'emportent même sur le flez par la
grandeur relative de cette dimension ; mais ils
sont bien éloignés d'atteindre à la longueur de ce

Bloch, pl. 43.

Willughby, p. 96.

Rai, p. 32, n. 7.

Muller, Prodrom. Zoolog. Danic., p. 45, n. 378.

Brunnich, Pisc. Massil., p. 35, n. 48.

Pleuronectes piggvarf. It. Wgoth. 178.

Pleuronectes arenarius. Strom. Sondm.

Gronov. Mus. 1, p. 25, n. 43 ; Zooph., p. 74, n. 253.

Turbot sans piquants. Rondelet, première partie, liv. 11, chap. 2.

Gesner, Aquat., p. 863.

Aldrovand. Pisc., p. 249.

Jonston, Pisc., p. 99, t. 22, fig. 13.

« Rhombus alter gallicus. » Belon, Aquat., p. 141.

Brit. Zoolog. 3, p. 196, n. 10.

Petri Artedi Syn. piscium, auctore J. G. Schneider, etc., p. 31, n. 5.

(1) Voyez notre Discours sur la durée des espèces, et le Voyage dans
les Alpes, d'Horace-Bénédict de Saussure.

flez. On ne doit donc donner aucune confiance à ce qu'on a écrit d'un carrelet pris sous Domitien, et qui aurait été d'une longueur si démesurée, qu'elle aurait égalé soixante-six ou soixante-neuf pieds.

Le pleuronecte dont nous nous occupons a l'œsophage large, la membrane de l'estomac épaisse, et deux cœcums ou appendices auprès du pylore. On doit remarquer d'ailleurs sa mâchoire inférieure un peu plus avancée que la supérieure, les différentes rangées de dents petites, inégales et pointues, qui arment les deux mâchoires, la saillie arrondie de la partie postérieure de chaque opercule, et la couleur blanche du côté droit de l'animal (1).

---

(1) 6 rayons à la membrane branchiale du pleuronecte carrelet.

12 rayons à chaque pectorale.

6 rayons à chaque thoracine.

16 rayons à la caudale.

LE PLEURONECTE TARGEUR.[1]

Pleuronectes punctatus, Linn., Gmel., Bl.; *Rhombus punctatus*, Cuv. (2).

Le PLEURONECTE DENTÉ (3), *Pleuronectes dentatus*, Linn.,
Gmel., Lacep. (4). — PLEURONECTE MOINEAU (5), *Pleuro-
nectes Passer*, Linn., Gmel., Artedi, Lac. (6). — PLEURO-
NECTE PAPILLEUX (7), *Pleuronectes papillosus*, Linn., Gmel.,
Lac. (8). — PLEURONECTE ARGUS (9), *Pleuronectes Argus*,
Linn., Gmel., Lacep.; *Pleuronectes lunatus*, Linn., Gmel.,
Lacep.; *Rhombus Argus*, Cuv.; et *Pleuronectes Mancus*,
Brouss., Linn., Gmel. (10). — PLEURONECTE JAPONAIS (11),
Pleuronectes japonicus, Linn., Gmel., Lac. (12). — PLEU-
RONECTE CALIMANDE (13), *Pleuronectes Calimanda*, Lacep.;
Pleuronectes Cardina, Cuv. (14). — PLEURONECTE GRANDES-
ÉCAILLES (15), *Pleuronectes macrolepidotus*, Bl., Lac.; *Hip-
poglossus macrolepidotus*, Cuv. (16). — PLEURONECTE COM-
MERSONNIEN (17), *Pleuronectes Commersonnii*, Lacep.,
Cuv. (18).

Lorsqu'on aura jeté les yeux sur le tableau générique des pleuronectes, on complétera facile-

---

(1) *Rothbutt*, en Allemagne.

Rætt butt, en Danemarck.

Whiff, en Angleterre.

Pleuronecte targeur. Bonnaterre, planches de l'Encyclopédie méthodique.

ment l'idée générale des neuf espèces dont nous faisons mention dans cet article, en réunissant dans sa pensée les détails suivants.

Bloch, pl. 189.

« Passer alter, cute durâ et asperâ, etc. » Klein, Miss. pisc. 4, p. 34, n. 9.

Brit. Zoolog. 3, p. 186, n. 2.

Rai, Pisc., p. 163, n. 2, tab. 1, fig. 2.

(2) Du sous-genre TURBOT, *Rhombus*, Cuv., dans le grand genre PLEURONECTE. DESM. 1832.

(3) *Pleuronecte plaise*. Daubenton et Haüy, Encyclopédie méthodique.

Id. Bonnaterre, planches de l'Encyclopédie méthodique.

(4) M. Cuvier ne fait pas mention de cette espèce de pleuronecte. DESM. 1832.

(5) *Passere*, en Sardaigne.

Struff butt, à Hambourg.

Verkehrther elbutt.

Theerbott, à Dantzig.

Stachelbutt, en Livonie.

Ahte, chez les Lettes.

Grabbe, ibid.

Pleuronecte moineau. Daubenton et Haüy, Encyclopédie méthodique.

Id. Bonnaterre, planches de l'Encyclopédie méthodique.

Bloch, pl. 50.

Grouov. Zooph., p. 73, n. 248.

Klein, Miss. pisc. 4, p. 35, n. 3.

(6) Le *Pleuronectes passer* d'Artedi et de Linnée n'est point différent du Turbot ; celui de Bloch, pl. 50, n'est qu'un vieux flet, contourné à gauche, Cuv. DESM. 1832.

(7) *Pleuronecte aramaque*. Daubenton et Haüy, Encyclopédie méthodique.

Id. Bonnaterre, planches de l'Encyclopédie méthodique.

(8) Non cité par M. Cuvier. DESM. 1832.

(9) *Sichelchwartz*, en Allemagne.

Le targeur montre de petites écailles sur sa tête
et sur les rayons de ses nageoires ; un grand nom-

Tunge, en Hollande.

Linguada, en Portugal.

Cubricunha, ibid.

Aramaca, au Brésil.

Badé, dans l'île de Rotterdam, ou Anamoka.

Pathi-maure, dans l'île d'Utahite.

Pleuronecte lunulé. Daubenton et Haüy, Encyclopédie méthodique.

Id. Bonnaterre, planches de l'Encyclopédie méthodique.

Pleuronecte badé. Id.

Argus. Bloch, pl. 48.

Broussonnet, Ichthyol. dec. 1, n. 3, tab. 3, 4.

Catesby, Carol. 2, p. 27, tab. 27.

(10) Du sous-genre Turbot, *Rhombus*, de M. Cuvier, dans le grand
genre Pleuronecte.

Nota. Le pleuronecte Badé ou Manchot de Bronssonnet, *Pleuronectes mancus*, est une espèce distincte de l'*Argus*, et non pas seulement
une variété, comme le dit M. de Lacépède. Desm. 1832.

(11) Houttuyn, Act. Haarl. XX, 2, p. 317.

(12) Ce pleuronecte n'est pas cité par M. Cuvier. Desm. 1832.

(13) *Pleuronectes regius*, calimande royale. Bonnaterre, planches de
l'Encyclopédie méthodique.

(14) Du sous-genre Turbot, *Rhombus*, de M. Cuvier, dans le genre
Pleuronecte. Desm. 1832.

(15) *Gross schuppigte scholle*, par les Allemands.

Tonge, par les Hollandais.

Lingoada, par les Portugais.

Cubricunha, id.

Aramaca, au Brésil.

Sole à grandes écailles. Bloch, pl. 190.

Id. Bonnaterre, planches de l'Encyclopédie méthodique.

Klein, Miss. pisc. 4, p. 32, n. 8.

(16) Le pleuronecte grandes-écailles, Bl., pl. 190, Rondelet 314, est un
poisson de la Méditerranée, et non du Brésil, comme le disent Bloch et Lacépède, qui confondent à tort avec lui l'*Aramaca* de Marcgrave, 1832.

brc de dents recourbées et très-serrées, à chaque mâchoire; une lèvre supérieure extensible; une ligne latérale courbe au-dessus de la pectorale, et ensuite droite; un blanc rougeâtre répandu sur son côté droit; et des nuances grises distribuées sur les nageoires du dos et de l'anus. Il habite dans la mer qui baigne les côtes d'Angleterre et celles du Danemarck; il parvient à la longueur d'un pied et demi.

Les eaux de la Caroline sont la patrie du denté.

Le moineau se trouve dans la Baltique, ainsi que dans l'océan Atlantique septentrional. Il pèse quelquefois plus de huit livres. Sa chair est agréable au goût. La mâchoire inférieure dépasse celle de dessus. La ligne latérale est presque droite. Le côté droit est blanc; les nageoires sont jaunâtres avec des taches brunes. On voit un piquant auprès de l'anus.

L'Amérique nourrit le papilleux, dont le côté droit est blanc, et le côté gauche grisâtre.

L'argus, dont le badé ou le manchot de Brous-

Il doit prendre place dans le sous-genre FLÉTAN, *Hippoglossus* de M. Cuvier. DESM. 1832.

(17) *Sole de l'île de France.*

« Pleuronectes oculis a sinistrâ, corpore pellucido, sordidè exalbido, « guttis pallidioribus subtestaceisque maculosus. » Commerson, manuscrits déja cités.

(18) Selon M. Cuvier, la figure du pleuronecte commersonien de Lacépède (tom. III, pl. XII, 2, de la grande édition) se rapporte à une espèce du sous-genre SOLE, *Solea*, tandis que la description est celle d'une autre espèce du sous-genre TURBOT, *Rhombus*. DESM. 1832.

set n'est qu'une variété, est souvent long d'un pied et demi à deux pieds. On l'a pêché dans la mer des Antilles, dans celle de la Caroline, et dans les eaux des îles du grand Océan équinoxal, improprement appelées *îles de la mer du Sud*. Pendant l'hiver, il se tient au fond de la mer, mais lorsque l'été approche, il remonte dans les fleuves, où sa chair devient tendre et d'un goût exquis. Sa parure est très-belle. Les taches dont il est peint ont paru avoir assez de rapports avec une prunelle entourée de son iris, pour que le nom d'*Argus* lui ait été donné. La membrane des nageoires est jaunâtre ; les rayons qui la soutiennent sont bruns ; et elles sont d'ailleurs ornées de petites taches bleues.

Le côté droit de l'animal est d'un gris-cendré.

L'œil supérieur est plus grand et plus reculé que l'autre. La ligne latérale fait le tour de la pectorale avant de s'avancer directement vers l'extrémité de la queue. Plusieurs rayons de la pectorale gauche sont très-prolongés au-delà de la membrane.

Le japonais est long de huit pouces, et blanchâtre sur son côté droit.

Le pleuronecte calimande n'a que huit à douze pouces de longueur ; les couleurs dont il est jaspé sont ordinairement le rougeâtre, le marron, le gris-de-perle foncé. Plusieurs individus de cette espèce ont sur la queue une tache dorée entourée d'un cercle très-brun ; les pêcheurs disent que les mâles ont une seconde tache au-dessus de la pre-mière, et une troisième auprès de l'opercule. Nous devons à Duhamel la description de ce thoracin, qui se plaît dans l'Océan.

Le pleuronecte grandes-écailles a le corps et la queue très-allongés; la tête et les opercules dé-nués d'écailles semblables à celles du dos; les dents coniques et très-longues; les nageoires brunes; une chair de bon goût; une longueur de plus de deux pieds; et la mer du Brésil pour patrie (1).

---

(1) 11 rayons à chaque pectorale du pleuronecte targeur.
6 rayons à chaque thoracine.
14 rayons à la nageoire de la queue.

7 rayons à la membrane branchiale du pleuronecte denté.
12 rayons à chaque pectorale.
17 rayons à la caudale.

6 rayons à la membrane branchiale du pleuronecte moineau.
12 rayons à chaque pectorale.
6 rayons à chaque thoracine.
16 rayons à la nageoire de la queue.

12 rayons à chaque pectorale du pleuronecte papilleux.
6 rayons à chaque thoracine.
16 rayons à la caudale.

10 rayons à chaque pectorale du pleuronecte argus.
8 rayons à chaque thoracine.
17 rayons à la nageoire de la queue.

9 rayons à chaque pectorale du pleuronecte japonais.
16 rayons à la caudale.

14 rayons à chaque pectorale du pleuronecte grandes-écailles.
6 rayons à chaque thoracine.
17 rayons à la nageoire de la queue.

Le commersonnien est à peine de la longueur de la main. Ses thoracines sont placées l'une devant l'autre; c'est la gauche qui est la plus avancée. Il vit dans les eaux salées qui baignent l'Ile-de-France; il est encore plus délicat que la sole. Nous en donnons la description d'après les manuscrits de Commerson, qui l'a fait dessiner.

---

9 rayons à chaque pectorale du plenronecte commersonnien.
6 rayons à chaque thoracine.
15 rayons à la caudale.

CENT CINQUANTE-UNIÈME GENRE.

LES ACHIRES.

*La tête, le corps et la queue très-comprimés ; les deux yeux
du même côté de la tête ; point de nageoires pectorales.*

PREMIER SOUS-GENRE.

*Les deux yeux à droite ; la nageoire de la queue fourchue, ou
échancrée en croissant, ou arrondie sans échancrure.*

ESPÈCES.	CARACTÈRES.
1. L'ACHIRE BARBU.	Des barbillons aux mâchoires ; le corps et la queue allongés ; la mâchoire supérieure plus avancée que l'inférieure ; un grand nombre de taches blanches et circulaires.
2. L'ACHIRE MARBRÉ.	Soixante-douze rayons à la nageoire du dos ; cinquante-cinq à celle de l'anus ; la caudale arrondie ; la ligne latérale très-droite ; la mâchoire supérieure plus avancée que celle de dessous ; le côté droit brun, avec des taches et des raies tortueuses d'un blanc de lait.
3. L'ACHIRE PAVONIEN.	Cinquante-sept rayons à la nageoire du dos ; cinquante à l'anale ; la caudale arrondie ; la mâchoire supérieure plus avancée que l'inférieure ; la ligne latérale droite ; la base des nageoires de l'anus et du dos garnie de petites écailles ; des taches irrégulières, blanchâtres, et chargées chacune d'une tache brune.
4. L'ACHIRE FASCÉ.	Cinquante-trois rayons à la nageoire dorsale ; quarante-cinq à celle de l'anus ; la caudale arrondie ; des barbillons au côté gauche de la mâchoire supérieure ; les écailles ciliées ; sept ou huit bandes transversales et noires.

LACÉPÈDE. Tome X.   7

SECOND SOUS-GENRE.

*Les deux yeux à gauche; la caudale pointue et réunie avec
les nageoires de l'anus et du dos.*

ESPÈCES.	CARACTÈRES.
5. L'ACHIRE DEUX-LIGNES.	Cent soixante-quatorze rayons aux nageoires du dos, de la queue et de l'anus, considérées comme ne formant qu'une seule nageoire; le corps et la queue allongés; deux lignes latérales sur chaque côté du poisson; le côté gauche d'un brun-jaunâtre; le côté opposé d'un blanc-rougeâtre.
6. L'ACHIRE OBNÉ.	Quatre-vingt-quinze rayons depuis le commencement de la dorsale jusqu'à l'extrémité de la nageoire de la queue; quatre-vingt-deux rayons depuis le commencement de l'anale jusqu'au bout de la caudale; une seule ligne latérale sur chaque côté; les écailles petites, arrondies et dentelées; huit ou neuf bandes transversales et foncées.

L'ACHIRE BARBU,[1]

Achirus barbatus, Lac., Cuv. (2).

L'ACHIRE MARBRÉ,[3]

Achirus marmoratus, Lac., Cuv. (4).

ET L'ACHIRE PAVONIEN.

Achirus pavoninus, Lac. (5).

LES achires (6) ne diffèrent des pleuronectes que parce qu'ils sont entièrement privés de bras et de mains, ou, ce qui est la même chose, de nageoires pectorales. Leurs habitudes sont cepen-

---

(1) Gronov. Zooph., n. 255.

Pleuronecte barbue. Bonnaterre, planches de l'Encyclopédie méthodique.

(2) L'*Achire barbu* de M. Geoffroy, Ann. mus., tom. I, pl. XI, est d'une autre espèce du sous-genre ACHIRE, que M. Cuvier admet dans le grand genre PLEURONECTE. DESM. 1832.

(3) « Pleuronectes oculis à dextra; corpore brunneo, guttis lacteis, «aliis circumscriptis, aliis diffluentibus, variegato; pinnis omnibus «exalbidis nigro punctatis. » Commerson, manuscrits déja cités.

(4) Du même sous-genre ACHIRE, selon M. Cuvier. DESM. 1832.

(5) Non mentionné par M. Cuvier. DESM. 1832.

(6) *Acheires*, en grec, signifie *manchot, qui manque de mains.*

dant semblables à celles des pleuronectes, dont les pectorales sont trop petites, et placées trop désavantageusement pour influer d'une manière sensible sur leurs mouvements et leurs évolutions.

On ignore dans quelle mer habite le barbu.

Le marbré est beau à voir. On le pêche dans la partie de l'Océan qui arrose l'Isle-de-France. Le goût de sa chair y est excellent, et il y a été observé en 1769 par Commerson. Les naturalistes ne connaissent pas encore ce poisson. Ses nageoires, d'un blanc mêlé de gris et de bleu, sont parsemées de points noirs. On ne voit que difficilement ses écailles. La dorsale s'étend depuis le bout du museau jusqu'à la nageoire de la queue.

Commerson a fait une remarque curieuse sur cet achire. Il a vu le long de la base des nageoires du dos et de l'anus, autant de pores que de rayons ; et lorsqu'on pressait les environs de ces petits orifices, il en sortait une mucosité laiteuse.

Nous avons trouvé un individu de cette espèce dans la collection de Hollande, cédée à la France.

Nous avons vu, dans la même collection, un individu d'une autre espèce d'achire encore inconnue des naturalistes, et à laquelle nous avons donné le nom de *Pavonien*, à cause des taches un peu semblables à des *yeux de paon*, dont elle est couverte.

La dorsale de cet achire pavonien règne depuis le dessus du museau jusqu'à la caudale, dont cependant elle est très-distincte, ainsi que la nageoire de l'anus (1).

---

(1) 5 ou 6 rayons à la membrane branchiale de l'achire marbré.

5 rayons à chaque thoracine.

18 rayons à la nageoire de la queue.

6 rayons à chaque thoracine de l'achire pavonien.

17 rayons à la caudale.

L'ACHIRE FASCÉ.[1]

Achirus fasciatus, Lac., Cuv.; *Pleuronectes fasciatus*, Linn., Gmel. (2).

CET achire a été pêché dans les eaux de l'Amérique septentrionale. Son côté droit est brun; son côté gauche blanchâtre (3).

---

(1) *Pleuronectes achirus.* Linnée, Syst. naturæ X, 1, p. 268, n. 1, 3. *Pleuronecte achire.* Daubenton et Haüy, Encyclopédie méthodique. Gronov. Mus. 1, n. 42.

« Pleuronectes fuscus... lineis septem nigris, etc. » Browne. Jam. 445. Sloane, Jam. 2, p. 77, t. 246, fig. 2.

« Passer lineis transversis. » Rai, pisc. 157.

(2) Du sous-genre ACHIRE, admis par M. Cuvier, dans le grand genre PLEURONECTE. DESM. 1832.

(3) 4 ou 5 rayons à chaque thoracine de l'achire fascé.

16 rayons à la nageoire de la queue.

L'ACHIRE DEUX-LIGNES,[1]

Achirus bilineatus, Lac., Cuv. (2).

ET

L'ACHIRE ORNÉ.

Achirus ornatus, Lac., Cuv. (3).

LE premier de ces deux achires habite dans les eaux de la Chine et dans celles des Indes orientales. Il se nourrit de petits crabes et d'animaux à coquille. Son foie n'a qu'un seul lobe; la membrane de son estomac est mince; le canal intestinal se recourbe plusieurs fois; les deux mâchoires sont garnies de dents courtes et obtuses; chaque narine a deux orifices, dont l'un est en

---

(1) Bloch, pl. 188.

Pleuronecte, sole à deux lignes. Bonnaterre, planches de l'Encyclopédie méthodique.

(2) Ce poisson doit être placé parmi les espèces du sous-genre ACHIRE, dont Browne avait fait un genre particulier, sous le nom de PLAGUSIA. DESM. 1832.

(3) L'*Achire orné* est de la même division du sous-genre ACHIRE que le précédent. DESM. 1832.

forme de tube; une seule plaque compose chaque opercule; les écailles qui recouvrent la tête, le corps et la queue, sont petites, presque rondes et dentelées; les deux lignes latérales, que l'on voit sur chaque côté de l'animal, sont droites et presque parallèles; une couleur brune, mêlée de gris ou de verdâtre, distingue les nageoires.

Personne n'a encore publié la description de l'orné. Nous avons vu un individu de cette dernière espèce dans la collection hollandaise donnée à la France. La ligne latérale se relève au-delà de l'opercule, pour suivre à-peu-près la direction du dos (1).

____

(1) 4 rayons à la membrane branchiale de l'achire deux-lignes.
4 rayons à chaque thoracine.

SECONDE SOUS-CLASSE.

POISSONS OSSEUX.

Les parties solides de l'intérieur du corps, osseuses.

PREMIÈRE DIVISION.

Poissons qui ont un opercule et une membrane des branchies.

VINGTIÈME ORDRE

DE LA CLASSE ENTIÈRE DES POISSONS,

OU

QUATRIÈME ORDRE

DE LA PREMIÈRE DIVISION DES OSSEUX.

Poissons abdominaux, ou qui ont des nageoires inférieures placées sur l'abdomen, au-delà des pectorales, et en-deçà de la nageoire de l'anus.

CENT CINQUANTE-DEUXIÈME GENRE.

LES CIRRHITES (1).

*Sept rayons à la membrane des branchies ; le dernier très-éloi-
gné des autres ; des barbillons réunis par une membrane, et
placés auprès de la pectorale, de manière à représenter une
nageoire semblable à cette dernière.*

ESPÈCE.	CARACTÈRES.
LE CIRRHITE TACHETÉ.	Dix rayons aiguillonnés et onze rayons articulés à la nageoire du dos ; trois rayons aiguillonnés et six rayons articulés à la nageoire de l'anus ; la caudale arrondie ; la couleur générale brune ; un grand nombre de larges taches blanches, et de petites taches noires.

---

(1) Ce genre est adopté par M. Cuvier.　　DESM. 1832.

LE CIRRHITE TACHETÉ.[1]

Cirrhites maculatus, Cuv., Lac. (2).

Ce poisson, dont on devra la connaissance à Commerson, est véritablement de l'ordre des abdominaux ; mais il doit être placé à la tête de cet ordre, comme se rapprochant beaucoup de celui des thoracins, avec lesquels il a de grands rapports. Il ressemble surtout aux holocentres ou aux persèques. Il a, comme ces osseux, la première lame de son opercule dentelée, et la seconde armée d'un aiguillon.

Sa partie supérieure se relève en arc de cercle, situé dans le sens de sa longueur totale. On ne voit pas de petites écailles sur sa tête; mais son

---

(1) *Cirronius.*

Concirrus.

Cincirous.

« Aspro fuscus maculis utroque latere sparsis majoribus albis, mino- « ribus nigris plurimis. » Commerson, manuscrits déja cités.

(2) M. Cuvier place ce poisson dans son genre CIRRHITE, de la famille des Acanthoptérygiens percoïdes.

M. de Lacépède l'a décrit deux fois sous les noms 1° de *Labre marbré*, et 2° de *Cirrhite tacheté.* DESM. 1832.

corps, sa queue, et une partie de ses opercules, en sont revêtus. Il peut étendre ou retirer sa mâchoire supérieure (1).

On divise facilement les dents de ses deux mâchoires en extérieures et en intérieures. Les premières sont écartées les unes des autres; les secondes sont très-petites, et serrées comme celles d'une lime. La partie supérieure de l'orbite est relevée; et les yeux sont placés assez haut. Sept barbillons très allongés et réunis par une membrane commune forment cette sorte de fausse nageoire que nous venons de faire remarquer dans le tableau générique, qui paraît, au premier coup d'œil, une seconde pectorale, et qui, donnant à l'animal un organe singulier, le rapproche des lépadogastères, des dactyloptères, des prionotes, des trigles, et des polynèmes, sans cependant les confondre avec aucun de ces derniers. La ligne latérale suit la courbure du dos. Les nageoires sont brunes; des taches noires sont répandues sur la dorsale; une tache plus grande, mais de la même couleur, paraît sous la mâchoire inférieure (2).

---

(1)   7 rayons à chaque pectorale du cirrhite tacheté.

     6 rayons à chaque ventrale.

     15 rayons à la nageoire de la queue.

(2) M. Cuvier rapproche de ce poisson le Spare panthérin de Lacépède, et le place aussi dans son genre CIRRHITE, sous le nom de *Cirrhites pantherinus.* DESM. 1832.

CENT CINQUANTE-TROISIÈME GENRE.

LES CHEILODACTYLES (1).

Le corps et la queue très-comprimés ; la lèvre supérieure double et extensible ; la partie antérieure et supérieure de la tête terminée par une ligne presque droite, et qui ne s'éloigne de la verticale que de 40 à 50 degrés ; les derniers rayons de chaque pectorale, très-allongés au-delà de la membrane qui les réunit ; une seule nageoire dorsale.

ESPÈCE.	CARACTÈRES.
LE CHEILODACTYLE FASCÉ.	Dix-neuf rayons aiguillonnés et vingt-trois rayons articulés à la nageoire du dos ; deux rayons aiguillonnés et douze rayons articulés à la nageoire de l'anus ; la caudale fourchue ; le onzième rayon de chaque pectorale d'une longueur double de la hauteur de la membrane ; des bandes transversales et foncées.

(1) Ce genre est adopté par M. Cuvier. DESM. 1832.

LE CHEILODACTYLE FASCÉ.[1]

Cheilodactylus fasciatus, Lac., Cuv. (2).

Nous avons vu, dans la belle collection hollandaise cédée à la France, un individu très-bien
conservé de cette espèce d'abdominal encore inconnue des naturalistes, et que nous avons dû
inscrire dans un genre particulier, dont le nom
indique et la forme de ses lèvres, et celle de ses
doigts, ou des rayons de ses pectorales. La nageoire dorsale de ce cheilodactyle s'étend depuis
une partie du dos très-voisine de la nuque, jusqu'à une très-petite distance de la nageoire de la
queue. La portion de cette nageoire, que soutiennent des rayons aiguillonnés, est plus basse que
l'autre portion. Le quatorzième ou dernier rayon
de chaque pectorale, quoique très-allongé au-delà
de la membrane, est moins long que le treizième,
le treizième que le douzième, et le douzième que

---

(1) *Ikan kakatoea itam*, dans les Indes orientales.

(2) M. Cuvier donne à ce poisson le nom de *Cheilodactyle à bandes,
du Cap*, et le place dans la famille des Acanthoptérygiens sciénoïdes.
Desm. 1832.

le onzième. L'anale présente un peu la forme
d'une faux. On voit des taches foncées sur la nageoire du dos et sur celle de la queue (1).

---

(1) 14 rayons à chaque pectorale du cheilodactyle fascé.

  1 rayon aiguillonné et 5 rayons articulés à chaque ventrale.

  17 rayons à la nageoire de la queue.

CENT CINQUANTE-QUATRIÈME GENRE.

LES COBITES (1).

La tête, le corps et la queue, cylindriques; les yeux très-rapprochés du sommet de la tête; point de dents, et des barbillons aux mâchoires; une seule nageoire du dos; la peau gluante, et revêtue d'écailles très-difficiles à voir.

ESPÈCES.	CARACTÈRES.
1. LE COBITE LOCHE.	Neuf rayons à chaque ventrale; six barbillons à la mâchoire supérieure; point de piquant auprès de l'œil.
2. LE COBITE TÆNIA.	Dix rayons à chaque ventrale; deux barbillons à la mâchoire supérieure; quatre à l'inférieure; un aiguillon fourchu au-dessous de chaque œil.
3. LE COBITE TROIS-BAR-BILLONS.	Trois barbillons aux mâchoires; la partie supérieure de l'animal d'un roux-brun, et parsemée de taches arrondies.

---

(1) M. Cuvier conserve le genre Loche, ou Dormille (*Cobitis*, Linn.), et le place dans l'ordre des Malacoptérygiens abdominaux, et dans la famille des Cyprinoïdes. Il lui réunit le genre Misgurne de Lacépède.

DESM. 1832.

LE COBITE LOCHE,[1]

Cobitis Barbatula, Linn., Gmel., Lac., Cuv. (2).

LE COBITE TÆNIA,[3]

Cobitis Tænia, Linn., Gmel., Lac., Cuv. (4).

ET LE COBITE TROIS-BARBILLONS.

Cobitis tricirrhata, Lacep. (5).

———

LE cobite loche est très-petit; il ne parvient guère qu'à la longueur de quatre ou cinq pou-

———

(1) *Petit barbot*, en France.
Loche franche, ibid.
Schmerl, dans plusieurs cantons d'Allemagne.
Schmerling, en Prusse.
Schmerlein, ibid.
Gründel, en Silésie.
Gründling, ibid.
Bartgrundel, ibid.
Smerle, en Saxe.
Smirlin, ibid.
Piskosop, en Russie.
Gronling, en Suède.
Smerling, en Danemarck.
Hoogkyner, en Hollande.
Groundlin, en Angleterre.

ces : mais le goût de sa chair est très-agréable ;
et, dans plusieurs contrées de l'Europe, on a

Cobite franche barbotte. Daubenton et Haüy, Encyclopédie méthodique.

Id. Bonnaterre, planches de l'Encyclopédie méthodique.

Bloch, pl. 31, fig. 3.

Mus. Ad. Frid. 2, p. 95.*

Faun. Suecic. 341.

Muller, Prodrom. Zoolog. Dan., p. 47, n. 401.

Wulff, Ichthyolog., p. 31, n. 38.

« Cobitis tota glabra, etc. » Artedi, gen. 2, syn. 2.

« Cobitis barbatula. » Gesner, p. 401; et (germ.) fol. 163, *b.*

Id. Aldrovand., lib. 5, cap. 31, p. 618.

Id. Jonston, lib. 3, tit. 1, cap. 12, art. 3, tab. 26, fig. 22.

Id. Charlet., p. 157.

« Cobitis fluviatilis. » Schon., p. 31.

Id. Willughby, p. 265, tab. Q. 8, fig. 1.

Id. Rai, p. 124, n. 3.

Fundulus, seu *grundulus.* Figul., f. 1, *b.*

Gronov. Mus. 1, p. 2, n. 6; Zooph., p. 56, n. 202.

« Enchelyopus nobilis cinereus, etc. » Klein, Miss. pisc. 4, p. 59, n. 3, tab. 15, fig. 4.

Loche. Rondelet, seconde partie, chap. 28.

Fundulus. Marsil. Danub. 4, p. 74, tab. 25, fig. 1.

Loche. Brit. Zoolog. 3, p. 237, n. 1.

(2) M. Cuvier cite cette espèce de Cobite.   Desm. 1832.

(3) *Loche de rivière,* en France.

Steinbeisel, en Autriche.

Steinpitzger, en Allemagne.

Steibenisser, ibid.

Steingrundel, ibid.

Steinschmerl, ibid.

Schmeerpütte, dans le Schlesswig.

Steinbicker, ibid.

Schmerbutte, en Danemarck.

donné beaucoup d'attention, et des soins très-multipliés à ce poisson. On le trouve le plus souvent dans les ruisseaux et dans les petites rivières qui coulent sur un fond de pierres ou de cailloux, et particulièrement dans ceux qui arrosent les pays montagneux. Il vit de vers et d'insectes aquatiques. Il se plaît dans l'eau courante, et pa-

---

Steinbiker, ibid.

Tanglake, en Suède.

Dorngrundel, en Livonie.

Akminagrausis, ibid.

Cobite loche. Daubenton et Haüy, Encyclopédie méthodique.

Id. Bonnaterre, planches de l'Encyclopédie méthodique.

Faun. Suecic. 342.

Wulff, Ichth., p. 31, n. 39.

Loche de rivière, Bloch, pl. 31, fig. 2.

« Cobitis aculeo bifurco, etc. » Artedi, gen. 2, syn. 3, spec. 4.

Cobitis aculeata, seconde espèce de loche. Rondelet, seconde partie, chap. 24.

Id. Aldrovand., lib. 5, cap. 30, p. 617.

Id. Gesner, p. 404.

« Cobitis barbatula aculeata. » Willughby, Ichth., p. 265, tab. Q. 8, fig. 3.

« Tænia cornuta. » *Id.* p. 266, tab. Q. 8, fig. 6.

Id. et « Cobitis barbatula aculeata. » Rai, p. 124.

Id. Jonston, p. 142, tab. 46, fig. 21, 23.

Gronov. Mus. 1, n. 5.

Klein, Miss. pisc. 4, p. 59, n. 4.

« Cobitis aculeata. » Marsil. Dan. 4, p. 3, tab. 1, fig. 2.

« Lampetra, *et* cobitis pungens. » Frisch, Misc. Berol. 6, p. 120, t. 4, n. 3.

(4) M. Cuvier cite encore cette espèce. DESM. 1832.

(5) Cette espèce n'est pas indiquée par M. Cuvier. DESM. 1832.

raît éviter celle qui est tranquille : mais des courants trop rapides ne lui conviennent pas ; et c'est ce que nous a appris, dans des notes manuscrites très-bien faites, M. Pénières, membre du Tribunat. Nous avons vu dans ces notes, qu'il a bien voulu rédiger pour nous, que, dans les rivières des départements du Cantal et de la Corrèze, la loche préfère les eaux profondes, et même quelquefois les eaux dormantes, à celles qui sont très-agitées et très-battues. Elle change rarement de place dans ces portions de rivière dont le courant est moins fort ; elle s'y tient comme collée contre le sable ou le gravier, et semble s'y nourrir de ce que l'eau y dépose.

Elle est la victime d'un très-grand nombre de poissons contre lesquels sa petitesse ne lui permet pas de se défendre ; et malgré cette même petitesse qui devrait lui faire trouver si facilement des asyles impénétrables, elle est la proie des pêcheurs, qui la prennent avec le carrelet, avec la louve et avec la nasse (1). On la recherche surtout vers la fin de l'automne, et pendant le printemps, qui est

----

(1) Voyez, à l'article du *Pétromyzon lamproie*, ce que nous avons dit de la *nasse* et de la *louve*. Quant au *carrelet*, c'est un filet en forme de nappe carrée, et attachée par les quatre coins aux extrémités de deux arcs qui se croisent. Ces arcs sont fixés au bout d'une perche, à l'endroit de leur réunion. On tend ce filet sur le fond des rivières ; et dès qu'on aperçoit des poissons au-dessus, on le relève avec rapidité. On donne aussi au *carrelet* les noms de *calen*, de *venturon*, d'*échiquier*, et de *hunier*.

la saison de sa ponte. A ces deux époques, sa chair est si délicate, qu'on la préfère à celle de presque tous les autres habitants des eaux, surtout, disent dans certains pays les hommes occupés des recherches les plus minutieuses relatives à la bonne chère, lorsqu'elle a expiré dans du vin ou dans du lait. Elle meurt très-vite dès qu'elle est sortie de l'eau, et même dès qu'on l'a placée dans quelque vase dont l'eau est dans un repos absolu. On la conserve, au contraire, pendant long-temps en vie, en la renfermant dans une sorte de huche trouée que l'on met au milieu du courant d'une rivière.

Lorsqu'on veut la transporter un peu loin, on a le soin d'agiter continuellement l'eau du vaisseau dans lequel on la fait entrer, et l'on choisit un temps frais, comme, par exemple, la fin de l'automne. C'est avec cette double précaution que Frédéric Ier, roi de Suède, fit venir d'Allemagne des loches qu'il parvint à naturaliser dans son pays (1).

Quand on veut faire réussir ces cobites dans une rivière ou dans un ruisseau, on pratique une fosse dans un endroit qui ait un fond de cailloux, ou qui reçoive l'eau d'une source. On donne à cette fosse deux pieds ou deux pieds et demi de profondeur, huit pieds de longueur, et qua-

---

(1) Voyez le Discours intitulé *Des effets de l'art de l'homme sur la nature des poissons.*

tre de largeur. On la revêt de claies ou planches percées, qu'on établit cependant à une petite distance des côtés de la fosse. L'intervalle compris entre ces côtés et les planches ou les claies, est rempli de fumier, et, quand on le peut, de fumier de brebis. On ménage deux ouvertures, l'une pour l'entrée de l'eau, et l'autre pour la sortie du courant. On garnit ces deux ouvertures d'une plaque de métal percée de plusieurs trous, qui laisse passer l'eau courante, mais ferme l'entrée de la fosse à tout corps étranger nuisible et à tout animal destructeur. On place dans le fond de la fosse, des cailloux ou des pierres jusqu'à la hauteur de six ou huit pouces, afin de faciliter la ponte et la fécondation des œufs. Les loches qu'on introduit dans la fosse, s'y nourrissent des sucs du fumier et des vers qui s'y engendrent. On leur donne néanmoins du pain de chènevis ou de la graine de pavot. Elles multiplient quelquefois à un si haut degré dans leur demeure artificielle, qu'on est obligé de construire trois fosses, une pour le frai, une seconde pour l'alevin ou les jeunes loches, et une troisième pour les loches parvenues à leur développement ordinaire.

Au reste, on peut conserver long-temps ces cobites et les envoyer au loin, après leur mort, en les faisant mariner.

La loche a la mâchoire supérieure plus avancée que l'inférieure ; l'ouverture de la bouche, petite ;

là ligne latérale droite; la nageoire du dos très-courte et placée, à-peu-près, au-dessus des ventrales; le corps et la queue marbrés de gris et de blanc; les nageoires grises; la dorsale et la caudale pointillées et rayées ou fascées de brun; le foie grand, ainsi que la vésicule du fiel; le canal intestinal assez court; l'épine dorsale composée de quarante vertèbres, et fortifiée par quarante côtes.

Parmi les poissons d'eau douce ou de mer dont on a reconnu des empreintes dans la carrière d'OEningen, près du lac de Constance (1), on doit compter le cobite loche. On doit comprendre aussi au nombre de ces poissons le cobite tænia.

Ce dernier cobite se trouve dans les rivières comme la loche; il s'y tient entre les pierres. Il se nourrit de vers, d'insectes aquatiques, d'œufs, et même quelquefois de très-jeunes individus de quelques petites espèces de poissons. Il perd la vie plus difficilement que la loche; et quand on le prend, il fait entendre une espèce de bruissement semblable à celui des balistes, des trigles, des cottes, des zées, etc. Bloch ayant mis deux tænias dans un vase plein d'eau de rivière et dans le fond duquel il avait étendu du sable, les vit

---

(1) Voyage dans les Alpes, par Saussure, § 1533.

s'agiter sans cesse et remuer perpétuellement leurs lèvres.

La chair des tænias est maigre et coriace; et d'ailleurs, ils sont d'autant moins recherchés, que l'on ne peut guère les saisir sans être piqué par les petits aiguillons situés auprès de leurs yeux. Mais s'ils ont moins à craindre des pêcheurs que les loches, ils sont la proie des persèques, des brochets, et des oiseaux d'eau.

Leur ligne latérale est à peine sensible; ils n'atteignent qu'à la longueur de quatre à huit pouces. Leur dos est brun; leurs côtés sont jaunâtres, avec quatre rangées de taches brunes, inégales, et irrégulières; les pectorales et l'anale sont grises; une nuance jaune distingue les ventrales; la dorsale est jaune et ornée de cinq rangs de points bruns; la caudale montre sur un fond gris quatre ou cinq rangées transversales de points; le foie est long; la vésicule du fiel, petite; le canal intestinal sans sinuosités; l'épine du dos formée de quarante vertèbres; et le nombre total des côtes, de cinquante-six.

Nous devons à M. Noël la description du cobite trois barbillons, qui se plaît dans les ruisseaux d'eau courante et vive des environs de Rouen, et que l'on trouve, vers l'équinoxe du printemps, gras et plein d'œufs ou de laite. Sa partie supérieure est d'un roux-brun, et parsemée de taches arrondies; l'inférieure est d'un fauve-clair, ainsi que les nageoires. La dorsale et la nageoire de la queue sont pointillées de noirâtre, le long de leurs rayons (1).

---

(1) 3 rayons à la membrane branchiale du cobite loche.

   10 rayons à chaque pectorale.

    9 rayons à la nageoire du dos.

    8 rayons à celle de l'anus.

   17 rayons à la nageoire de la queue.

    3 rayons à la membrane branchiale du cobite tænia.

  11 rayons à chaque pectorale.

  10 rayons à la nageoire du dos.

    9 rayons à celle de l'anus.

  17 rayons à la nageoire de la queue.

CENT CINQUANTE-CINQUIÈME GENRE.

LES MISGURNES (1).

Le corps et la queue cylindriques ; la peau gluante, et dénuée d'écailles facilement visibles ; les yeux très-rapprochés du sommet de la tête ; des dents et des barbillons aux mâchoires ; une seule dorsale ; cette nageoire très-courte.

ESPÈCE.	CARACTÈRES.
Le Misgurne fossile.	Six barbillons à la mâchoire supérieure ; quatre barbillons à l'inférieure ; huit rayons à chaque ventrale.

---

(1) Le genre Misgurne de Lacépède n'est pas adopté par M. Cuvier. Il le réunit aux Cobites, en plaçant ce genre dans la famille des Cyprinoïdes ; ordre des Malacoptèrygiens abdominaux.   Desm. 1832.

LE MISGURNE FOSSILE.[1]

Cobitis fossilis, Linn., Gmel., Cuv.; *Misgurnus fossilis*,
Lacep. (2).

Ce poisson habite dans les étangs ; on ne le voit
du moins dans les lacs et dans les rivières, que

---

(1) *Loche d'étang*, en France.
Fisgurn, en Allemagne.
Schlammpitzger, ibid.
Schlammbeisser, ibid.
Pritzker, ou *pitzker*, ou *peissker*, ibid.
Meertrusche, ibid.
Pfulfisch, ibid.
Schachtfeger, ibid.
Murdal, en Bohême.
Prizker, en Livonie.
Pihkste, ibid.
Grundel, en Pologne.
Wijun, en Russie.
Piskum, ibid.
Misgurn, en Angleterre.
Dootvjoo, au Japon.
Cobite misgurn. Daubenton et Haüy, Encyclopédie méthodique.
Id. Bonnaretre, planches de l'Encyclopédie méthodique.
Faun. Suecic. 343.
Mus. Ad. Frid. 1, p. 76.
« Cobitis aculeo bifurco, etc. » Gron. Act. Upsal. 1742, p. 79, t. 3.
Bloch, pl. 31, fig. 1.

lorsque le fond en est vaseux. Il perd difficilement la vie. Il ne périt pas sous la glace, pour peu qu'il reste de l'eau fluide au-dessous de celle qui est gelée. Il ne meurt pas non plus lorsqu'il se trouve dans un marais que l'art ou la nature dessèchent, pourvu qu'il y reste quelque portion d'eau, quelque bourbeuse qu'elle puisse être : il se cache alors dans les trous qu'il creuse au milieu de la fange. On le rencontre souvent dans les cavités de la terre humide qui faisait le fond d'un marais ou d'un étang dont on vient de faire écouler l'eau. C'est ce qui a fait croire à quelques auteurs qu'il s'engendrait dans la terre, et qu'il n'allait dans les rivières ou les lacs, que lorsque les inondations l'atteignaient dans son asyle et l'entraînaient ensuite. Mais au lieu de cette fable qui a été un peu accréditée et qui lui a fait donner le nom de *Fossile*, il aurait fallu dire que, d'après tous ces faits,

---

« Cobitis cærulescens , etc. » Artedi, gen. 2 , syn. 3.

Misgurn, seu *fisgurn*, et *mustela fossilis*. Willughby, p. 118, et p. 124.

Id. Rai, p. 69, n. 6; et p. 70, n. 9.

Gronov. Zooph. , p. 56, n. 201 ; Mus. 1, p. 2, n. 7

Klein , Miss. Pisc. 4 , p. 59 , t. 15 , fig. 3.

Mustela fossilis. Aldrovand. Pisc. , p. 579.

Jonston, Pisc., p. 154 , tab. 28 , fig. 8.

Marsil. Danub. 4 , p. 39 , tab. 13 , fig. 1.

Thermometrum vivum. Clauder, Ephem. nat. curios. dec. 2 , an. 6 , p. 354 , obs. 175 , f. 71.

Beyszker. Gesn. Thierb. , p. 160.

Pœcilia. Schonev. , p. 56.

(2) Voyez la note de la page 122. Desm. 1832.

il paraissait que le misgurne dont nous parlons,
est beaucoup moins sensible que presque tous les
autres poissons, aux effets funestes des gaz qui se
forment au-dessous de la glace, ou que produisent
les marais qui, au lieu d'eau courante ou tranquille, ne présentent qu'une sorte de boue dé-
layée et d'humidité fétide (1).

Cependant cet abdominal semble ressentir
très-vivement les impressions que peuvent faire
éprouver aux habitants des eaux les vicissitudes
de l'atmosphère, et particulièrement les grandes
variations que montre dans certains temps l'élec-
tricité de l'air et de la terre. On a remarqué que
lorsque l'orage menace, ce misgurne quitte le
fond des étangs pour venir à leur surface, et s'y
agite, comme tourmenté par une gêne fatigante,
ou par une sorte de vive inquiétude. Cette habitude l'a fait garder avec soin dans des vases par
plusieurs observateurs. On l'a placé dans un vaisseau rempli d'eau de pluie ou de rivière, et garni,
dans le bas, d'une couche de terre grasse. On a
eu le soin de changer la terre et l'eau tous les
trois ou quatre jours pendant l'été, et tous les
sept jours pendant l'hiver. On l'a mis pendant
les froids dans une chambre chaude, auprès de la
fenêtre. On l'a gardé ainsi pendant plus d'un an.

---

(1) Consultez le Discours que nous avons intitulé *Des effets de l'art de
l'homme sur la nature des poissons.*

On l'a vu rester tranquille pendant le calme, sur la terre humectée, mais se remuer fortement pendant la tempête, même vingt-quatre heures avant que l'orage n'éclatât, monter, descendre, remonter, parcourir l'intérieur du vase en différents sens, et en troubler le fluide. C'est d'après cette observation qu'il a été comparé à un *baromètre*, et qu'il a été nommé *baromètre vivant*.

Il parvient à la longueur d'un pied ou un pied et demi, et quelquefois il a montré celle de trois ou quatre pieds. Ayant beaucoup de rapports par sa conformation extérieure avec la murène anguille, il n'est pas surprenant qu'il puisse facilement, comme cette dernière, s'insinuer dans la terre molle, et y pratiquer des cavités proportionnées à son volume; et c'est ce qui fait qu'il se retire dans la fange ou dans la vase, non seulement lorsque le desséchement des étangs ne lui permet pas de demeurer au-dessus de leur fond privé d'eau presque en entier, mais encore lorsqu'il veut éviter une action trop vive du froid qui paraît l'incommoder. Cette précaution qu'il prend de se renfermer sous terre lorsque la température est moins chaude, l'a fait appeler *Thermomètre vivant*, comme les mouvements qu'il se donne lorsque le temps est orageux, l'ont fait désigner par le nom de *Baromètre vivant* ou *animé*.

Le misgurne fossile sort de son habitation souterraine lorsque le printemps est de retour. Il va alors déposer ses œufs ou sa laite sur les herbages de son marais.

Il se nourrit de vers, d'insectes, de très-petits poissons, et de résidus de substances organisées qu'il trouve dans la vase. Il multiplie beaucoup; et néanmoins il a bien des ennemis à craindre. Les grenouilles l'attaquent avec succès, lorsqu'il est encore jeune; les écrevisses le saisissent avec leurs pates, et le pressent assez fortement pour lui donner la mort; les persèques, les brochets, le dévorent; les pêcheurs le poursuivent. Ils le prennent rarement à l'hameçon, auquel il ne se détermine pas facilement à mordre; mais ils le pêchent avec des nasses garnies d'herbes, avec des filets et particulièrement avec la truble (1).

---

(1) La *truble* ou le *truble* est un filet en forme de poche, dont les bords sont attachés à la circonférence d'un cercle de bois et de fer, auquel on ajuste un manche. Un pêcheur qui aperçoit des poissons à une petite profondeur dans l'eau, passe le *truble* par-dessous ces animaux, et le relève à l'instant, de manière qu'ils se trouvent pris dans la poche. On se sert aussi du *truble* pour s'emparer des poissons pris dans les *bourdigues*, ou pour enlever ceux qui ont mordu à l'hameçon, mais qui par leur poids pourraient rompre les lignes.

Les *bourdigues* sont composées de deux cloisons faites avec des pieux ou des filets; ces cloisons convergent vers le courant. On les élève dans les canaux qui communiquent des étangs dans la mer, pour prendre les poissons qui veulent regagner l'eau salée.

Il y a des *trubles* carrés qui sont plus commodes pour prendre les poissons renfermés dans des réservoirs particuliers.

Ceux que l'on nomme dans quelques endroits *étiquettes*, ou *pêches*,

Il n'est cependant pas très-recherché, parce que sa chair est molle, imprégnée d'un goût de marécage, et enduite d'un suc visqueux. On lui ôte cette substance gluante, en le plongeant dans un vase dont l'eau contient du sel marin, ou des cendres. L'animal s'y remue, s'y contourne, s'y tourmente, s'y purifie, pour ainsi dire ; et on le lave ensuite dans de l'eau douce.

Cette matière gluante dont le misgurne fossile est couvert, aussi bien que pénétré, influe sur ses couleurs ; elle en détermine plusieurs nuances ; suivant qu'elle est plus ou moins abondante, elle en fait varier quelques tons ; et comme les différentes eaux peuvent, suivant leur pureté ou leur mélange avec des substances étrangères, agir diversement sur cette liqueur visqueuse, en dissoudre ou en emporter plus ou moins, en diminuer plus ou moins la quantité et l'influence, les couleurs du fossile varient suivant la nature des eaux qu'il habite. Ce qui le prouve d'ailleurs, c'est que lorsqu'on nettoie avec de l'alcool, ou de

---

sont de petits filets dont la figure est semblable à celle d'un grand capuchon. L'ouverture de cette sorte de capuchon est attachée à un cerceau, ou à quatre bâtons suspendus au bout d'une perche On amorce cet instrument avec des vers de terre, qu'on enfile par le milieu du corps, et qu'on attache de manière que lorsque le filet est dans l'eau, ils pendent à un ou deux décimètres du fond. On s'en sert pour pêcher des écrevisses, aussi bien que différentes espèces de poisson.

Le *trubleau* est un petit ou une petite *truble*.

toute autre manière, le ventre de çe misgurne, la belle couleur jaune de cette partie disparaît entièrement.

Voici cependant quelles sont les couleurs les plus ordinaires de cet abdominal. Son dos est noirâtre ; il est orné de raies longitudinales jaunes et brunes sur lesquelles on aperçoit quelques taches. Son ventre brille d'une teinte orangée que relèvent des points noirs. Les joues et les membranes branchiales sont jaunes et parsemées de taches brunes. La dorsale, les pectorales et la caudale montrent des taches noires sur un fond jaune ; les ventrales et l'anale sont jaunes ou jaunâtres.

Le museau du misgurne fossile est un peu pointu ; l'orifice de sa bouche allongé ; chacune de ses mâchoires garnie de douze petites dents ; sa langue menue et pointue ; l'orifice de ses narines placé auprès d'un piquant ; sa nuque large ; sa caudale arrondie ; sa dorsale courte, et plus près de la nageoire de la queue que de la tête.

Ses écailles minces, légèrement rayées, demi-transparentes, paraissent transmettre uniquement les nuances de la peau produites ou modifiées par la substance visqueuse qui l'arrose (1).

L'estomac est petit ; le canal intestinal court et sans sinuosités ; le foie long ; la vésicule du fiel grande ; l'ovaire double ainsi que la laite. Les

---

(1) Voyez notre Discours sur la nature des poissons.

œufs sont brunâtres, et de la grosseur d'une graine de pavot.

Bloch a écrit que le fossile ne rejetait pas de bulles d'air ou de gaz par la bouche; qu'il en rendait par l'anus, et que cette différence venait de ce que ce poisson manquait de vessie aérienne ou natatoire. Il a pensé aussi que cet abdominal avait auprès de la nuque deux vésicules remplies d'une substance laiteuse. Mais le professeur Schneider ayant disséqué plusieurs individus de l'espèce de misgurne que nous décrivons, a montré que ce poisson n'avait auprès de la nuque qu'une seule vésicule; que cette vésicule était osseuse, déprimée dans le milieu et arrondie dans les deux bouts, de manière à paraître double; qu'elle était attachée à la troisième et à la quatrième vertèbre; que ses apophyses ou ses appendices latéraux servaient de point d'attache aux muscles des nageoires pectorales; que cette sorte de boîte osseuse contenait une véritable vessie aérienne; que cette vessie aérienne ou natatoire était peu volumineuse, simple, membraneuse, blanche; et qu'elle communiquait avec l'œsophage par un conduit très-petit et très-court (1).

Ce savant professeur ajoute dans son excellent ouvrage, qu'il n'a jamais vu le misgurne fossile rendre des bulles d'air par l'anus, mais que cet

----

(1) « Petri Artedi Synonymia piscium, etc. » Par J. G. Schneider, etc., pages 5 et 337.

abdominal en rejette très-souvent par la bouche (1), en faisant entendre un bruissement très-sensible (2).

---

(1) Consultez notre Discours sur la nature des poissons.

(2)   4 rayons à la membrane branchiale du misgurne fossile.
    7 rayons à la dorsale.
  11 rayons à chaque pectorale.
   8 rayons à la nageoire de l'anus.
  14 rayons à celle de la queue.
  48 vertèbres à l'épine du dos.
  30 côtes de chaque côté de l'épine dorsale.

CENT CINQUANTE-SIXIÈME GENRE.

LES ANABLEPS (1).

*Le corps et la queue presque cylindriques, des barbillons et des
dents aux mâchoires ; une seule nageoire du dos ; cette nageoire très-courte ; deux prunelles à chaque œil.*

ESPÈCE.	CARACTÈRES.
L'ANABLEPS SURINAM.	Un barbillon à chacun des deux coins de l'ouverture de la bouche ; sept rayons à chaque ventrale.

(1) M. Cuvier conserve le genre *Anableps* de Bloch et de Lacépède,
et le place dans la famille des Cyprinoïdes, ordre des Malacoptérygiens
abdominaux.   DESM. 1832.

L'ANABLEPS SURINAM.[1]

Anableps tetrophthalmus, Bl.; *Anableps surinamensis*, Lac.;
Cobitis Anableps, Gmel. (2).

ON trouve à Surinam, dans les rivières, et près
des rivages de la mer, ce poisson très-digne de
l'attention des physiciens par les singularités de
sa conformation. On peut voir dans le second
volume des *Mémoires de la classe des sciences
physiques et mathématiques de l'Institut national*,
une notice que nous avons lue devant nos con-
frères en juillet 1797, sur ce poisson remarquable,
et particulièrement sur la structure extraordinaire
de son organe de la vue. Nous allons réunir ici à

(1) *Gros-yeux*, par plusieurs Français.
Vier-auge, par les Allemands.
Four-eye, par les Anglais.
Hoogkiker, par les Hollandais de Surinam.
Coutai, par les nègres de la même contrée.
Cobite gros-yeux. Daubenton et Haüy, Encyclopédie méthodique.
Id. Bonnaterre, planches de l'Encyclopédie méthodique.
Mus. Ad. Frid. 2, p. 95.
Anableps, Artedi, gen. 25, syn. 43.
Id. Seba, Mus. 3, p. 108, tab. 34, fig. 7.
Anableps tetrophthalmus, Bloch, pl. 361, fig. 1, 2, 3 et 4.
Anableps. Gronov. Mus. 1, n. 32, tab. 1, fig. 1-3.
(2) Voyez la note de la page précédente. DESM. 1832.

ce que nous avions découvert dans la conformation de cet animal, lors de cette époque, ce que
nous avons appris depuis sur le même sujet.

La tête de l'anableps surinam est couverte de
petites écailles, plus large que haute, et comme
tronquée et même échancrée par-devant. La mâchoire supérieure, plus avancée que l'inférieure,
s'allonge et se replie vers le bas. Ces deux mâchoires, la langue et le palais sont hérissés de
petites dents. On ne compte qu'un orifice à chaque narine.

Mais l'œil de cet anableps est l'organe de ce
poisson qui mérite le plus l'examen de l'observateur. Voici ce que nous en avons publié dans l'ouvrage que nous venons de citer :

« L'œil de l'anableps est placé dans une orbite
« dont le bord supérieur est très-relevé; mais il est
« très-gros et très-saillant.

« Si l'on regarde la cornée avec attention, on
« voit qu'elle est divisée en deux portions très-
« distinctes, à-peu-près égales en surface, faisant
« partie chacune d'une sphère particulière, placées
« l'une en haut et l'autre en bas, et réunies par
« une petite bande étroite, membraneuse, peu
« transparente, et qui est à-peu-près dans un plan
« horizontal, lorsque le poisson est dans sa posi-
« tion naturelle.

« Si l'on considère ensuite la cornée inférieure,
« on apercevra aisément au travers de cette cornée
« un iris et une prunelle assez grande, au-delà de

« laquelle on voit très-facilement le cristallin. Cet
« iris est incliné de dedans en dehors, et il va
« s'attacher à la bande courbe et horizontale qui
« réunit les deux cornées.

« Il a été vu par Artédi, ainsi que les deux cor-
« nées; mais là cesse la justesse des observations
« de cet habile naturaliste, qui n'a eu apparem-
« ment à sa disposition que des individus mal con-
« servés. S'il avait examiné des anableps moins
« altérés, il aurait aperçu un second iris percé
« d'une seconde prunelle, placé derrière la cornée
« supérieure, comme le premier iris est situé der-
« rière la cornée d'en-bas, et aboutissant égale-
« ment à la bandelette courbe et horizontale qui
« lie les deux cornées (1).

« Les deux iris se touchent dans plusieurs points
« derrière cette bandelette. Ils sont les deux plans
« qui soutiennent les deux petites calottes formées
« par les deux cornées, et sont inclinés l'un sur
« l'autre, de manière à produire un angle très-
« ouvert.

« Dans tous les individus que j'ai examinés, la
« prunelle de l'iris supérieur m'a paru plus grande
« que celle de l'inférieur; et, d'après la différence
« de leurs diamètres, il n'est pas surprenant que

---

(1) Depuis la lecture de ce Mémoire à la classe des sciences physiques
et mathématiques de l'Institut, nous avons reçu en France la partie de
l'Ichthyologie de Bloch dans laquelle ce savant a donné une description
très-détaillée de l'œil de l'anableps surinam.

« l'on voie le cristallin encore mieux au travers de
« cette ouverture qu'au travers de la seconde. Il
« semble même quelquefois qu'on aperçoive deux
« cristallins ; et c'est ce qui justifie, jusqu'à un
« certain point, l'opinion de ceux qui ont pensé
« que chaque œil était double. Mais ce n'est qu'une
« illusion d'optique, dont je me suis assuré en dis-
« séquant plusieurs yeux d'anableps, et qu'il est
« aisé d'expliquer.

« En effet, la réfraction produite par la diffé-
« rence de densité qui se trouve entre les humeurs
« intérieures de l'œil et le fluide extérieur qui le
« baigne, doit faire que ceux qui examinent l'œil
« de l'anableps sous un certain angle, voient le
« cristallin plus élevé qu'il ne l'est réellement, s'ils
« le considèrent par l'ouverture de l'iris supérieur,
« et plus abaissé, au contraire, s'ils le regardent
« par l'ouverture de l'iris inférieur. Lorsqu'ils
« l'observent en même temps par les deux ouver-
« tures, ils l'aperçoivent à-la-fois plus haut et plus
« bas qu'il ne l'est dans la réalité ; et ils le voient
« en haut et en bas à une assez grande distance
« de sa véritable place, pour que les deux images
« se séparent, et que le cristallin paraisse double.
« Il n'y a donc qu'un seul organe de la vue de
« chaque côté ; car chaque œil n'a qu'un cristallin,
« qu'une humeur vitrée, et qu'une rétine : mais
« chaque œil a plusieurs parties principales dou-
« bles, une double cornée, une double cavité pour
« l'humeur aqueuse, un double iris, une double

« prunelle; et c'est ce que personne n'avait encore
« vérifié ni même indiqué, et qu'on ne retrouve
« dans aucune classe d'animaux vertébrés et à
« sang rouge.

« Chaque cornée appartenant à une sphère par-
« ticulière, le centre de leurs courbures n'est pas
« le même; et comme le cristallin est sensiblement
« sphérique, ainsi que dans presque tous les pois-
« sons, il n'y a pas, dans ce dernier corps, deux
« réfractions différentes, l'une pour les rayons qui
« ont traversé la première cornée, et l'autre pour
« ceux qui ont passé au travers de la seconde. Il
« doit donc y avoir sur la rétine deux foyers prin-
« cipaux, à l'un desquels arrivent les rayons qui
« viennent de la cornée supérieure, et dont l'autre
« reçoit ceux qu'a laissé passer la cornée infé-
« rieure. Voilà donc encore un foyer double à
« ajouter à la double cornée, à la double cavité,
« au double iris, à la double prunelle; mais ce
« foyer et ces autres parties doubles appartiennent
« au même organe, et il faut toujours dire que
« l'animal n'a qu'un œil de chaque côté.

« Les iris de plusieurs espèces de poissons pa-
« raissent ne pouvoir pas se dilater, ni diminuer
« par leur extension l'ouverture à laquelle le nom
« de *prunelle* a été donné : mais je me suis con-
« vaincu que ceux de plusieurs autres espèces de
« ces animaux s'étendent et raccourcissent les di-
« mensions de la prunelle. Le plus souvent même

« ces derniers iris sont organisés de manière que
« la prunelle, comme celle de plusieurs quadru-
« pèdes ovipares, de plusieurs serpents, de plu-
« sieurs oiseaux, et de quelques quadrupèdes à
« mamelles, diminue au point de ne laisser passer
« qu'un très-petit nombre de rayons de lumière,
« en se changeant en une fente très-peu visible,
« verticale ou horizontale; et cette organisation
« peut, dans certains poissons, compenser jusqu'à
« un certain degré le défaut de véritables paupières
« et de vraies membranes clignotantes, que de sa-
« vants naturalistes ont cru voir sur plusieurs de
« ces animaux, mais qui ne se trouvent cependant
« peut-être sur aucune de leurs espèces.

   « Je ne puis pas dire positivement que les iris
« de l'anableps soient doués de cette extensibilité.
« Néanmoins une comparaison attentive, et l'ha-
« bitude que m'ont donnée plusieurs années d'ob-
« servations ichthyologiques, de distinguer dans
« les parties des poissons, des traits assez déliés,
« me font croire que les dimensions des prunelles
« de l'anableps peuvent aisément être diminuées.

   « Il faut remarquer que cet abdominal passe
« une partie de sa vie caché presque en entier
« dans la vase, comme les poissons de sa famille,
« et que, dans cette position, il ne peut apercevoir
« que des objets situés au-dessus de sa tête; mais
« qu'assez souvent cependant il nage près de la
« surface des eaux, et doit alors chercher à voir,

« au-dessous du plan qu'il occupe, les petits vers
« dont il se nourrit, et les grands poissons dont
« il craint de devenir la proie.

« Si l'on était assuré de la dilatabilité de ses iris,
« on pourrait donc croire que, lorsqu'il est très-
« voisin de la surface des eaux, l'iris supérieur,
« exposé à une lumière plus vive, se dilate au point
« de réduire la prunelle supérieure à une petite
« fente, et que le poisson voit nettement alors,
« par la prunelle inférieure beaucoup moins res-
« serrée, les corps placés au-dessous du plan dans
« lequel il se meut, les images de ces corps ne se
« confondant plus avec des impressions de rayons
« lumineux que ne laisse plus passer la prunelle
« supérieure.

« On pourrait penser de même que, lorsqu'au
« contraire l'anableps est caché en partie dans le
« limon du fond des eaux, son iris supérieur, très-
« peu éclairé, se contracte, sa prunelle supérieure
« s'agrandit en s'arrondissant, et le poisson dis-
« cerné les objets flottants au-dessus de lui, sans
« que sa vision soit troublée par les effets de la
« prunelle inférieure, placée alors, pour ainsi dire,
« contre la vase, et privée, par sa position, de
« presque toute clarté.

« Au reste, on doit être d'autant plus porté à
« attribuer aux iris de l'anableps la propriété de
« se dilater, que, sans cette faculté, les deux
« foyers du fond de l'œil de cet animal seraient
« souvent simultanément ébranlés par des rayons

« lumineux très-nombreux. Mais comment alors
« la vision ne serait-elle pas très-troublée, et com-
« ment pourrait-il distinguer les objets qu'il re-
« doute, ou ceux qu'il recherche?

« D'ailleurs, sans cette même extensibilité des
« iris, la prunelle supérieure serait, pendant la
« vie de l'animal, presque aussi grande que dans
« les individus conservés après leur mort dans de
« l'alcool affaibli : dès-lors, non seulement il y
« aurait souvent deux foyers simultanément en
« grande activité, et par conséquent une source
« de confusion dans la vision; mais encore il est
« aisé de se convaincre, par l'observation de quel-
« ques-uns de ces individus conservés dans de
« l'alcool, qu'une assez grande quantité de lu-
« mière, passant par la prunelle supérieure, arri-
« verait souvent jusqu'au fond de l'œil et jusqu'à
« la rétine sans traverser le cristallin, pendant
« que ce cristallin serait traversé par d'autres
« rayons lumineux transmis par cette même pru-
« nelle supérieure; et la vision de l'anableps ne
« serait-elle pas soumise à une cause perturbatrice
« de plus?

« Mais la plupart de ces dernières idées ne sont
« que des conjectures; et je regarde uniquement
« comme prouvé, que si l'anableps n'a pas deux
« yeux de chaque côté, il a dans chaque œil deux
« cornées, deux cavités pour l'humeur aqueuse,
« deux iris, deux prunelles, et deux foyers de
« rayons lumineux. »

Bloch a examiné des fœtus d'anableps; et il a vu que, dans ces embryons, les deux prolongations de la choroïde ne se réunissant pas, et la bande transversale n'étant pas encore sensible, on ne distinguait pas les deux prunelles comme dans l'animal plus avancé en âge.

Le corps du surinam est un peu aplati par-dessus; mais sa queue est presque entièrement cylindrique. On aperçoit à peine la ligne latérale; l'anus est plus près de la caudale que de la tête; la dorsale est encore plus voisine de cette caudale qui est arrondie: ces deux nageoires, ainsi que celle de l'anus et les pectorales, sont revêtues en partie de petites écailles.

Les petits de cet anableps sortent de l'œuf dans le ventre de la mère, comme ceux des raies, des squales, de quelques blennies, etc.; l'ovaire consiste dans deux sacs inégaux, assez grands et membraneux, dans lesquels on a trouvé de jeunes individus non encore éclos, renfermés dans une membrane très-fine et transparente qui forme l'enveloppe de leur œuf, et placés au-dessus d'un globule jaunâtre.

La nageoire de l'anus du mâle offre une conformation que nous ne devons pas passer sous silence. Elle est composée de neuf rayons: mais on n'en voit bien distinctement que les trois ou quatre derniers; les autres sont réunis au moins à demi avec un appendice conique couvert de petites écailles, et placé au-devant de la nageoire. Cet appendice est creux, percé par le bout, et communique avec les conduits de la laite et de la vessie urinaire. C'est par l'orifice que l'on voit à l'extrémité de ce tuyau dont la longueur égale la hauteur de l'anale, que l'anableps surinam rend son urine, et laisse échapper sa liqueur séminale, au lieu de faire sortir l'une et l'autre par l'anus, comme un si grand nombre de poissons.

Les jeunes anableps éclosant dans le ventre de la mère, il est évident que les œufs sont fécondés dans l'ovaire, et par conséquent qu'il y a un véritable accouplement du mâle et de la femelle. Cette union doit être même plus intime que celle des raies, des squales, de quelques blennies, de quelques silures, parce que le mâle de l'anableps surinam a un organe génital extérieur dont il paraît que l'extrémité, malgré la position de cet appendice contre l'anale, peut être un peu introduite dans l'anus de la femelle.

La laite est double, mais petite à proportion de la grandeur du mâle. En général, les poissons qui s'accouplent et qui ne fécondent que les œufs renfermés dans les ovaires de la femelle, paraissent avoir une laite moins volumineuse que ceux qui ne s'accouplent pas, et qui parcourent les rivages pour répandre leur liqueur prolifique sur des tas d'œufs pondus depuis un temps plus ou moins long.

L'estomac est composé d'une membrane mince ; le canal intestinal montre quelques sinuosités ; et le foie a deux lobes.

De chaque côté de l'animal, on compte cinq raies longitudinales noirâtres qui se réunissent souvent vers la nageoire de la queue.

L'anableps surinam multiplie beaucoup ; et les habitants du pays où on le trouve, aiment à s'en nourrir.

Il vit dans la mer. Il s'y tient souvent à la surface, et la tête hors de l'eau. Il se plaît aussi à s'élancer sur la grève, d'où il revient en sautillant, lorsqu'il est effrayé par quelque objet (1).

---

(1) 5 rayons à la membrane branchiale de l'anableps surinam.

 7 rayons à la dorsale.

 22 rayons à chaque pectorale.

 9 rayons à la nageoire de l'anus.

 19 rayons à celle de la queue.

CENT CINQUANTE-SEPTIÈME GENRE.

LES FUNDULES (1).

Le corps et la queue presque cylindriques; des dents et point de barbillons aux mâchoires; une seule nageoire du dos.

ESPÈCES.	CARACTÈRES.
1. LE FUNDULE MUDFISH.	Six rayons à chaque ventrale; les écailles grandes et lisses; des points blancs sur la nageoire du dos et sur celle de l'anus.
2. LE FUNDULE JAPONAIS.	Huit rayons à chaque ventrale.

---

(1) M. Cuvier adopte le genre Fundule et le place dans la famille des Cyprinoïdes, ordre des Malacoptérygiens abdominaux. L'Hydrargyre Swampine, Lac., appartient à ce genre.   DESM. 1832.

LE FUNDULE MUDFISH, [1]

Fundulus Mudfish, Lac.; *Fundulus cœnicolus*, Val., Cuv. (2).

ET

LE FUNDULE JAPONAIS. [4]

Fundulus japonicus, Lac. (4).

La Caroline est la patrie du mudfish. Sa tête, garnie de petites écailles, est un peu aplatie. La nageoire dorsale est à-peu-près aussi reculée que celle de l'anus. Les taches rondes et blanchâtres que l'on voit sur ces deux nageoires, sont transparentes. La caudale est aussi très-diaphane sur ses bords : elle est d'ailleurs arrondie, et présente non seulement des taches blanches, mais encore des bandes transversales noires. Le dessous de l'animal montre une nuance jaunâtre.

Le japonais, qui a été décrit par le savant Houttuyn, n'a pas huit pouces de longueur.

---

(1) *Cobite limoneux*. Daubenton et Haüy, Encyclopédie méthodique.
(2) Voyez la note de la page précédente. Desm. 1832.
(3) Houttuyn, Act. Haarl. XX, 2, p. 337, n. 26.
(4) Non cité par M. Cuvier. Desm. 1832.

Sa grosseur est très-peu considérable, ainsi que
celle du mudfish (1).

____

(1)   5 rayons à la membrane branchiale du fundule mudfish.
      12 rayons à la nageoire du dos.
      16 rayons à chaque pectorale.
      10 rayons à la nageoire de l'anus.
      25 rayons à la nageoire de la queue.

      12 rayons à la dorsale du fundule japonais.
      11 rayons à chaque pectorale.
       9 rayons à la nageoire de l'anus.
      20 rayons à celle de la queue.

CENT CINQUANTE-HUITIÈME GENRE.

LES COLUBRINES (1).

La tête très-allongée ; sa partie supérieure revêtue d'écailles conformées et disposées comme celles qui recouvrent le dessus de la tête des couleuvres ; le corps très-allongé ; point de nageoire dorsale.

ESPÈCE.	CARACTÈRES.
LA COLUBRINE CHINOISE.	La caudale fourchue ; la couleur générale d'un argenté bleuâtre et sans taches.

---

(1) M. Cuvier ne fait aucune mention de ce genre, uniquement fondé sur une figure chinoise, qui ne se rapporte à aucun des poissons que renferme la collection du Muséum.   DESM. 1832.

LA COLUBRINE CHINOISE.

Colubrina chinensis, Lac. (1).

La collection des belles peintures exécutées à la Chine et cédées à la France par la Hollande, renferme une image très - bien faite de cette espèce pour laquelle nous avons dû former un genre particulier. Ses caractères génériques et ses principaux traits spécifiques sont indiqués sur le tableau de son genre. Il montre, ce tableau, combien la colubrine chinoise a de rapports avec les couleuvres. Le défaut de la nageoire du dos, la couverture de la tête, l'allongement de la tête et du corps, lui donnent surtout beaucoup de ressemblance avec les serpents ; et par conséquent ses habitudes doivent se rapprocher beaucoup de celles des cobites, des cépoles, des murènes, des murénophis, et des autres poissons que l'on désigne par l'épithète de *Serpentiformes.*

Les nageoires ventrales de la chinoise sont très-près de l'anus ; cet orifice est trois fois plus éloigné de la tête que de la caudale ; elle a une nageoire au-delà de cette ouverture ; et les séparations de ses petits muscles obliques sont très-sensibles sur la partie supérieure de son corps et de sa queue.

---

(1) Voyez la note de la page précédente.   DESM. 1832.

CENT CINQUANTE-NEUVIÈME GENRE.

LES AMIES (1).

La tête dénuée de petites écailles, rude, recouverte de grandes lames que réunissent des sutures très-marquées; des dents aux mâchoires et au palais; des barbillons à la mâchoire supérieure; la dorsale longue, basse, et rapprochée de la caudale; l'anale très-courte; plus de dix rayons à la membrane des branchies.

ESPÈCE.	CARACTÈRES.
L'Amie chauve.	La ligne latérale droite; la caudale arrondie.

(1) M. Cuvier adopte le genre Amie et le range dans l'ordre des Malacoptérygiens abdominaux et dans la famille des Clupes.   Desm. 1832.

L'AMIE CHAUVE.[1]

Amia calva, Linn., Gmel., Lac., Cuv. (2).

———

CETTE amie vit dans les eaux douces de la Caroline. Elle doit y préférer les fonds limoneux, puisqu'on l'y a nommée poisson de vase (*Mudfish*). De petites écailles recouvrent son corps et sa queue : mais sa tête paraît comme écorchée, et montrer à découvert les os qui la composent. Les opercules sont arrondis dans leur contour, et presque osseux. On peut voir, auprès de la gorge, deux petites plaques osseuses et striées du centre à la circonférence. Les pectorales et l'anale ne sont guère plus grandes que les ventrales. Ces dernières nageoires sont à une distance presque égale de la tête et de la nageoire de la queue.

La mâchoire inférieure est un peu plus avancée que la supérieure, au-dessus de laquelle on compte deux barbillons.

L'amie chauve parvient à une longueur un peu considérable. Mais il paraît que le goût de sa chair

———

(1) *Mudfish*, dans la Caroline.

Amie tête-nue. Daubenton et Haüy, Encyclopédie méthodique.

Id. Bonnaterre, planches de l'Encyclopédie méthodique.

(2) Voyez la note de la page précédente.   DESM. 1832.

n'est pas assez agréable pour qu'elle soit très-re-
cherchée (1).

---

(1) 12 rayons à la membrane branchiale de l'amie.

42 rayons à la nageoire du dos.

15 rayons à chaque pectorale.

7 rayons à chaque ventrale.

10 rayons à la nageoire de l'anus.

20 rayons à celle de la queue.

CENT SOIXANTIÈME GENRE.

LES BUTYRINS (1).

La tête dénuée de petites écailles, et ayant de longueur à-peu-près le quart de la longueur totale de l'animal; une seule nageoire sur le dos.

ESPÈCE.	CARACTÈRES.
Le Butyrin banané.	La caudale fourchue; quatre raies longitudinales et ondulées de chaque côté du dos..

---

(1) Genre de Commerson adopté par M. Cuvier, et placé par lui dans la famille des Clupes, ordre des Malacoptérygiens abdominaux.

DESM. 1832.

LE BUTYRIN BANANÉ.[1]

Butyrinus Bananus, Comm., Lac., Cuv.; *Esox Vulpes*, Linn.;
Clupea brasiliensis, *Albula gonorynchus* et *Amia immacu-
lata*, Bl., Sch.; *Clupea macrocephala*, Lac. (2).

Nous avons trouvé dans les manuscrits de Commerson une description courte, mais précise, de
ce poisson, que les naturalistes ne connaissent pas
encore. Nous avons dû inscrire ce butyrin dans un
genre particulier que nous avons placé à la suite
des amies, parce que ce banané a beaucoup de
rapports avec ces abdominaux par la nudité de sa
tête, pendant que la longueur de cette même
partie l'en sépare d'une manière très-distincte.
Nous ne pouvons ajouter qu'un trait à ceux que
nous avons indiqués sur le tableau générique, c'est
que le butyrin banané a une ligne latérale presque droite.

---

(1) *Butyrinus*, poisson banané. Commerson, manuscrits déja cités.

(2) Ce poisson est encore décrit par M. de Lacépède, 1° sous le nom
de Synode Renard, et 2° sous celui de Clupée Macrocéphale. Desm.
1832.

CENT SOIXANTE-UNIÈME GENRE.

LES TRIPTÉRONOTES (1).

Trois nageoires dorsales ; une seule nageoire de l'anus.

ESPÈCE.	CARACTÈRES.
LE TRIPTÉRONOTE HAUTIN.	La tête dénuée de petites écailles ; la mâchoire supérieure beaucoup plus avancée que l'inférieure, et terminée par une prolongation pointue.

---

(1) M. Cuvier fait remarquer que ce genre est fondé sur une mauvaise figure de Rondelet qui se rapporte au *Salmo oxyrhinchus* de Linnée.

Ce poisson est du sous-genre Lavaret, dans le grand genre Saumon, de la famille des Salmones, dans l'ordre des Malacoptérygiens abdominaux.

DESM. 1832.

LE TRIPTÉRONOTE HAUTIN.[1]

Tripteronotus Hautin, Lac. (2).

RONDELET a donné un dessin de cette espèce de poisson, dont il avait vu un individu à Anvers. Nous avons mis cet abdominal dans un genre particulier, et nous avons désigné ce genre par le nom de *Triptéronote,* pour indiquer le caractère remarquable que lui donne le nombre de ses nageoires du dos. On ne connaît en effet que trèspeu de poissons qui aient trois nageoires dorsales : le hautin est le seul des abdominaux qui en ait montré trois aux naturalistes ; et malgré la présence de ce triple instrument de natation, il n'a qu'une nageoire de l'anus, pendant qu'on compte ordinairement deux anales, lorsqu'il y a trois nageoires du dos.

Toutes les dorsales et l'anale du hautin sont triangulaires, et à-peu-près de la même grandeur. Sa caudale est grande et fourchue. Les ventrales sont plus rapprochées de cette nageoire de la queue que de la tête. Le corps est recouvert, ainsi

(1) *Hautin.* Rondelet, seconde partie, chap. 17.
(2) Voyez la note de la page précédente. DESM. 1832.

que la queue, d'écailles assez petites. L'opercule
est arrondi; l'œil gros; le museau très-long, menu,
pointu, noir et mou; l'ouverture de la bouche
assez étroite.

CENT SOIXANTE-DEUXIÈME GENRE.

LES OMPOKS (1).

Des barbillons et des dents aux mâchoires ; point de nageoires dorsales ; une longue nageoire de l'anus.

ESPÈCE.	CARACTÈRES.
L'Ompok siluroïde.	La mâchoire inférieure plus avancée que la supérieure ; deux barbillons à la mâchoire d'en-haut.

(1) M. Cuvier n'admet pas ce genre. D'après une inspection de l'individu desséché, qui a servi à l'établir, il a reconnu que c'était un silure dont la dorsale repliée n'a point été vue par le dessinateur.

Desm. 1832.

L'OMPOK SILUROÏDE.

Ompok siluroides, Lac. (1).

Nous avons trouvé un individu de cette espèce parmi les poissons desséchés de la collection donnée à la France par la Hollande. Une inscription attachée à cet individu indiquait que le nom donné à cette espèce dans le pays qu'elle habite, était *Ompok*; nous avons fait son nom générique, et nous avons tiré son nom propre de ses rapports avec les silures. Sa description n'a encore été publiée par aucun naturaliste. Plusieurs rangs de dents grandes, acérées, mais inégales, garnissent ses deux mâchoires. (2). Les deux barbillons que l'on voit auprès des narines, ont une longueur à-peu-près égale à celle de la tête. L'anale est assez longue pour s'étendre jusqu'à la nageoire de la queue; mais elle ne se confond pas avec cette dernière.

---

(1) Voyez la note de la page précédente.   DESM. 1832.

(2)   9 rayons à la membrane branchiale de l'ompok siluroïde.

 1 rayon aiguillonné et 11 rayons articulés à chaque pectorale.

56 rayons à la nageoire de l'anus.

17 rayons à celle de la queue.

NOMENCLATURE

Des Silures, des Macroptéronotes, des Malaptérures, des
Pimélodes, des Doras, des Pogonathes, des Cataphractes,
des Plotoses, des Agénéioses, des Macroramphoses, et des
Centranodons.

On a décrit jusqu'à présent, sous le nom de *Silures*, un très-grand nombre de poissons de l'ancien ou du nouveau continent, très-propres à ex-
citer la curiosité des physiciens par leurs formes
et par leurs habitudes : mais plusieurs de ces animaux diffèrent trop de ceux avec lesquels on les
a réunis, pour que nous ayons dû laisser sub-
sister une association qui aurait jeté de l'obscurité dans la partie de l'histoire naturelle dont nous
nous occupons, et donné des idées fausses sur
les rapports qui lient les objets de notre étude.
Bloch avait déjà senti qu'il fallait diviser le genre
silures établi par les naturalistes qui l'avaient pré-
cédé, et il avait séparé des vrais silures les abdominaux qu'il a nommés *Platystes*, et ceux qu'il
a appelés *Cataphractes*. Cependant, pour peu
qu'on lise avec attention l'ouvrage de Bloch, et
qu'on réfléchisse aux principes qui nous ont di-

rigés dans nos distributions méthodiques, on
verra aisément que nous n'avons pu nous conten-
ter de ces deux sections formées par Bloch, ni
même les adopter sans quelques modifications.
D'un autre côté, nous avions à classer des espèces que l'on n'avait pas encore décrites, et qui
sont plus ou moins voisines des véritables silures.
D'après ces considérations, nous avons cru devoir
distribuer ces différents animaux dans onze genres différents. Tous ces poissons ont la tête couverte de lames grandes et dures, ou revêtue d'une
peau visqueuse. Leur bouche est située à l'extrémité de leur museau. Des barbillons garnissent
leurs mâchoires, ou le premier rayon de leurs pectorales et celui de la nageoire de leur dos sont
durs, forts, et souvent dentelés, ou du moins le
premier rayon de l'une de ces nageoires présente
cette dureté, cette force, et quelquefois une dentelure. Leur corps est gros; une mucosité abondante enduit et pénètre presque tous leurs téguments. Mais nous ne regardons comme de
véritables silures que ceux dont la dorsale est
très-courte et unique, et qui par ce trait de conformation, ainsi que par plusieurs autres caractères, ont de très-grands rapports avec le *Glanis*,
que tant d'auteurs n'ont désigné pendant long-
temps que par le nom de *Silure*. Nous plaçons
dans un second genre ceux qui, de même que la
Charmuth du Nil, ont une dorsale unique, mais
très-longue. Nous réservons pour un troisième,

l'espèce que les naturalistes appellent encore *Si-lure électrique*, qui ne montre qu'une nageoire du dos, mais sur laquelle cette dorsale n'est qu'une sorte d'excroissance adipeuse, et s'élève très-près de la caudale. Un quatrième genre renfermera le *Bagre* et les autres espèces voisines de ce dernier, qui ont, comme ce poisson, une nageoire du dos soutenue par des rayons, et une seconde dorsale uniquement adipeuse. Nous formons le cinquième de ceux qui, indépendamment d'une dorsale rayonnée et d'une seconde dorsale simplement adipeuse, ont une portion plus ou moins considérable de leurs côtés garnie d'une sorte de cuirasse que forment des lames larges, dures et souvent hérissées de petits dards. Nous avons inscrit dans le sixième genre les espèces dont on devra la connaissance à Commerson, et qui, présentant deux nageoires dorsales soutenues par des rayons, ont de plus leurs côtés relevés longitudinalement par des lames ou des écailles particulières. On verra, dans le septième, le callichte et tous ceux des poissons dont nous nous occupons, qui ont de grandes lames sur leurs côtés, deux nageoires sur le dos, des rayons à chacune de ces nageoires, et qui n'offrent qu'un seul rayon dans leur seconde dorsale. Le huitième renfermera ceux dont la queue très-longue est bordée d'une seconde dorsale et d'une anale confondues l'une et l'autre avec la caudale. Ils ont un instrument de natation d'une grande énergie, et une rame puissante leur imprime des mouvements plus rapides que ceux de leurs analogues qui ont reçu la même force et le même volume. Dans le neuvième seront rangés ceux qui ont deux nageoires dorsales dont la seconde est adipeuse, et qui sont dénuées de barbillons. Au dixième appartiendront les espèces qui ont deux nageoires dorsales fortifiées l'une et l'autre par des rayons, le premier rayon de la première de ces dorsales, très-long, très-fort et dentelé, le museau très-allongé relativement à leurs dimensions générales, et les mâchoires sans barbillons. On trouvera enfin, dans le onzième, les espèces qui, n'ayant pas reçu de barbillons, élèvent sur leur dos deux nageoires maintenues par des rayons plus ou moins nombreux, n'ont pas de dents à leurs mâchoires, et closent les cavités de leurs branchies avec des opercules armés d'un ou de plusieurs piquants.

Nous conservons ou nous donnons à ces genres les noms suivants.

Nous nommons le premier, *Silure* (1); le second, *Macroptéronote* (2); le troisième, *Malaptérure* (3); le quatrième, *Pimélode* (4); le cinquième,

---

(1) Le mot grec *silouros* indique la rapidité avec laquelle les silures peuvent agiter leur queue.

(2) Le mot *macroptéronote* exprime la longueur de la nageoire du dos.

(3) Nous avons tiré le nom de *malaptérure* de *malacos*, mou, *pteron*, nageoire, et *ura*, queue.

(4) *Pimelodes*, en grec, signifie *adipeux*.

Doras(1); le sixième, *Pogonathe*(2); le septième, *Cataphracte*; le huitième, *Plotose* (3); le neuvième, *Agénéiose*(4); le dixième, *Macroramphose*(5); et le onzième, *Centranodon* (6).

Voyons de près ces onze groupes. En suivant les limites que nous venons de tracer autour d'eux, nous recevrons et nous conserverons sans peine des idées distinctes de leurs attributs; et nous reconnaîtrons clairement, dans les différentes espèces de ces genres, les formes, les organes, les dimensions, les facultés, les habitudes, qui leur ont été départis par la nature.

---

(1) *Doras* veut dire *cuirasse*.

(2) *Pogonathe* vient de *pogon*, barbe, et de *gnathos*, mâchoire.

(3) *Plotos* veut dire *qui nage avec facilité*.

(4) *Ageneios* signifie *sans barbe*.

(5) *Macroramphose* vient de *macros*, long, et de *ramphos*, museau.

(6) *Centron* signifie *aiguillon*, et *anodon*, qui n'a pas de dents.

CENT SOIXANTE-TROISIÈME GENRE.

LES SILURES.

La tête large, déprimée, et couverte de lames grandes et dures, ou d'une peau visqueuse ; la bouche à l'extrémité du museau ; des barbillons aux mâchoires ; le corps gros ; la peau enduite d'une mucosité abondante ; une seule nageoire dorsale ; cette nageoire très-courte.

PREMIER SOUS-GENRE.

La nageoire de la queue rectiligne, ou arrondie, et sans échancrure.

ESPÈCES.	CARACTÈRES.
1. Le Silure glanis.	Deux barbillons à la mâchoire supérieure ; quatre barbillons à la mâchoire inférieure ; cinq rayons à la nageoire du dos ; quatre-vingt-dix rayons à celle de l'anus ; la caudale arrondie.
2. Le Silure verruqueux.	Un large barbillon à chaque angle de la bouche ; quatre barbillons à l'extrémité de la mâchoire inférieure ; cinq rayons à la dorsale ; six rayons à l'anale ; plusieurs rangées longitudinales de verrues sur la queue ; la caudale arrondie.
3. Le Silure asote.	Deux barbillons à la mâchoire supérieure ; deux à l'inférieure ; cinq rayons à la nageoire du dos ; quatre-vingt-deux à celle de l'anus.
4. Le Silure fossile.	Quatre barbillons à chaque mâchoire ; la caudale arrondie.

SECOND SOUS-GENRE.

La nageoire de la queue fourchue, ou échancrée en croissant.

ESPÈCES.	CARACTÈRES.
5. LE SILURE DEUX-TACHES.	Un barbillon à chaque angle de la bouche; deux barbillons à l'extrémité de la mâchoire inférieure; cinq rayons à la nageoire du dos; soixante-sept à celle de l'anus; la caudale en croissant.
6. LE SILURE SCHILDE.	Huit barbillons aux mâchoires; sept rayons à la nageoire du dos; soixante-deux à celle de l'anus; la caudale fourchue.
7. LE SILURE UNDÉCIMAL.	Huit barbillons aux mâchoires; onze rayons à la nageoire du dos; onze rayons à l'anale; la nageoire de la queue fourchue.
8. LE SILURE ASPRÈDE.	Deux barbillons à la mâchoire supérieure; deux barbillons à chaque angle de la bouche; quatre barbillons à la mâchoire inférieure; cinq rayons à la nageoire dorsale; cinquante-six rayons à la nageoire de l'anus; la caudale fourchue.
9. LE SILURE COTYLÉPHORE.	Deux barbillons à la mâchoire supérieure; quatre barbillons à l'inférieure; des rangées longitudinales de tubercules, sur la partie supérieure de l'animal; des cupules, dont plusieurs sont soutenues par une petite tige flexible, sur la partie inférieure du ventre; cinq rayons à la nageoire du dos; cinquante-six rayons à l'anale; la nageoire de la queue fourchue.
10. LE SILURE CHINOIS.	Deux barbillons très-longs à la mâchoire supérieure; l'anale plus longue que la moitié de la longueur totale de l'animal; la nageoire de la queue fourchue.
11. LE SILURE HEXADACTYLE.	Deux barbillons à la mâchoire supérieure; quatre barbillons à la mâchoire inférieure; des arêtes tuberculées sur la tête et sur le dos; cinq rayons à la nageoire du dos; cinquante-cinq à celle de l'anus; six à chaque pectorale.

LE SILURE GLANIS.[1]

Silurus Glanis, Linn., Gmel., Lac., Cuv. (2).

LE glanis est un des plus grands habitants des fleuves et des lacs. On l'a comparé à d'énormes cé-

---

(1) *Lotte de Hongrie*, aux environs de Strasbourg.
Harcha, en Italie.
Hardscha, en Hongrie.
Glano, dans les environs de Constantinople.
Schaden, en Autriche.
Wëls, en Allemagne.
Waller, ibid.
Scheid, ibid.
Schoiden, ibid.
Szum, en Pologne.
Sumus, en langue esclavone.
Ckams-wels, en Livonie.
Som, en Russie.
Dschium, en Tartarie.
Zolbarte, chez les Calmouques.
Mál, en Suède.
Mall et *Malle*, en Danemarck.
Meerval, en Hollande.
The seat fish, en Angleterre.

(2) Du sous-genre SILURE, dans le grand genre SILURE, famille des Siluroïdes, division des Malacoptérygiens abdominaux, Cuv. Desm. 1832.

tacées ; on l'a nommé la baleine des eaux douces.
On s'est plu à dire qu'il régnait sur ces lacs et
sur ces fleuves, comme la baleine sur l'Océan. Ce
privilége de la grandeur aurait seul attiré les regards vers ce silure. Ce qui est grand fait toujours naître l'étonnement, la curiosité, l'admira-
tion, les sentiments élevés, les idées sublimes. A
sa vue, le vulgaire surpris et d'abord accablé
comme sous le poids d'une supériorité qui lui est
étrangère, se familiarise cependant bientôt avec
des sensations fortes, dont il jouit d'autant plus
vivement qu'elles lui étaient inconnues ; l'homme
éclairé en recherche, en mesure, en compare les
rapports, les causes, les effets ; le philosophe,
découvrant dans cette sorte d'exemplaire dont
toutes les parties ont été, pour ainsi dire, gros-
sies, le nombre, les qualités, la disposition des
ressorts ou des éléments qui échappent par leur
ténuité dans des copies plus circonscrites, en con-
temple l'enchaînement dans une sorte de recueil-
lement religieux ; le poète, dont l'imagination

Bloch, pl. 34.

Silure mal. Daubenton et Haüy, Encyclopédie méthodique.

Id. Bonnaterre, planches de l'Encyclopédie méthodique.

Faun. Suecic. 344.

Meiding. Ic. pisc. Austr. t. 9.

Mal. It. Scan. 61.

Silurus. Act. Stockh. 1756, p. 34, t. 3.

« Silurus cirris quatuor in mento. » Artedi, gen. 82, syn. 110.

Gronov. Mus. 1, n. 25, t. 6, fig. 1.

obéit si facilement aux impressions inattendues ou extraordinaires, éprouve ces affections vives, ces mouvements soudains, ces transports irrésistibles dont se compose un noble enthousiasme; et le génie, pour qui toute limite est importune, et qui veut commander à l'espace comme au temps, se plaît à reconnaître son empreinte dans le sujet de son examen, à trouver une masse très-étendue soumise à des lois, et à pouvoir considérer l'objet qui l'occupe, sans cesser de tenir ses idées à sa propre hauteur.

Le caractère de la grandeur est d'inspirer tous ces sentiments, soit qu'elle appartienne aux ouvrages de l'art, soit qu'elle distingue les productions de la nature; qu'elle ait été départie à la matière brute, ou accordée aux substances organisées, et qu'on la compte parmi les attributs des êtres vivants et sensibles. On a dû également les éprouver et devant les jardins suspendus de Babylone, les antiques pagodes de l'Inde, les temples de Thèbes, les pyramides de Memphis, et devant ces énormes masses de rochers amoncelés qui composent les sommets des Andes, et devant l'immense baleine qui sillonne la surface des mers polaires, l'éléphant, le rhinocéros et l'hippopotame, qui fréquentent les rivages des contrées torrides, les serpents démesurés qui infestent les sables brûlants de l'Asie, de l'Afrique et de l'Amérique, les poissons gigantesques qui voguent dans l'Océan ou dominent dans les fleuves.

Et quoique tous les êtres qui présentent des dimensions supérieures à celles de leurs analogues, arrêtent nos regards et nos pensées, notre imagination est surtout émue par la vue des objets qui, l'emportant en étendue sur ceux auxquels ils ressemblent le plus, surpassent de beaucoup la mesure que la nature a donnée à l'homme pour juger du volume de ce qui l'entoure ; cette mesure dont il ne cesse de se servir, quoiqu'il ignore souvent l'usage qu'il en fait, et qui consiste dans sa propre hauteur. Un ciron de deux ou trois décimètres de longueur serait bien plus extraordinaire qu'un éléphant long de dix mètres, un squale de vingt, un serpent de cinquante, et une baleine de plus de cent, et cependant il nous frapperait beaucoup moins ; il surprendrait davantage notre raison, mais il agirait moins vivement sur nos sens ; il s'emparerait moins de notre imagination ; il imprimerait bien moins à notre ame ces sensations profondes, et à notre esprit ces conceptions sublimes que font naître les dimensions incomparablement plus grandes que notre propre stature.

Ces dimensions très-rares dans les êtres vivants et sensibles sont celles du glanis.

Un individu de cette espèce, vu près de Limritz dans la Poméranie, avait la gueule assez grande pour qu'on pût y faire entrer facilement un enfant de six ou sept ans. On trouve dans le Volga des glanis de douze ou quinze pieds de longueur. On prit, il y a quelques années, dans les environs de Spandaw, un de ces silures, qui était du poids de cent vingt livres; et un autre de ces poissons, pêché à Writzen sur l'Oder, en pesait huit cents.

Le glanis a la tête grosse et très-aplatie de haut en bas; le museau très-arrondi par-devant; la mâchoire inférieure un peu plus avancée que celle d'en-haut, ces deux mâchoires garnies d'un très-grand nombre de dents petites et recourbées; quatre os ovales, hérissés de dents aiguës, et situés au fond de la gueule; l'ouverture de la bouche très-large; une fossette de chaque côté de la lèvre inférieure; les yeux ronds, saillants, très-écartés l'un de l'autre, et d'une petitesse d'autant plus remarquable que les plus grands des animaux, les baleines, les cachalots, les éléphants, les crocodiles, les serpents démesurés, ont les yeux très-petits à proportion des énormes dimensions de leurs autres organes.

Le dos du glanis est épais; son ventre très-gros; son anale très-longue; sa ligne latérale droite; sa peau enduite d'une humeur gluante à laquelle s'attache une assez grande quantité de la vase limoneuse sur laquelle il aime à se reposer.

Le premier rayon de chaque pectorale est osseux, très-fort et dentelé sur son bord intérieur (1).

____

(1) Plusieurs poissons compris dans le genre *silure*, établi par Linnée, et qui ont à chaque pectorale un rayon dur et dentelé, peuvent, lors-

Les ventrales sont plus éloignées de la tête que la nageoire du dos.

La couleur générale de l'animal est d'un vert mêlé de noir, qui s'éclaircit sur les côtés et encore plus sur la partie inférieure du poisson, et sur lequel sont distribuées des taches noirâtres irrégulières. Les pectorales sont jaunes, ainsi que la dorsale et les ventrales ; ces dernières ont leur extrémité bleuâtre ; et l'extrémité de même que la base des pectorales présentent la même nuance de bleu foncé. Le savant professeur de Strasbourg, feu mon confrère M. Hermann, rapporte, dans des notes manuscrites qu'il eut la bonté de me faire parvenir peu de moments avant sa mort, et auxquelles son digne frère M. Frédéric Hermann, ex-législateur et maire de Strasbourg, a bien voulu ajouter quelques observations, que les silures glanis un peu avancés en âge qu'il avait examinés dans les viviers de M. Hirschel, avaient le bord des pectorales peint d'une nuance rouge que l'on ne voyait pas sur celles des individus plus jeunes.

L'anale et la nageoire de la queue du glanis

---

qu'ils étendent cette nageoire, donner à ce rayon une fixité que l'on ne peut vaincre qu'en le détournant. La base de ce rayon est terminée par deux apophyses. Lorsque la pectorale est étendue, l'apophyse antérieure entre dans un trou de la clavicule ; le rayon tourne un peu sur son axe ; l'apophyse, qui est recourbée, s'accroche au bord du trou ; et le rayon ne peut plus être fléchi, à moins qu'il ne fasse sur son axe un mouvement en sens contraire du premier.

sont communément d'un gris mêlé de jaune, et bordées d'une bande violette.

Le silure que nous venons de décrire habite non-seulement dans les eaux douces de l'Europe, mais encore dans celles de l'Asie et de l'Afrique. On ne l'a trouvé que très-rarement dans la mer; et il paraît qu'on ne l'y a vu qu'auprès des rivages voisins de l'embouchure des grands fleuves, hors desquels des accidents particuliers ou des circonstances extraordinaires peuvent l'avoir quelquefois entraîné. Le professeur Kolpin, de Stettin, écrivait à Bloch, en 1766, qu'on avait pêché un silure de l'espèce que nous examinons, auprès de l'île de Rügen dans la Baltique.

Comme les baleines, les éléphants, les crocodiles, les serpents de quarante ou soixante pieds, et tous les grands animaux, le glanis ne parvient qu'après une longue suite d'années à son entier développement. On pourrait croire cependant, d'après les notes manuscrites de M. Hermann, que, pendant la première jeunesse de ce silure, ce poisson croît avec vitesse, et que ce n'est qu'après avoir atteint à une longueur considérable, qu'il grandit avec beaucoup de lenteur, et que son développement s'opère par des degrés très-peu sensibles.

On a écrit qu'il en était des mouvements du glanis comme de son accroissement; qu'il ne nageait qu'avec peine, et qu'il ne paraissait remuer sa grande masse qu'avec difficulté. La queue de ce silure, et l'anale qui en augmente la surface, sont trop longues et conformées d'une manière trop favorable à une natation rapide, pour qu'on puisse le croire réduit à une manière de s'avancer très-embarrassée et très-lente. Il faudrait, pour admettre cette sorte de nonchalance et de paresse forcées, supposer que les muscles de cet animal sont extrêmement faibles, et que s'il a reçu une rame très-étendue, il est privé de la force nécessaire pour la remuer avec vitesse, et pour l'agiter dans le sens le plus propre à faciliter ses évolutions. La dissection des muscles du glanis n'indique aucune raison d'admettre cette organisation vicieuse. C'est dans son instinct qu'il faut chercher la cause du peu de mouvement qu'il se donne. S'il ne change pas fréquemment et promptement de place, il n'en a pas moins reçu les organes nécessaires pour se transporter avec célérité d'un endroit à un autre; mais il n'a ni le besoin, ni par conséquent la volonté, de faire usage de sa vigueur et de ses instruments de natation. Il vit de proie; mais il ne poursuit pas ses victimes. Il préfère la ruse à la violence; il se place en embuscade, il se retire dans des creux, au-dessous des planches, des poteaux et des autres bois pourris qui peuvent border les rivages des fleuves qu'il fréquente; il se couvre de limon; il épie avec patience les poissons dont il veut se nourrir. La couleur obscure de sa peau empêche qu'on ne le distingue aisément au milieu de la vase dans laquelle il se couche. Ses longs barbillons, auxquels il donne des mouvements semblables à ceux des vers, attirent les animaux imprudents qu'il cherche à dévorer, et qu'il engloutit d'autant plus aisément qu'il tient presque toujours sa bouche béante, et que l'ouverture de sa gueule est tournée vers le haut.

Il ne quitte que pendant un mois ou deux le fond des rivières où il a établi sa pêche : c'est ordinairement vers le printemps qu'il se montre de temps en temps à la surface de l'eau ; et c'est dans cette même saison qu'il dépose près des rives, ou ses œufs, ou le suc prolifique qui doit les féconder. On a remarqué qu'il n'allait pondre ou arroser ses œufs que vers le milieu de la nuit, soit que cette habitude dépende du soin d'éviter les embûches qu'on lui tend, ou de la délicatesse de ses yeux, que la lumière du soleil blesserait, pour peu qu'elle fût trop abondante. Cette seconde cause pourrait être d'autant plus la véritable, que presque tous les animaux qui passent la plus grande partie de leur vie dans des asiles écartés et dans des cavités obscures, ont l'organe de la vue très-sensible à l'action de la lumière.

Les membres du glanis étant arrosés, imbus et profondément pénétrés d'une humeur gluante, peuvent résister plus facilement que ceux de plusieurs autres habitants des eaux, aux coups qui brisent, aux accidents qui écrasent, aux causes qui dessèchent ; et dès-lors on doit voir pourquoi il est plus difficile de lui faire perdre la vie qu'à beaucoup d'autres poissons (1).

On a pensé que sa sensibilité était extrêmement émoussée; on l'a conclu du peu d'agitation qu'il éprouvait lorsqu'il était pris, et de l'espèce d'immobilité qu'il montrait souvent dans toutes ses parties, excepté dans ses barbillons. On aurait dû cependant se souvenir que, malgré le besoin qu'il a de se nourrir de substances animales, il paraît avoir l'instinct social. On voit presque toujours deux glanis ensemble; et c'est ordinairement un mâle et une femelle qui vivent ainsi l'un auprès de l'autre.

Malgré sa grandeur, le glanis femelle ne contient qu'un très-petit nombre d'œufs, suivant plusieurs naturalistes; et si ce fait est bien constaté, il méritera d'autant plus l'attention des physiciens, qu'il sera une exception à la proportion que la nature semble avoir établie entre la grosseur des poissons et le nombre de leurs œufs (2). Bloch rapporte qu'une femelle, qui pesait déjà une livre et demie, n'avait dans ses deux ovaires que dix-sept mille trois cents œufs.

Lorsque les tempêtes sont assez violentes pour bouleverser toute la masse des eaux dans lesquelles vit le glanis, il quitte sa retraite limoneuse, et se montre à la surface des fleuves; néan-

---

(1) Discours sur la nature des poissons.
(2) *Ibid.*

moins, comme ces orages sont rares, et que d'ailleurs le temps pendant lequel il est attiré vers les rivages est d'une durée assez courte, il est exposé bien peu souvent à se défendre contre des poissons voraces assez forts pour oser l'attaquer. Mais les anguilles, les lotes, et d'autres poissons beaucoup plus petits, se nourrissent de ses œufs; et quand il est encore très-jeune, il est quelquefois la proie des grandes grenouilles.

Son œsophage et son estomac présentent, dans leur intérieur, des plis assez profonds; et feu Hartmann (1), ainsi que le professeur Schneider (2), ont remarqué que cet estomac jouissait d'une irritabilité assez grande, même après la dissection de l'animal, pour offrir pendant long-temps des contractions et des dilatations alternatives.

Le canal intestinal est court et replié une seule fois; le foie gros, la vésicule du fiel longue et remplie d'une liqueur jaune; la vessie natatoire courte, large, et divisée longitudinalement en deux. Vingt côtes sont placées de chaque côté de l'épine du dos, qui est composée de cent dix vertèbres.

La chair du glanis est blanche, grasse, douce, agréable au goût, mais mollasse, visqueuse et difficile à digérer. Dans les environs du Volga,

---

(1) Mélanges de l'académie des curieux de la nature, décade 2, an. 7, p. 80.
(2) Synonymie des poissons d'Artedi, etc., p. 170.

dont les eaux nourrissent un très-grand nombre d'individus de cette espèce, on fait avec leur vessie natatoire une colle assez bonne, mais à à laquelle on préfère cependant celle que donne la vessie natatoire de l'acipensère huso. Sur les bords du Danube, la peau du glanis, séchée au soleil, a servi, pendant long-temps, de lard aux habitants peu fortunés; et du temps de Belon, cette même peau avait été employée à couvrir des instruments de musique.

Les notes manuscrites du professeur Hermann et de son frère le maire de Strasbourg, nous ont appris que MM. Durr, l'oncle et le neveu, marchands poissonniers de cette ville, avaient tâché de naturaliser le glanis dans l'ancienne Alsace. Ils avaient d'abord fait à grands frais plusieurs voyages en Hongrie, pour y chercher dans le Danube plusieurs silures de cette espèce; ils avaient appris ensuite que des glanis habitent un lac de deux lieues de tour, situé dans la Souabe, à quelques milles de Doneschingen, à trente ou trente-cinq lieues de Strasbourg, et par conséquent beaucoup plus près des bords du Rhin que les rives hongroises du Danube. Ce lac se nomme en allemand, *Feder-see;* en latin, *Lacus plumarius;* en français, *lac aux Plumes.* Ils en avaient apporté plusieurs de ces silures, qu'on avait déja multipliés dans les étangs de feu le respectable et malheureux Dietrich, au point qu'on y en comptait plus de cinq cents; mais il y a une douzaine d'années que, lors d'un événement extraordinaire, ces poissons furent enlevés, et il n'en reste plus dans les étangs du département du Bas-Rhin. M. Durr le neveu, et son beau-frère M. Hirschel, font toujours venir du Feder-see des glanis, qu'ils vendent à Strasbourg, ou qu'ils envoient plus loin, et dont les plus petits pèsent ordinairement douze livres (1).

____

(1) 16 rayons à la membrane branchiale du silure glanis.

18 rayons à chaque pectorale.

13 rayons à chaque ventrale.

17 rayons à la nageoire de la queue.

LE SILURE VERRUQUEUX,[1]

Aspredo verrucosus, Cuv.; *Platystacus verrucosus*, Bl.;
Silurus verrucosus, Lac. (2).

ET

LE SILURE ASOTE.[3]

Silurus Asotus, Pallas, Lacep., Cuv. (4).

La tête du verruqueux présente, dans sa partie
supérieure, un sillon longitudinal, à la suite duquel on voit sur le dos une saillie également longitudinale. Il n'y a qu'un orifice à chaque narine.
Le premier rayon de chaque pectorale est très-
dur, très-fort et dentelé.

On trouve dans l'Asie l'asote, qui, de même
que le verruqueux, a dans le premier rayon de

—————

(1) Platyste verrue, *platystacus verrucosus*. Bloch, pl. 373, fig. 3.

(2) Du genre Asprède ou Platyste, famille des Siluroïdes, dans la
division des malacoptérygiens abdominaux. Cuv.   Desm. 1832.

(3) *Silure asote*. Daubenton et Haüy, Encyclopédie méthodique.

Id. Bonnaterre, planches de l'Encyclopédie méthodique.

(4) Du sous-genre Silure, dans le grand genre du même nom, famille
des Siluroïdes, division des Malacoptérygiens abdominaux. Cuv.

Desm. 1832.

12.

chaque pectorale une sorte de dard dentelé, et dangereux, par sa dureté et sa grosseur, pour les animaux que ce silure attaque, ou qu'il tâche de repousser. Les dents de ce poisson sont très-nombreuses; et sa nageoire de l'anus s'étend jusqu'à celle de la queue (1).

---

(1)   5 rayons à la membrane branchiale du silure verruqueux.
       8 rayons à chaque pectorale.
       6 rayons à chaque ventrale.
   10 rayons à la nageoire de la queue.

   16 rayons à la membrane branchiale du silure asote.
   14 rayons à chaque pectorale.
   13 rayons à chaque ventrale.
   16 rayons à la caudale.

LE SILURE FOSSILE.[1]

Silurus fossilis, Linn., Gmel., Bloch, Lac., Cuv. (2).

Bloch avait reçu de Tranquebar un individu de cette espèce. Le dessus de la tête de ce poisson montrait une fossette longitudinale. La couverture osseuse, qui revêtait cette même partie, était terminée par trois pointes. On voyait de petites dents à la partie antérieure du palais, ainsi qu'aux deux mâchoires, qui étaient aussi avancées l'une que l'autre. La langue était courte, épaisse et lisse. La ligne latérale descendait jusque vers les ventrales, et s'étendait ensuite directement jusqu'à la nageoire de la queue, dont l'anus était une fois plus éloigné que de la tête. Le premier rayon de chaque pectorale paraissait très-fort. On pouvait distinguer les muscles de l'animal au travers de sa peau. Sa couleur générale était celle du chocolat; les nageoires offraient une teinte d'un brun un peu clair, excepté l'anale qui était grise.

(1) *Schlammwels*, en allemand.

Muddy silure, en anglais.

Silure d'étang. Bloch, pl. 370, fig. 2.

(2) Du sous-genre SILURE, dans le grand genre SILURE, famille des Siluroïdes, de la division des Malacoptérygiens abdominaux. DESM. 1832.

LE SILURE DEUX-TACHES,[1]

Silurus bimaculatus, Bloch, Lac., Cuv. (2).

LE SILURE SCHILDE,[3]

Schilbe mystus, Cuv.; *Silurus mystus*, Linn., Gmel., Lac. (4).

ET LE SILURE UNDÉCIMAL.[5]

Silurus undecimalis, Lac. (6).

LE violet, le jaune et l'argenté concourent à la parure du silure deux-taches. Sa partie supérieure

---

(1) *Sewalei*, chez les Tamules.

Silure à deux taches. Bloch, pl. 364.

(2) Du genre et du sous-genre des SILURES. Cuv.   DESM 1832.

(3) *Schildé* ou *schilbé*, sur les bords du Nil.

Silure schilde. Daubenton et Haüy, Encyclopédie méthodique.

Id. Bonnaterre, planches de l'Encyclopédie méthodique.

Mus. Ad. Frid. 2, p. 96.

« Silurus schilde niloticus. » Hasselquist, It. 376.

(4) Du sous-genre SCHILBÉ, dans le grand genre SILURE, de la famille des Siluroïdes, division des Malacoptérygiens abdominaux. DESM. 1832.

(5) *Silure ondécimal.* Daubenton et Haüy, Encyclopédie méthodique.

Id. Bonnaterre, planches de l'Encyclopédie méthodique.

Mus. Ad. Frid. 2, p. 97.

(6) M. Cuvier ne fait pas mention de cette espèce.   DESM. 1832.

est d'un violet clair; ses côtes brillent de l'éclat de l'argent; sa caudale est jaune, avec les deux extrémités du croissant qu'elle forme d'un violet foncé; les autres nageoires sont communément variées de jaune et de violet.

Ce beau poisson vit dans les lacs et dans les rivières de la côte de Malabar; il fraie pendant l'été; sa chair est d'un goût agréable.

Sa tête a moins de largeur que celle de la plupart des autres silures. Ses dents sont très-fortes; on en voit un grand nombre de petites sur le palais : mais la langue est lisse. Il y a deux orifices à chaque narine. Les barbillons supérieurs sont longs, les inférieurs très-courts et d'une couleur blanchâtre. Le premier rayon de chaque pectorale est dur, gros, et dentelé du côté opposé à la tête. La ligne latérale ne montre que de très-légères courbures.

Le schilde se plaît dans les eaux du Nil. Quatre de ses barbillons tiennent à la mâchoire supérieure; les autres quatre sont attachés à celle de dessous. Le premier rayon de chaque pectorale est distingué par sa grosseur, par sa force et par sa dentelure.

Le silure undécimal, qui habite dans les rivières de Surinam, a onze rayons à sa dorsale, à sa nageoire de l'anus et à chacune de ses pectorales; et ces trois nombres semblables ont indiqué le nom qu'on lui a donné. Une dentelure garnit chacun des côtés du premier rayon de l'une et de l'autre de ses pectorales ; ses barbillons extérieurs ont une longueur égale à celle de son corps (1).

---

(1) 12 rayons à la membrane branchiale du silure deux-taches.
 14 rayons à chaque pectorale.
  6 rayons à chaque ventrale.
 16 rayons à la nageoire de la queue.

 10 rayons à la membrane des branchies du silure schilde.
 12 rayons à chaque pectorale.
  6 rayons à chaque ventrale.
 20 rayons à la caudale.

 11 rayons à chaque pectorale du silure undécimal.
  6 rayons à chaque ventrale.
 17 rayons à la nageoire de la queue.

LE SILURE ASPRÈDE,[1]

Aspredo lævis, Cuv.; *Silurus Aspredo*, Linn., Gmel., Lac.;
Platystacus lævis, Bl. (2).

ET

LE SILURE COTYLÉPHORE.[3]

Aspredo cotylephorus, Cuv.; *Platystacus cotylephorus*, Bl.;
Silurus cotylephorus, Lac. (4).

On pêche dans les fleuves de l'Amérique, et peut-être dans ceux des grandes Indes, le silure

---

(1) *Glattleib*, par les Allemands.

Simpla eggen, par les Suédois.

Silure asprède. Daubenton et Haüy, Encyclopédie méthodique.

Id. Bonnaterre, planches de l'Encyclopédie méthodique.

Platyste lisse. Bloch.

Aspredo. Amœnit. acad. 1, p. 311, tab. 14, fig. 5.

- Seba, Mus. 3, tab. 29, fig. 10.

Aspredo cirris 8. Gronov. Zooph.

(2) Du genre ASPRÈDE ou PLATYSTE, Cuv. Famille des Siluroïdes, division des Malacoptérygiens abdominaux.   DESM. 1832.

(3) *Silurus cotylephorus.*

Teller trager, par les Allemands.

Rauher wels, idem.

Runwe meirval, par les Hollandais.

Platyste cotyléphore. Bloch, pl. 372.

(4) Du même genre (ASPRÈDE) que le précédent, selon M. Cuvier. DESM. 1832.

asprède, dont la tête plate, osseuse et couverte d'une membrane, s'élargit beaucoup auprès des pectorales, et présente, dans sa partie supérieure, une cavité longitudinale et triangulaire, qui se termine par une sorte de tube solide, prolongé jusqu'à la dorsale. On aperçoit quelques verrues ou petits tubercules sur la tête et sur la poitrine. La mâchoire supérieure est plus avancée que celle de dessous ; la langue et le palais sont lisses ; chaque narine a deux orifices ; l'ouverture branchiale est courte et étroite. Les branchies sont petites ; elles sont d'ailleurs garnies de filaments très-peu allongés et distribués par touffes très-séparées les unes des autres. Une dentelure hérisse chacun des côtés du premier rayon de chaque pectorale, qui, de plus, réunit beaucoup de force à une grosseur considérable. Le corps proprement dit étant court et l'anale très-longue, l'anus est beaucoup plus près de la tête que de la caudale. Au-delà de cet orifice, on voit une ouverture placée à l'extrémité d'une sorte de petit cylindre. La queue, très-allongée et très-mobile, est comprimée par les côtés, de manière à présenter une sorte de tranchant ou de carène longitudinale dans sa partie supérieure. La couleur générale est d'un brun mêlé de violet.

Le cotyléphore diffère de l'asprède par les traits suivants, dont le dernier est très-remarquable, et consiste dans une conformation que l'on n'a encore observée sur aucune autre espèce.

Premièrement, il n'a que six barbillons au lieu de huit.

Deuxièmement, ses dents sont moins fortes que celles de l'asprède.

Troisièmement, toute sa partie supérieure est garnie de petits tubercules qui forment sur la queue huit rangées longitudinales.

Quatrièmement, l'os qui de chaque côté représente une clavicule, est divisé en deux par un intervalle que des muscles remplissent.

Cinquièmement, le dessous de la gorge, du ventre et d'une portion des nageoires ventrales, est garni de petits corps d'un diamètre à-peu-près égal à celui des tubercules du dos, arrondis dans leur contour, convexes du côté par lequel ils tiennent au poisson, concaves de l'autre, et assez semblables à une sorte d'entonnoir ou de petite coupe. Presque tous ces petits corps sont suspendus à une tige déliée, flexible, et d'autant plus courte que l'entonnoir est moins développé : les autres sont attachés sans aucun pédoncule au ventre, ou à la gorge, ou aux ventrales de l'animal(1). Il est bon d'observer que ces appen-

---

(1) 4 rayons à la membrane branchiale du silure asprède.

   8 rayons à chaque pectorale.

   6 rayons à chaque ventrale.

   11 rayons à la nageoire de la queue.

   8 rayons à chaque pectorale du silure cotyléphore.

   6 rayons à chaque ventrale.

   9 rayons à la caudale.

dices ne sont ainsi conformés que dans les coty-
léphores adultes ou presque adultes : dans des
individus moins âgés, ils sont appliqués immé-
diatement à la peau, de manière à ressembler à
des taches, ou tout au plus à de légères éléva-
tions; et dans des silures de la même espèce plus
jeunes encore, on n'en aperçoit aucun rudiment.
On pourrait croire ces entonnoirs susceptibles de
se coller, pour ainsi dire, contre différentes substances, et propres, par conséquent, à donner à
l'animal un moyen de s'attacher au fond des fleuves, ou dans diverses positions nécessaires à ses
besoins.

Le silure cotyléphore habite dans les eaux des
Indes orientales.

LE SILURE CHINOIS,

Silurus sinensis, Lac., Cuv. (1).

ET

LE SILURE HEXADACTYLE.

Aspredo hexadactylus, Cuv.; *Silurus hexadactylus*, Lac. (2).

LES naturalistes n'ont pas encore publié de description de ces deux silures.

Nous avons vu une peinture très-fidèle et très-bien faite du premier, dans la collection de peintures chinoises que nous avons souvent citée dans cet ouvrage.

La couleur de sa partie supérieure est d'un verdâtre marbré de vert; les côtés et la partie inférieure sont d'un argenté mêlé de nuances vertes. Chaque opercule est composé de deux ou trois pièces presque ovales. Les deux barbillons

(1) Du genre et du sous-genre SILURE, dans la famille des Siluroïdes ; division des Malacoptérygiens abdominaux. DESM. 1832.

(2) Du genre ASPRÈDE ou PLATYSTE, dans la famille des Siluroïdes ; division des Malacoptérygiens abdominaux. DESM. 1832.

ont une longueur à-peu-près égale à celle de la tête. La mâchoire inférieure est plus avancée que la supérieure. Aucune nageoire ne présente de rayon fort et dentelé.

La collection hollandaise déposée dans le Muséum d'histoire naturelle renferme un individu très-bien conservé de l'espèce du silure hexadactyle. Nous avons tiré le nom spécifique de ce poisson, du nombre de rayons ou *doigts* de ses *mains*, ou nageoires pectorales, lesquels sont au nombre de six, ainsi que ceux de ses nageoires ventrales, ou de ses *pieds*.

Les quatre barbillons de la mâchoire d'en-bas sont plus courts que les deux de la mâchoire d'en-haut. L'ouverture de chaque narine est double. Les yeux sont petits et rapprochés l'un de l'autre. Indépendamment de plusieurs arêtes ou saillies tuberculées que l'on voit sur la tête et sur le corps, une saillie semblable part de chaque œil; et ces deux arêtes se réunissent au-dessus de la partie supérieure du dos. La tête et le corps sont très-aplatis; la longueur de ces deux parties n'est que le tiers, ou environ, de celle de la queue, qui réunit à cette dimension une conformation analogue à celle d'une pyramide à dix faces. Le premier rayon de chaque pectorale est large, aplati et dentelé sur ses deux bords, de telle sorte que les pointes du bord externe sont tournées vers la queue, et celles du bord intérieur dirigées vers la tête.

Le dessus de la tête et du corps est blanc avec
des taches noires ; presque tout le reste de la surface de l'animal est noir avec des taches blanches,
excepté la partie inférieure de la tête, de la queue
et du corps, qui est blanchâtre.

CENT SOIXANTE-QUATRIÈME GENRE.

LES MACROPTÉRONOTES (1).

*La tête large, déprimée, et couverte de lames grandes et dures,
ou d'une peau visqueuse ; la bouche à l'extrémité du museau ;
des barbillons aux mâchoires ; le corps gros ; la peau enduite
d'une mucosité abondante ; une seule nageoire dorsale ; cette
nageoire très-longue.*

ESPÈCES.	CARACTÈRES.
1. LE MACROPTÉRONOTE CHARMUTH.	Huit barbillons ; dix rayons à la membrane des branchies ; soixante-douze rayons à la nageoire du dos ; soixante-neuf à l'anale ; la caudale arrondie.
2. LE MACROPTÉRONOTE GRENOUILLER.	Huit barbillons ; sept rayons à la membrane des branchies ; moins de soixante-dix rayons à la nageoire du dos ; moins de cinquante à celle de l'anus ; la caudale arrondie.
3. LE MACROPTÉRONOTE BRUN.	Huit barbillons ; la nageoire dorsale, l'anale et la caudale arrondies ; la couleur brune et sans taches.
4. LE MACROPTÉRONOTE HEXACICINNE.	Six barbillons ; la nageoire du dos triangulaire et très-basse, surtout vers la caudale ; l'anale courte ; la caudale arrondie ; la couleur brune et sans taches.

(1) M. Cuvier admet ce groupe, sous le nom d'HÉTÉROBRANCHE,
comme subdivision du grand genre SILURE.   DESM. 1832.

LE
MACROPTÉRONOTE CHARMUTH,[1]

Heterobranchus Sharmuth, Geoff., Cuv.; *Macropteronotus Charmuth*, Lac.; *Silurus anguillaris*, Hasselq. (2).

ET

LE MACROPTÉRONOTE GRENOUILLER.[3]

Heterobranchus Batrachus, Geoff., Cuv.; *Macropteronotus Batrachus*, Lac.; *Silurus Batrachus*, Linn., Gmel. (4).

Dans le genre dont nous nous occupons, la nageoire du dos s'étendant jusqu'auprès de la cau-

---

(1) *Silure charmuth.* Daubenton et Haüy, Encyclopédie méthodique.
Id. Bonnaterre, planches de l'Encyclopédie méthodique.
Mus. Ad. Frid. 2, p. 96. *
« Silurus charmuth niloticus. » Hasselquist, It. 371.
Clarias. Gronov. Zooph. 322, tab. 8, fig. 3 et 4.
Blackfish. Russel, Alep. 73, tab. 12, fig. 1.
« Lampetra indica erythrophthalmos. » Rai, Pisc. 150.
Karmouth. Dessins faits en Égypte par M. Cloquet, qui a bien voulu me les communiquer.
Aluby, par plusieurs anciens auteurs qui ont écrit sur les animaux du Nil. (Lettre que mon collègue, M. Geoffroy, professeur au Muséum d'histoire naturelle, a eu la bonté de m'écrire du Caire.)
(2) Du sous-genre HÉTÉROBRANCHE, Cuv., dans le grand genre SILURE, famille des Siluroïdes, division des Malacoptérygiens abdominaux. DESM. 1832.
(3) *Froschwels*, par les Allemands.

dale, augmente la surface de la queue, et donne
par conséquent plus de force à l'instrument prin-
cipal de la natation de l'animal : il n'est donc pas
surprenant qu'on ait remarqué beaucoup de rapidité dans les mouvements du charmuth. Le
dessus de la tête de ce macroptéronote présente
une multitude de petits mamelons. De huit barbillons dont il est pourvu, les deux plus longs
sont placés chacun à un des angles de la bouche,
les deux plus courts auprès des narines, et les
autres quatre sur les bords de la lèvre inférieure.
La partie supérieure du poisson est d'un brun obs-
cur, et la partie inférieure d'un blanc mêlé de
gris. M. Geoffroy écrivait d'Égypte, le 16 août
1799, à mon savant confrère M. Cuvier, qu'il
avait disséqué le charmuth ; qu'il avait vu au-delà
des branchies une cavité qui communiquait avec
celle de ces organes ; que l'animal pouvait fermer
cette cavité ; qu'elle contenait un cartilage plat
et divisé en plusieurs branches ; que la surface de
ce cartilage était couverte de nombreuses ramifications de vaisseaux sanguins visibles pendant la
vie du poisson ; que cet appareil devait être considéré comme une branchie supplémentaire ; que,

---

Tocli, par les Tamules.
Silure grenouiller, Bloch, pl. 370, fig. 1.
Id. Daubenton et Haüy, Encyclopédie méthodique.
Id. Bonnaterre, planches de l'Encyclopédie méthodique.
(4) Du même sous-genre (HÉTÉROBRANCHE) que le précédent, selon
M. Cuvier, dans le grand genre SILURE.   DESM. 1832.

par une conformation un peu analogue à celle des sépies, le système général des vaisseaux sanguins comprenait trois ventricules séparés les uns des autres; que l'on pouvait regarder ces ventricules comme autant de cœurs, etc. : mais tous ces détails vont être éclaircis par la publication des utiles travaux de M. Geoffroy, rendu, après quatre ans d'absence, à sa patrie, à ses amis, à sa famille et à ses collègues.

Le charmuth habite dans le Nil; on trouve le grenouiller dans l'Asie et dans l'Afrique.

La calotte osseuse qui revêt le dessus de la tête du grenouiller, se termine en pointe par derrière, et montre deux enfoncements. L'antérieur est allongé, et l'autre presque rond. Autour de chaque angle de la bouche sont distribués quatre barbillons longs et inégaux. Le palais est rude, la ligne latérale presque droite; le premier rayon de chaque pectorale fort et dentelé; la couleur générale d'un brun mêlé de jaune (1).

---

(1) 10 rayons à chaque pectorale du macroptéronote charmuth.

   6 ou 7 rayons à chaque ventrale.

21 rayons à la nageoire de la queue.

  8 rayons à chaque pectorale du macroptéronote grenouiller.

67 rayons à la nageoire du dos.

  6 rayons à chaque ventrale.

45 rayons à la nageoire de l'anus.

16 rayons à la caudale.

13.

LE MACROPTÉRONOTE BRUN,

Heterobranchus Batrachus ? Cuv.; *Macropteronotus fuscus*,
Lacep. (1).

ET

LE MACROPTÉRONOTE HEXACICINNE.

Heterobranchus hexacicinnus, Cuv.; *Macropteronotus hexacicinnus*, Lac. (2).

Nous publions les premiers la description de ces
deux espèces, dont les peintures chinoises déposées dans la bibliothèque du Muséum d'histoire
naturelle présentent une image aussi exacte pour
les formes que pour les couleurs.

Ces deux macroptéronotes vivent dans les eaux
de la Chine. Le dessus de la tête du brun est
couvert d'une enveloppe dure qui montre par derrière deux échancrures, et se termine en pointe.

(1 et 2) Ces deux poissons appartiennent au sous-genre HÉTÉRO-
BRANCHE de M. Cuvier, dans le grand genre SILURE.

Le premier ne paraît être qu'une variété du Macroptéronote grenouiller
de l'article précédent. DESM. 1832.

Le premier rayon de chaque pectorale est long, dur, un peu gros, mais sans dentelure. On distingue une partie des muscles du corps et de la queue, au travers de la peau. Les ventrales sont petites et arrondies. Un grand barbillon est attaché à chaque angle de la bouche; les autres six sont moins longs, et situés deux auprès des narines, et quatre sur la mâchoire inférieure. L'iris est couleur d'or.

Le nom de l'hexacicinne désigne les six barbillons du second de ces macroptéronotes chinois. Ce poisson ne diffère du premier que par les traits indiqués sur le tableau générique, et vraisemblablement par ses dimensions que nous croyons inférieures à celles du brun.

CENT SOIXANTE-CINQUIÈME GENRE.

LES MALAPTÉRURES (1).

La tête déprimée et couverte de lames grandes et dures, ou d'une peau visqueuse ; la bouche à l'extrémité du museau ; des barbillons aux mâchoires ; le corps gros ; la peau du corps et de la queue enduite d'une mucosité abondante ; une seule nageoire dorsale ; cette nageoire adipeuse, et placée assez près de la caudale.

ESPÈCE.	CARACTÈRES.
LE MALAPTÉRURE ÉLEC- TRIQUE.	Deux barbillons à la mâchoire supérieure ; quatre barbillons inégaux à la mâchoire inférieure ; douze rayons à la nageoire de l'anus ; la caudale arrondie.

(1) M. Cuvier conserve ce genre et le place dans la famille des Siluroïdes, qui appartient à la division des Malacoptérygiens abdominaux.

DESM. 1832.

LE

MALAPTÉRURE ÉLECTRIQUE.[1]

Malapterurus electricus, Lac., Cuv.; *Silurus electricus*,
Linn., Gmel. (2).

———

CE nom d'*Électrique* rappelle la propriété remarquable que nous avons déjà reconnue dans
les quatre espèces de poissons, dans la raie torpille et dans le tétrodon, le gymnote et le trichiure, désignés par la même dénomination spécifique que le malaptérure de cet article. Cette
propriété observée avec soin dans ces différents
animaux, pourra servir beaucoup aux progrès de
la théorie des phénomènes galvaniques, auxquels
elle appartient de très-près; nous ne saurions
assez inviter les voyageurs instruits à s'occuper

(1) *Typhinos* des anciens auteurs , suivant M. Geoffroy. Lettre adressée
du Caire à M. Lacépède.

Forskael , Faun. Arab., p. 15 , n. 1.

Broussonnet, Académie des sciences, 1782, p. 692; et Journal de
physique, vol. 27, p. 143.

Verhandeling over den beefvisch, eene weinig bekende soort van
electr. visch. — Algem. Geneesk. jaarboek, vol. 4, p. 24.

Silure trembleur. Bonnaterre, planches de l'Encyclopédie méthodique.

(2) Voyez la note de la page précédente.   DESM. 1832.

de l'examen de cette force départie aux cinq poissons électriques, et qui paraît si différente de la plupart de celles que possèdent les êtres organisés et
vivants ; et nous attendons avec beaucoup d'impatience la publication des recherches faites en
Égypte par M. Geoffroy, sur le malaptérure que
nous décrivons. Nous savons déjà par ce professeur (1) que ce malaptérure est recouvert d'une
couche épaisse de graisse. Ce fait doit être rapproché de ce que nous avons indiqué au sujet des
poissons qui ont la faculté d'engourdir, dans le
premier Discours de cette Histoire, dans l'article
de la torpille, et dans celui du gymnote électrique.

Le malaptérure dont nous traitons ne se trouve
pas seulement dans le Nil : il vit aussi dans d'autres fleuves d'Afrique. Il y représente le tétrodon
et le trichiure engourdissant de l'Asie, le gymnote
torporifique de l'Amérique, et la torpille de l'Europe. Il y parvient à une longueur de plus d'un
pied et demi. Son corps est aplati comme sa tête.
Ses yeux, très-peu gros, sont recouverts par la
membrane la plus extérieure de son tégument
général, laquelle s'étend comme un voile transparent au-dessus de ces organes. Chaque narine
a deux orifices. Sa couleur grisâtre est relevée

____

(1) Lettre écrite du Caire, le 29 thermidor de l'an 7) 16 septembre
1799), par M. Geoffroy à M. Cuvier.

par quelques taches noires ou foncées que l'on voit sur sa queue (1).

---

(1) 6 rayons à la membrane branchiale du malaptérure électrique.

9 rayons à chaque pectorale.

6 rayons à chaque ventrale.

18 rayons à la nageoire de la queue.

CENT SOIXANTE-SIXIÈME GENRE.

LES PIMÉLODES (1).

La tête déprimée et couverte de lames grandes et dures, ou d'une peau visqueuse; la bouche à l'extrémité du museau; des barbillons aux mâchoires; le corps gras; la peau du corps et de la queue enduite d'une mucosité abondante; deux nageoires dorsales; la seconde adipeuse.

PREMIER SOUS-GENRE.

La nageoire de la queue fourchue, ou échancrée en croissant.

ESPÈCES.	CARACTÈRES.
1. LE PIMÉLODE BAGRE.	Quatre barbillons aux mâchoires; le premier rayon de chaque pectorale et celui de la première nageoire du dos, garnis d'un très-long filament; huit rayons à la première dorsale; vingt-quatre à la nageoire de l'anus.
2. LE PIMÉLODE CHAT.	Six barbillons aux mâchoires; huit rayons à la première nageoire du dos; vingt-trois à celle de l'anus.
3. LE PIMÉLODE SCHEILAN.	Six barbillons aux mâchoires; les deux barbillons des angles de la bouche d'une longueur égale, ou à-peu-près, à la longueur totale de l'animal; huit rayons à la première dorsale; onze rayons à la nageoire de l'anus.

---

(1) M. Cuvier admet, sous le nom de MACHOIRANS (*Mystus*), un grand sous-genre de Silures, qui comprend les Pimélodes et les Doras de M. de Lacépède.

Nous considérons les Pimélodes comme formant un sous-genre particulier. DESM. 1832.

ESPÈCES.	CARACTÈRES.
4. LE PIMÉLODE BARRÉ.	Six barbillons aux mâchoires ; la longueur de la tête égale , ou presque égale , au tiers de la longueur totale du poisson ; sept rayons à la première nageoire du dos ; quatorze à l'anale; des bandes transversales.
5. LE PIMÉLODE ASCITE.	Six barbillons très-longs aux mâchoires ; neuf rayons à la première nageoire du dos ; dix-huit rayons à l'anale.
6. LE PIMÉLODE ARGENTÉ.	Six barbillons aux mâchoires ; huit rayons à la première dorsale ; treize rayons à la nageoire de l'anus ; la couleur générale argentée.
7. LE PIMÉLODE NOEUD.	Six barbillons aux mâchoires ; cinq rayons à la première nageoire du dos ; vingt rayons à celle de l'anus ; un nœud ou une tubérosité à la racine du premier rayon de la dorsale.
8. LE PIMÉLODE QUATRE-TACHES.	Six barbillons aux mâchoires ; sept rayons à la première nageoire du dos ; l'adipeuse très-longue ; neuf rayons à l'anale ; quatre taches grandes, rondes, et rangées longitudinalement de chaque côté du poisson.
9. LE PIMÉLODE BARBU.	Six barbillons aux mâchoires ; huit rayons à la première dorsale ; dix-sept rayons à la nageoire de l'anus ; le lobe supérieur de la caudale plus long que l'inférieur.
10. LE PIMÉLODE TACHETÉ.	Six barbillons aux mâchoires ; sept rayons à la première dorsale ; onze rayons à l'anale ; le lobe supérieur de la queue plus long que l'inférieur ; la couleur générale d'un bleu doré ; deux rangées longitudinales de taches noires de chaque côté de l'animal.
11. LE PIMÉLODE BLEUATRE.	Six barbillons aux mâchoires ; cinq ou six rayons à la première nageoire du dos ; huit rayons à chaque ventrale ; vingt rayons à la nageoire de l'anus ; les deux premiers rayons de cette nageoire plus longs que les autres , et réunis à un appendice membraneux , filiforme, et plus allongé que ces rayons ; la couleur générale bleuâtre.

ESPÈCES.	CARACTÈRES.
12. Le Pimélode doigt-de-nègre.	Six barbillons aux mâchoires; huit rayons à la première nageoire du dos; le premier de ces rayons fort et court; le second, long et dentelé; six rayons à la nageoire de l'anus; le premier rayon de chaque pectorale dentelé des deux côtés; la caudale en croissant; presque toutes les nageoires d'une couleur foncée.
13. Le Pimélode commersonnien.	Six barbillons aux mâchoires; sept rayons à la première nageoire du dos; le premier de ces rayons dentelé des deux côtés; point de rayon dentelé aux pectorales; la ligne latérale droite.
14. Le Pimélode Thunberg.	Six barbillons aux mâchoires; un rayon aiguillonné et six rayons articulés à la première dorsale; vingt-deux rayons à la nageoire de l'anus; une tache noire sur la nageoire adipeuse.
15. Le Pimélode matou.	Huit barbillons aux mâchoires; six rayons à la première dorsale; vingt à l'anale.
16. Le Pimélode cous.	Huit barbillons aux mâchoires; cinq rayons à la première nageoire du dos; huit rayons à celle de l'anus; la seconde nageoire du dos ovale.
17. Le Pimélode docmac.	Huit barbillons aux mâchoires; dix rayons à la première dorsale; dix rayons à l'anale; deux rayons à la membrane des branchies.
18. Le Pimélode bajad.	Huit barbillons aux mâchoires; dix rayons à la première nageoire du dos; douze rayons à l'anale; la nageoire adipeuse, longue; cinq rayons à la membrane des branchies.
19. Le Pimélode éry-throptère.	Huit barbillons aux mâchoires; huit rayons à la première nageoire du dos; neuf rayons à celle de l'anus; la nageoire adipeuse, longue; les deux lobes de la caudale très-allongés; les nageoires rouges.
20. Le Pimélode raie d'argent.	Huit barbillons aux mâchoires; cinq rayons à la première dorsale; six rayons à chaque pectorale; trente-six rayons à celle de l'anus; une raie longitudinale et argentée de chaque côté du poisson.

ESPÈCES.	CARACTÈRES.

21. LE PIMÉLODE RAYÉ. — Huit barbillons aux mâchoires; neuf rayons à la première nageoire du dos; six rayons à chaque pectorale, huit à l'anale; une raie longitudinale jaune et bordée de bleu.

22. LE PIMÉLODE MOUCHETÉ. — Huit barbillons aux mâchoires; dix rayons à la première dorsale; l'anale très-courte et arrondie; l'adipeuse longue et arrondie; les principaux muscles latéraux visibles au travers de la peau; point d'aiguillon dentelé à la première nageoire du dos; de petites taches noirâtres, semées irrégulièrement sur presque toutes les parties de l'animal.

SECOND SOUS-GENRE.

La nageoire de la queue terminée par une ligne droite, ou arrondie et sans échancrure.

ESPÈCES.	CARACTÈRES.

23. LE PIMÉLODE CASQUÉ. — Six barbillons aux mâchoires; six rayons à la première dorsale; vingt-quatre rayons à la nageoire de l'anus; la caudale arrondie; la tête couverte d'une plaque osseuse, ciselée et découpée.

24. LE PIMÉLODE CHILI. — Quatre barbillons aux mâchoires; sept rayons à la première nageoire du dos; onze rayons à celle de l'anus; la caudale lancéolée.

LE PIMÉLODE BAGRE,[1]

Pimelodus Bagre, Lac., Cuv.; *Silurus Bagre*, Bl. (2).

LE PIMÉLODE CHAT,[3]

Pimelodus Felis, Lac.; *Silurus Felis*, Linn., Gmel. (4).

LE PIMÉLODE SCHEILAN,[5]

Synodontis Clarias, Cuv.; *Pimelodus Clarias*, Lac.; *Silurus Clarias*, Bloch (6).

ET LE PIMÉLODE BARRÉ.[7]

Pimelodus fasciatus, Cuv.; *Silurus fasciatus*, Bl., Lac. (8).

Les grandes rivières du Brésil et celles de l'Amérique septentrionale nourrissent le bagre, qui

---

(1) *Meerwels*, par les Allemands.

Saltwater-katfish, par les Anglais de l'Amérique septentrionale.

Coco, à Cayenne.

Guiraguacu, par les Brasiliens.

Silure bagre. Daubenton et Haüy, Encyclopédie méthodique.

Id. Bonnaterre, planches de l'Encyclopédie méthodique.

Bloch, pl. 365.

Gronov. Zooph., 382.

Willughby, Ichthyol. tab. H, 7, fig. *b*.

parvient à une longueur considérable, mais dont la chair est ordinairement peu agréable au goût. On voit sur sa tête une cavité allongée; chaque narine a deux orifices; la mâchoire inférieure dé-

---

Bagra tertia. Rai, Pisc., p. 82, n. 3.

(2) Le bagre forme, pour M. Cuvier, le type d'une petite subdivision des Pimélodes, qui entrent eux-mêmes dans la composition du sous-genre Machoiran, de son grand genre Silure. Desm. 1832.

(3) *Machoiran blanc*, à Cayenne.

Passani, ibid.

Petite gueule, ibid.

Silure chat. Daubenton et Haüy, Encyclopédie méthodique.

Id. Bonnaterre, planches de l'Encyclopédie méthodique.

(4) Espèce non mentionnée par M. Cuvier. Desm. 1832.

(5) *Langbard*, en Allemagne.

Lœngstrimad taudjœgy, en Suède.

Silure scheilan. Daubenton et Haüy, Encyclopédie méthodique.

Id. Bonnaterre, planches de l'Encyclopédie méthodique.

Mus. Ad. Frid. 1, p. 73; et 2, p. 98. *

It. Scan. 82.

Gronov. Mus. 1, n. 83, p. 34; Zooph. n. 384, p. 125.

Hasselquist, It. 369.

Barbarin. Bloch, pl. 35, fig. 1*.

(6) De la subdivision des Pimélodes appelés Schals (*Synodontis*, Cuv.) faisant partie du sous-genre Machoirans, dans le grand genre Silure. Desm. 1832.

(7) *Silure barré.* Daubenton et Haüy, Encyclopédie méthodique.

Id. Bonnaterre, planches de l'Encyclopédie méthodique.

Bloch, pl. 366.

Seba, Mus. 3, p. 84, tab. 19, fig. 6.

Gronov. Zooph. 386.

(8) Le Pimélode barré, Lac., est de la subdivision des Pimélodes nommés Bagres par M. Cuvier. Il appartient conséquemment au sous-genre Machoiran, dans le grand genre Silure. Desm. 1832.

---

* Cette figure est citée ici à tort; elle se rapporte à un autre Pimélode. Desm. 1832.

passe celle d'en-haut; le devant du palais est
rude, mais la langue est lisse. Les barbillons situés au coin de la bouche sont plats et très-longs.
La ligne latérale est droite; une forte dentelure
garnit le bord extérieur du premier rayon de la
première nageoire du dos, et les deux côtés de chaque pectorale. La partie supérieure de l'animal est
bleue; l'inférieure argentée; et la base des nageoires, rougeâtre.

Les couleurs et la patrie du pimélode chat sont
presque les mêmes que celles du bagre.

On pêche le scheilan dans les eaux douces du
Brésil et dans celles de Surinam; mais on le trouve
aussi dans le Nil. Il a la mâchoire supérieure
plus avancée que celle d'en-bas; ces deux mâchoires hérissées, ainsi que le palais, de dents
petites et pointues; les yeux grands et ovales; la
prunelle allongée dans le sens vertical; deux petits sillons entre les yeux; la nuque et le devant
du dos, couverts de plaques très-dures et osseuses; la ligne latérale courbée vers le bas; l'os qui
représente la clavicule, soutenu par une pièce
osseuse et triangulaire; le premier rayon de chaque pectorale, de la première nageoire du dos, et
quelquefois de chaque ventrale, osseux, très-fort,
dentelé d'un ou de deux côtés, et propre à faire
des blessures dangereuses à cause des déchire-
ments qu'il peut produire dans les muscles et jusque dans le périoste; l'anale et la nageoire adipeuse, échancrées du côté de la caudale, dont la

pointe supérieure est plus longue que l'inférieure ; la couleur générale d'un gris noir ; le ventre d'un gris blanc (1).

Le barré vit à Surinam, comme le scheilan. Le haut de la tête sillonné ; la mâchoire supérieure plus allongée que celle d'en-bas ; la langue lisse et courte ; le palais rude ; l'orifice unique de chaque narine ; les bandes transversales grises, jaunes et brunes ; la blancheur du ventre, le rougeâtre des pectorales, le bleuâtre et les taches brunes des autres nageoires ; tels sont les traits du pimélode barré, qu'il ne faut pas négliger de connaître (2).

---

(1) 6 rayons à la membrane des branchies du pimélode bagre.

12 rayons à chaque pectorale.

8 rayons à chaque ventrale.

18 rayons à la nageoire de la queue.

5 rayons à la membrane des branchies du pimélode chat.

11 rayons à chaque pectorale.

6 rayons à chaque ventrale.

31 rayons à la caudale.

(2) 6 rayons à la membrane des branchies du pimélode scheilan.

7 rayons à chaque pectorale.

7 rayons à chaque ventrale.

18 rayons à la nageoire de la queue.

12 rayons à la membrane des branchies du pimélode barré.

12 rayons à chaque pectorale.

6 rayons à chaque ventrale

14 rayons à la caudale.

LE PIMÉLODE ASCITE,[1]

Silurus Ascita, Linn., Gmel.; *Pimelodus Ascita*, Lac. (2).

Le PIMÉLODE ARGENTÉ (3), *Pimelodus argenteus*, Lac.; *Silurus Hertzbergii*, Bloch; *Pimelodus Hertzbergii?* Cuv. (4). — P. NOEUD (5), *Pimelodus nodosus*, Lac.; *Silurus nodosus*, Bl. (6). — P. QUATRE-TACHES (7), *Pimelodus quadri-maculatus*, Lac., Cuv.; *Silurus quadri-maculatus*, Bl. (8). — P. BARBU (9), *Pimelodus Barbus*, Lac. (10). — P. TACHETÉ (11), *Pimelodus maculatus*, Lac., Cuv. (12). — P. BLEUATRE, *Pimelodus cærulescens*, Lac. (13) — P. DOIGT-DE-NÈGRE, *Pimelodus nigro-digitatus*, Lac., Cuv. (14). — P. COMMERSONNIEN, *Pimelodus Commersonnii*, Lac. (15).

Nous avons déja observé très-souvent que plusieurs poissons cartilagineux ou osseux, tels que

---

(1) Mus. Adolph. Fr. 1, p. 79, tab. 30, fig. 2.

Bloch, pl. 35, fig. 3, 7.

Silure ascite. Daubenton et Haüy, Encyclopédie méthodique.

Id. Bonnaterre, planches de l'Encyclopédie méthodique.

(2) M. Cuvier remarque que le Pimélode ascite n'est qu'un Pimélode ordinaire, sortant de l'œuf, et dont le jaune n'est pas encore tout-à-fait rentré dans l'abdomen.   DESM. 1832.

(3) *Silurus Hertzbergii.* Bloch, pl. 367.

(4) Mentionné par M. Cuvier, comme appartenant au sous-genre

les raies, les squales, les blennies, etc., étaient *ovovivipares*, c'est-à-dire, provenaient d'un œuf éclos dans le ventre de la mère. Nous avons remarqué aussi que les syngnathes se développaient d'une manière intermédiaire entre celle des *ovovivipares* et celle des *ovipares*. Leurs œufs, en effet, n'éclosent pas dans le ventre de la femelle; mais lorsque les petits syngnathes en sortent, ces œufs sont encore dans une sorte de rainure longitudinale qui se forme au-dessous de la queue de la mère, et où ils sont retenus par une membrane que les fœtus déchirent pour venir à la

---

PIMÉLODE, dans le grand genre SILURE, famille des Malacoptérygiens abdominaux siluroïdes. DESM. 1832.

(5) *Silurus nodosus*. Bloch, pl. 368, fig. 1.

(6) Non mentionné par M. Cuvier. DESM. 1832.

(7) *Silurus quadrimaculatus*. Bloch, pl. 368, fig. 2.

(8) Du sous-genre PIMÉLODE, dans le grand genre SILURE, Cuv. DESM. 1832.

(9) *Barbue*, par les matelots français.

« Silurus pinnâ dorsi primâ ossiculorum octo, cirris labialibus sex, « caudæ lobo superiori elongato, etc. » Commerson, manuscrits déja cités.

(10) Non mentionné par M. Cuvier. DESM. 1832.

(11) « Silurus corpore maculoso, cirris quatuor in mandibulâ infe- « riore; duobus in superiore, ultra pinnam dorsi secundam productis. » Commerson, manuscrits déja cités.

(12) Du sous-genre PIMÉLODE, dans le grand genre SILURE, Cuv. DESM. 1832.

(13) Non mentionné par M. Cuvier. DESM. 1832.

(14) Du sous-genre PIMÉLODE, dans le grand genre SILURE, Cuv. DESM. 1832.

(15) Non cité par M. Cuvier. DESM. 1832.

lumière. Une génération différente, à plusieurs égards, de celle des syngnathes, mais qui s'en rapproche néanmoins, et qui tient également le milieu entre celle des *ovovivipares* et celle des *ovipares*, a été observée dans les ascites. Leurs œufs n'éclosent, pour ainsi dire, ni tout-à-fait dans le corps, ni tout-à-fait hors du corps de la femelle; et nous allons voir comment se passe ce phénomène remarquable qui confirme plusieurs des idées exposées dans nos différents Discours sur les poissons.

Les œufs de l'ascite deviennent très-gros à proportion de la grandeur de l'animal adulte. A mesure qu'ils se développent, le ventre se gonfle; la peau qui recouvre cet organe s'étend, s'amincit, et enfin se déchire longitudinalement. Les œufs détachés de l'ovaire parviennent jusqu'à l'ouverture du ventre; le plus avancé de ces œufs se fend à l'endroit qui répond à la tête de l'embryon; la membrane qui en forme l'enveloppe, se retire; et l'on aperçoit le jeune animal recourbé et attaché sur le jaune par une sorte de cordon ombilical, composé de plusieurs vaisseaux. Dans cette position, l'embryon peut mouvoir quelques-unes de ses parties : mais il ne peut se séparer du corps de la mère que lorsque le jaune, dont il tire sa nourriture, est assez diminué pour passer au travers de la déchirure longitudinale du ventre; le jeune poisson s'éloigne alors, entraînant avec lui ce qui reste de jaune, et s'en nourrissant encore pendant un temps plus ou moins long. Un nouvel œuf prend la place de celui qui vient de sortir; et lorsque tous les œufs se sont ainsi succédé, et que tous les petits sont éclos, le ventre se referme, les deux côtés de la fente se réunissent, et cette sorte de blessure disparaît jusqu'à la ponte suivante.

Des six barbillons que présente l'ascite, deux sont placés à la mâchoire supérieure, et quatre à l'inférieure. Le premier rayon de la première nageoire du dos et celui de chaque pectorale sont durs et pointus.

Il paraît que l'ascite a été pêché dans les deux Indes.

A l'égard de l'Argenté, on l'a reçu de Surinam. Ce pimélode a l'ouverture de la bouche petite; les mâchoires aussi longues l'une que l'autre, et hérissées de très-petites dents, comme le palais; la langue lisse et courte; un seul orifice à chaque narine; quatre barbillons à l'extrémité de la mâchoire inférieure; un barbillon à chaque coin de la gueule; la ligne latérale presque droite, et garnie, sur chacun de ses côtés, de plusieurs petites lignes tortueuses; le premier rayon de la première dorsale dentelé à son bord extérieur; le premier rayon de chaque pectorale, dentelé sur ses deux bords; le dos brunâtre; et les nageoires variées de jaune.

Les eaux de Tranquebar nourrissent le pimélode *Nœud*. Nous devons indiquer les petits sillons qui

divisent en lames la couverture osseuse de sa tête,
le double orifice de chacune de ses narines, l'appendice triangulaire qui termine chaque clavicule,
la dentelure que montre le bord intérieur du
premier rayon de chaque pectorale et de la première nageoire du dos, la direction de la ligne
latérale qui est ondée, le bleu du dos et de la
nageoire de l'anus, la couleur brune des autres
nageoires, l'argenté des côtés et du ventre.

Que l'on remarque dans le pimélode *Quatre-
Taches*, qui vit en Amérique, l'égal avancement
des deux mâchoires ; le nombre et la petitesse des
dents qui les hérissent et qui garnissent le palais ;
la langue lisse ; l'orifice unique de chaque narine ;
la longueur des barbillons placés au coin de la
bouche ; la dentelure du premier rayon de chaque
pectorale ; le brun nuancé de violet qui règne sur
le dos ; le gris du ventre ; le jaunâtre des nageoires ;
les taches de la première dorsale, dont la base
est jaune, et l'extrémité bleuâtre.

Les cinq pimélodes dont nous allons parler
dans cet article, n'ont encore été décrits dans
aucun ouvrage d'histoire naturelle. Nous avons
trouvé dans les manuscrits de Commerson une
notice très-étendue sur les deux premiers de ces
quatre poissons, et un dessin du cinquième.

La couleur générale du Barbu est d'un bleu
plus ou moins foncé ou plus ou moins semblable
à la couleur du plomb ; la partie inférieure de
l'animal est d'un blanc argenté ; les côtés réflé-

chissent quelquefois l'éclat de l'or; quelques nageoires présentent des teintes d'incarnat. La couverture osseuse de la tête est comme ciselée, et relevée par des raies distribuées en rayons; la mâchoire supérieure dépasse et embrasse l'inférieure; de petites dents hérissent l'une et l'autre, ainsi que deux croissants osseux situés dans la partie antérieure du palais, et deux tubercules placés auprès du gosier; la langue est très-large, unie, cartilagineuse, dure, et attachée dans tout son contour; chaque narine a deux orifices, et l'orifice postérieur, qui est le plus grand, est fermé par une petite valvule que le barbu peut relever à volonté; une carène osseuse et aiguë s'étend depuis l'occiput jusqu'à la première dorsale; la ligne latérale est à peine visible; le ventre est gros, et devient très-gonflé et comme pendant, lorsque l'animal a pris une quantité de nourriture un peu considérable. Le premier rayon de chaque pectorale et de la première nageoire du dos est dentelé de deux côtés, très-fort, et assez piquant pour faire des blessures très-douloureuses, graves et si profondes qu'elles présentent des phénomènes semblables à ceux des plaies empoisonnées. La nageoire adipeuse est plus ferme que son nom ne l'indique, et sa nature est à demi cartilagineuse. On aperçoit au-delà de l'ouverture de l'anus un second orifice destiné vraisemblablement à la sortie de la laite ou des œufs. Le foie est rougeâtre; très-grand, et divisé en plusieurs lobes; l'estomac dénué de cœcums ou d'appendices; le canal intestinal replié plusieurs fois; la vessie natatoire attachée au-dessous du dos, entourée de graisse, et séparée en quatre loges.

Le goût de la chair du barbu est exquis; on le prend à la ligne ainsi qu'au filet. Lorsqu'on le tourmente ou l'effraie, il fait entendre une sorte de murmure, ou plutôt de bruissement. Il habite dans les eaux de l'Amérique méridionale.

Le pimélode tacheté a été vu dans les mêmes contrées. Il vit particulièrement dans le grand fleuve de la Plata, et il a été observé à Buénos-Ayres, ainsi qu'à la Encénada. Le tégument osseux de sa tête est relevé par des points et des ciselures, montre un petit sillon entre les yeux, et s'étend par un appendice jusqu'à la première nageoire du dos. La mâchoire supérieure est plus longue que celle de dessous. Les deux barbillons attachés à cette même mâchoire d'en-haut sont beaucoup plus longs que les autres. Derrière chacun des opercules, qui sont rayonnés, deux prolongations osseuses s'étendent vers la queue. Le premier rayon de chaque pectorale et de la première nageoire du dos, et la nageoire adipeuse, ressemblent beaucoup à ceux du barbu. La ligne latérale suit la courbure du dos.

Le bleuâtre, dont M. Leblond nous a envoyé un individu de Cayenne, a beaucoup de rapports avec le pimélode chat. De ses six barbillons, deux appartiennent à la mâchoire d'en-haut, et deux à celle d'en-bas. Le premier rayon de la première dorsale et celui de chacune des pectorales sont dentelés.

Le *Doigt-de-nègre* tire son nom de la couleur des rayons de ses pectorales et de ses ventrales, rayons que l'on a pu comparer à des doigts. Le premier rayon de chaque pectorale a ses deux dentelures dirigées en sens contraire l'une de l'autre. Plusieurs plaques osseuses garantissent le dessus de la tête. Celle qui couvre l'occiput est carénée, pointue par-derrière, et se réunit avec la pointe d'une autre plaque triangulaire, composée de plusieurs pièces, et dont la base embrasse l'aiguillon dentelé du dos. Il paraît que le *Doigt-de-nègre* parvient à une grandeur considérable. La collection du Muséum d'histoire naturelle en renferme un individu (1).

---

(1) 13 rayons à chaque pectorale du pimélode ascite.

   6 rayons à chaque ventrale.

18 rayons à la nageoire de la queue.

   6 rayons a la membrane branchiale du pimélode argenté.

10 rayons à chaque pectorale.

   8 rayons à chaque ventrale.

16 rayons à la caudale.

   5 rayons à la membrane des branchies du pimélode nœud.

   7 rayons à chaque pectorale.

   8 rayons à chaque ventrale.

20 rayons à la nageoire de la queue.

   5 rayons à la membrane des branchies du pimélode quatre-taches.

   7 rayons à chaque pectorale.

   8 rayons à chaque ventrale.

19 rayons à la caudale.

Le commersonnien a deux orifices à chaque narine, et les deux dorsales triangulaires. Le dessus de sa tête est dénué de grandes plaques osseuses. Il ne montre ni taches, ni bandes, ni raies.

---

5 rayons à la membrane branchiale du pimélode barbu.

12 rayons à chaque pectorale.

6 rayons à chaque ventrale.

15 rayons à la nageoire de la queue.

6 rayons à la membrane branchiale du pimélode tacheté.

9 rayons à chaque pectorale.

6 rayons à chaque ventrale.

16 rayons à la caudale.

7 rayons à chaque pectorale du pimélode bleuâtre.

17 rayons à la nageoire de la queue.

10 rayons à chaque pectorale du pimélode doigt-de-nègre.

6 rayons à chaque ventrale.

20 rayons à la caudale.

LE PIMÉLODE THUNBERG.[1]

Pimelodus Thunberg, Lacep. (2).

LA mâchoire supérieure de ce pimélode est plus avancée que l'inférieure; elle montre deux barbillons, et l'inférieure quatre : l'une et l'autre sont garnies de dents nombreuses, mais plus petites que celles qui hérissent le palais. Chaque opercule présente un aiguillon. Le premier rayon de la première dorsale, et celui de chaque pectorale, sont forts et dentelés.

Thunberg a vu ce pimélode dans les mers des Indes orientales (3).

---

(1) *Silurus maculatus.* Thunberg.

(2) M. Cuvier ne cite pas cette espèce.   DESM. 1832.

(3)   1 rayon aiguillonné et 10 rayons articulés à chaque pectorale du pimélode thunberg.

6 rayons à chaque ventrale.

24 rayons à la nageoire de la queue.

LE PIMÉLODE MATOU,[1]

Pimelodus Catus, Lac., Cuv.; *Silurus Catus*, Linn. (2).

Le Pimélode Cous (3), *Pimelodus Cous*, Lac.; *Silurus Cous*, Linn. (4). — P. Doemac (5), *Pimelodus Doemac*, Lac., Cuv.; *Silurus Doemac*, Linn. (6). — P. Bajad (7), *Pimelodus Bajad.*, Lac., Cuv.; *Silurus Bajad*, Linn., Gmel. (8). — P. Érythroptère (9), *Pimelodus erythropterus*, Lac., Cuv.; *Silurus erythropterus*, Bl. (10). — P. raie d'argent (11), *Pimelodus atherinoides*, Lac.; *Silurus atherinoides*, Bl. (12). — P. rayé (13), *Pimelodus vittatus*, Lac.; *Silurus vittatus*, Bl. (14). — P. moucheté, *Pimelodus guttatus*, Lac. (15).

L'Amérique et l'Asie nourrissent le matou, dont le dos est d'une couleur obscure et noirâtre, et

---

(1) *Silure matou*. Daubenton et Haüy, Encyclopédie méthodique.
Id. Bonnaterre, planches de l'Encyclopédie méthodique.
« Bagre species secunda. » Marcg. Brasil., p. 173.
Catesby, Carol. 2, p. 23, tab. 23.
(2) Du sous-genre Pimélode, dans le grand genre Silure. Cuv. Desm. 1832.
(3) *Silure cous*, Daubenton et Haüy, Encyclopédie méthodique.
Id. Bonnaterre, planches de l'Encyclopédie méthodique.
Gronov. Zooph., p. 387, tab. 8, fig. 7.
Mystus. Russel; Alep. 76, tab. 13, fig. 2.
(4) Non mentionné par M. Cuvier. Desm. 1832.
(5) Forskael, Faun. Arab., p. 65, n. 94.

qui parvient souvent à la longueur de trois pieds ou trois pieds et demi. La Syrie est la patrie du cous, qui y vit dans l'eau douce, qui a la mâchoire inférieure plus courte que celle d'en-haut, des dents très-petites, un orifice double à chaque narine, et dont le dos est d'un blanc argentin marbré de taches cendrées.

On trouve dans le Nil, et particulièrement auprès du Delta, le docmac et le bajad. Le premier est grisâtre par-dessus, blanchâtre par-dessous, et quelquefois long de plus de quatre pieds. Ses barbillons sont inégaux et très-allongés; sa ligne latérale est droite; le premier rayon de chaque pectorale et de la première nageoire du dos, est osseux et dentelé par-derrière.

Le bajad est bleuâtre ou d'un vert de mer. Il a

Silure dogmak. Bonnaterre, planches de l'Encyclopédie méthodique.

(6) Du sous-genre PIMÉLODE, dans le grand genre SILURE, selon M. Cuvier. DESM. 1832.

(7) *Bayatte*, en Égypte, suivant M. Cloquet.

Silure bajad. Bonnaterre, planches de l'Encyclopédie méthodique.

Forskael, Faun. Arab., p. 66, n. 95.

(8) Du sous-genre PIMÉLODE, dans le grand genre SILURE, Cuv. DESM. 1832.

(9) Bloch, pl. 369, fig. 2.

(10) Du sous-genre PIMÉLODE, dans le genre SILURE. Cuv. DESM. 1832.

(11) Bloch, pl. 371, fig. 1.

(12) Non mentionné par M. Cuvier. DESM. 1832.

(13) Bloch, pl. 371, fig. 2.

(14) Non cité par M. Cuvier. DESM. 1832.

(15) Non mentionné par M. Cuvier. DESM. 1832.

une fossette au-devant de chaque œil; la mâchoire supérieure plus longue que l'inférieure, et armée d'un arc double de dents très-serrées; les barbillons extérieurs de la lèvre d'en-haut très-allongés; la ligne latérale courbée vers le bas, auprès de son origine, et ensuite très-droite; un aiguillon très-fort caché sous la peau, et placé auprès de chaque pectorale, qui présente une nuance rousse, ainsi que toutes les autres nageoires, excepté l'adipeuse.

Observez dans l'érythroptère d'Amérique l'égale prolongation des deux mâchoires; la grande longueur des barbillons des coins de la bouche; la rudesse du palais; la brièveté de la langue, qui est cartilagineuse et lisse; la direction de la ligne latérale, qui est ordinairement droite; la dentelure du bord intérieur du premier rayon de chaque pectorale et de la première dorsale; le brunâtre du dos ainsi que des côtés, et la couleur grise du ventre;

Dans le pimélode raie d'argent, que l'on a découvert dans les eaux douces de Malabar, l'égale longueur des deux mâchoires; la petitesse de leurs dents; les dimensions de celles du palais; le double orifice de chaque narine; la position de l'anus plus rapproché de la tête que de la caudale; le rayon dentelé dans son côté intérieur, que l'on voit à la première dorsale et à chaque pectorale; la couleur générale qui est d'un brun clair; l'éclat argentin du dessous du corps de l'animal;

Dans le rayé de Tranquebar, le châtain de sa couleur générale, le cendré du ventre, les six pointes qui terminent la couverture osseuse de la tête, la longueur égale des deux mâchoires, les dents arquées du palais, la surface unie de la langue, les deux orifices de chaque narine, la dentelure intérieure du premier rayon de chaque pectorale et de la première nageoire du dos, la direction très-droite de la ligne latérale(1).

---

(1) 5 rayons à la membrane branchiale du pimélode matou.
11 rayons à chaque pectorale.
8 rayons à chaque ventrale.
17 rayons à la nageoire de la queue.

9 rayons à chaque pectorale du pimélode cous.
6 rayons à chaque ventrale.

2 rayons à la membrane branchiale du pimélode doemac.
11 rayons à chaque pectorale.
6 rayons à chaque ventrale.
18 rayons à la caudale.

11 rayons à chaque pectorale du pimélode bajad.
6 rayons à chaque ventrale.
20 rayons à la nageoire de la queue.

5 rayons à la membrane des branchies du pimélode érythroptère.
9 rayons à chaque pectorale.
6 rayons à chaque ventrale.
19 rayons à la caudale.

6 rayons à la membrane branchiale du pimélode raie d'argent.
6 rayons à chaque ventrale.
20 rayons à la nageoire de la queue.

5 rayons à la membrane branchiale du pimélode rayé.
6 rayons à chaque ventrale.
20 rayons à la caudale.

A l'égard du moucheté, dont on peut voir une figure très-exacte dans la collection de peintures chinoises dont nous avons parlé très-souvent, ajoutons à ce qu'indique de ce pimélode le tableau générique, que sa mâchoire d'en-haut est plus avancée que celle d'en-bas, et que chaque pectorale a son premier rayon dentelé du côté intérieur.

LE PIMÉLODE CASQUÉ,[1]

Pimelodus galeatus, Lac.; *Silurus galeatus*, Linn. (2).

ET

LE PIMÉLODE CHILI.[3]

Pimelodus chilensis, Lac.; *Silurus chilensis*, Linn. (4).

De petites dents semblables à celles d'une lime arment les deux mâchoires du casqué, dont la patrie est l'Amérique méridionale. La mâchoire inférieure avance un peu plus que celle d'en-haut. Le palais est rude; la langue lisse; l'orifice de chaque narine double; le premier rayon de chaque pectorale dentelé sur ses deux bords; la ligne latérale ondulée; le dos bleuâtre; le ventre gris; et la couleur des nageoires, d'un brun foncé.

(1) Bloch, pl. 369, fig. 1.

Seba, Mus. 3, p. 85, tab. 19, fig. 7.

Silure casqué. Daubenton et Haüy; Encyclopédie méthodique.

Id. Bonnaterre, planches de l'Encyclopédie méthodique.

(2-4) Ces deux poissons ne sont pas cités par M. Cuvier. Desm. 1832.

(3) Molina, Hist. nat. Chil., p. 199, n. 9.

Silure ramoneur. Bonnaterre, planches de l'Encyclopédie méthodique.

Le chili vit, comme le casqué, dans l'Amérique méridionale, et particulièrement dans les eaux douces du pays dont il porte le nom. Il y parvient à la longueur d'un pied ou quinze pouces. Sa tête est grande ; sa partie supérieure, brune ou noire ; sa partie inférieure, blanche ; et sa chair très-agréable au goût (1).

---

(1) 2 rayons à la membrane branchiale du pimélode casqué.
   7 rayons à chaque pectorale.
   6 rayons à chaque ventrale.
21 rayons à la nageoire de la queue.

   4 rayons à la membrane branchiale du pimélode chili.
   8 rayons à chaque pectorale.
   8 rayons à chaque ventrale.
13 rayons à la caudale.

CENT SOIXANTE-SEPTIÈME GENRE.

LES DORAS (1).

La tête déprimée et couverte de lames grandes et dures ou d'une peau visqueuse ; la bouche à l'extrémité du museau ; des barbillons aux mâchoires ; le corps gros ; la peau du corps et de la queue enduite d'une mucosité abondante ; deux nageoires dorsales ; la seconde adipeuse ; des lames larges et dures , rangées longitudinalement de chaque côté du poisson.

ESPÈCES.	CARACTÈRES.
1. LE DORAS CARÉNÉ.	Six barbillons aux mâchoires ; six rayons à la première nageoire du dos ; douze rayons à celle de l'anus ; les lames de la ligne latérale garnies de piquants ; la nageoire de la queue fourchue.
2. LE DORAS CÔTE.	Six barbillons aux mâchoires ; sept rayons à la première nageoire du dos ; douze rayons à la nageoire de l'anus ; des plaques dures, larges , courtes et garnies d'un crochet de chaque côté de la queue et du corps ; de grandes lames au-dessus et au-dessous de l'extrémité de la queue ; la caudale fourchue.

(1) M. Cuvier adopte le genre Doras, mais le considère comme un simple sous-genre de Silures.   DESM. 1832.

LE DORAS CARÉNÉ,[1]

Doras carinatus, Lac., Cuv. (2).

ET

LE DORAS COTE.[3]

Doras costatus, Lac., Cuv. (4).

Les deux barbillons situés au coin de la bouche du caréné sont comme élargis par une membrane

---

(1) *Silure caréné*. Daubenton et Haüy, Encyclopédie méthodique.

Id. Bonnaterre, planches de l'Encyclopédie méthodique.

(2) Du sous-genre Doras, dans le grand genre Silure, selon M. Cuvier.

Ce naturaliste remarque que le *Doras carinatus* de Lacépède lui paraît être le poisson décrit par Gronovius, III, 4 et 5, et qui est cité dans la synonymie du *Silurus cataphractus*. Ce serait aussi le même que le klipbagre de Marcgrave, 174.

L'espèce du *Silurus cataphractus* se trouverait ainsi réduite à rien. Desm. 1832.

(3) *Uruta*, au Brésil.

Geribde meirval, par les Hollandais de l'Amérique méridionale.

Silure côte. Daubenton et Haüy, Encyclopédie méthodique.

Id. Bonnaterre, planches de l'Encyclopédie méthodique.

Cataphractus costatus. Bloch, pl. 376.

Gronov. Mus. 2, n. 177, tab. 5, fig. 1 et 2.

(4) Du sous-genre Doras, dans le grand genre Silure, selon M. Cuvier, qui remarque que le *Silurus costatus*, Bl., 376, et Gronov., V, 1, 2, est aussi le *Cataphractus americanus*, Catesby, suppl. IX, cité d'ordinaire comme *Silurus cataphractus*. Desm. 1832.

dans leur côté inférieur, et les quatre de la mâchoire d'en-bas paraissent garnis de petites papilles. Le premier rayon de la première dorsale est dentelé vers le haut; celui des pectorales l'est des deux côtés. Ce doras habite à Surinam. L'espèce suivante se trouve également dans l'Amérique méridionale; mais elle vit aussi dans les Indes orientales.

La tête de ce second doras est revêtue d'une enveloppe osseuse qui s'étend jusque vers le milieu de la première nageoire du dos, et sur laquelle on voit plusieurs petites éminences rondes et semblables à des perles. La mâchoire supérieure dépasse l'inférieure. Le palais est rude, et la langue lisse. Chaque narine n'a qu'un orifice. On voit au-dessus de chaque pectorale un os long, étroit, pointu et perlé, que l'on a comparé à une omoplate. Les plaques à crochet, qui hérissent les côtés du corps et de la queue, sont ordinairement au nombre de trente-quatre. Le premier rayon de la première dorsale et celui des pectorales sont dentelés des deux côtés; mais dans la dorsale toutes les dentelures sont tournées vers la pointe du rayon, pendant que dans les pectorales celles d'un côté sont dirigées vers la pointe, et celles de l'autre vers la base du rayon auquel elles appartiennent. La partie supérieure de l'animal est d'un brun mêlé de violet.

Marcgrave dit que sa chair est de mauvais goût: aussi ce poisson est-il peu recherché. Le doras

côte a d'ailleurs des armes offensives et défensives
à opposer à ses ennemis : presque toutes les parties
de son corps sont cachées sous un casque ou sous
nne forte cuirasse; un dard dentelé arme son dos
et chacun de ses *bras*. Pison rapporte même que
les pêcheurs de l'Amérique méridionale le redou-
taient d'autant plus, et cherchaient à en débarrasser leurs filets avec d'autant plus de soin, qu'ils
étaient persuadés que les aiguillons dentelés de
cet osseux renfermaient un venin qui donnait la
mort au bout de vingt-quatre heures, et dont ils
ne pouvaient arrêter les effets funestes qu'en ver-
sant sur la plaie une grande quantité de l'huile
de son foie, dont ils portaient toujours avec eux.
Nous n'avons pas besoin de faire remarquer que
cette erreur des pêcheurs brasiliens venait des
blessures dangereuses que peuvent produire en
effet les dards de ce doras, non pas par les suites
d'un poison qu'ils ne distillent pas, mais par celles
des déchirures profondes que font souvent les
dentelures de ces armes violemment agitées (1).

---

(1)   8 rayons à chaque pectorale du doras caréné.
    8 rayons à chaque ventrale.
24 rayons à la nageoire de la queue.

    5 rayons à la membrane branchiale du doras côte.
    8 rayons à chaque pectorale.
    8 rayons à chaque ventrale.
21 rayons à la caudale.

CENT SOIXANTE-HUITIÈME GENRE.

LES POGONATHES (1).

*La tête déprimée et couverte de lames grandes et dures, ou
d'une peau visqueuse ; la bouche à l'extrémité du museau ;
des barbillons aux mâchoires ; le corps gros ; la peau du
corps et de la queue enduite d'une mucosité abondante ; deux
nageoires dorsales, soutenues l'une et l'autre par des rayons ;
des lames larges et dures, rangées longitudinalement de
chaque côté du poisson.*

ESPÈCES.	CARACTÈRES.
1. Le Pogonathe cour-bine.	Vingt-quatre barbillons à la mâchoire infé-rieure ; point de barbillons à celle d'en-haut ; neuf rayons à la première dorsale ; huit rayons à la nageoire de l'anus ; la cau-dale un peu fourchue.
2. Le Pogonathe doré.	Un seul barbillon à la mâchoire inférieure ; point de barbillons à la mâchoire d'en-haut.

---

(1) M. Cuvier n'adopte pas ce genre.　Desm. 1832.

LE POGONATHE COURBINE,[1]

Pogonias fasciatus, Lac., Cuv.; *Pogonathus Courbina*, Lac. (2).

ET

LE POGONATHE DORÉ.[3]

Umbrina . . . ., Cuv.; *Pogonathus auratus*, Lac. (4).

Ces deux poissons sont encore inconnus des naturalistes. Nous en avons trouvé la description dans les manuscrits de notre Commerson.

Le pogonathe courbine présente ordinairement une longueur de deux pieds ou deux pieds trois

(1) *Courbin.*
Courbedos.
« Pogonathus.... silurus cirris menti viginti quatuor, pinnis dorsi
« duabus radiatis. » Commerson, manuscrits déja cités.

(2) Ce poisson n'est que le Pogonias décrit tome 7, page 463, et par conséquent il appartient au sous-genre TAMBOUR, *Pogonias*, dans le genre SCIÈNE de M. Cuvier, famille des Acanthoptérygiens sciénoïdes.

DESM. 1832.

(3) « Pogonathus cirro menti unico brevi, porulis quatuor circúm-
« dato. » Commerson, manuscrits déja cités.

(4) Ce poisson est évidemment du sous-genre des OMBRINES, dans le genre SCIÈNE, famille des Acanthoptérygiens sciénoïdes. Cuv. DESM. 1832.

pouces, sur une hauteur de quatre ou six pouces. Il pèse alors six livres ou environ. La couleur de son dos et de ses côtés est d'un bleu mêlé de brun et relevé par des reflets dorés; l'éclat de l'argent brille sur sa partie inférieure. Les écailles dont il est revêtu sont assez grandes. La mâchoire supérieure, que l'animal peut avancer et retirer à volonté, est un peu plus longue que l'inférieure. L'une et l'autre sont garnies de dents petites, nombreuses et serrées comme celles d'une lime. La langue, le palais et les environs du gosier n'ont pas d'aspérités. Les vingt-quatre barbillons attachés à la mâchoire d'en-bas sont blancs, courts, très-mous, et disposés sur trois rangs transversaux. Le dos forme une carène aiguë jusqu'à la première des deux nageoires qu'il soutient, se courbe ensuite vers le bas jusqu'à la seconde, et se relève au-delà de cette seconde nageoire en se courbant de nouveau. Chaque rayon de la première dorsale est un aiguillon sans articulation, et part d'une sorte de tubercule placé sous la peau; mais ni cette nageoire, ni les pectorales, ne présentent de rayon dentelé. Les lames écailleuses dont on voit une rangée longitudinale de chaque côté du poisson, sont striées et argentées. Le canal intestinal est plusieurs fois replié; le foie petit et rouge; chaque ovaire long et jaune (1).

---

(1)   7 rayons à la membrane branchiale du pogonathe courbine.
    18 rayons à chaque pectorale.

Ce pogonathe est grand et beau ; mais sa chair est mollasse, et son goût fade. Commerson l'a vu pêcher dans le fleuve de la Plata, au mois d'avril 1767.

Le doré ressemble beaucoup par ses couleurs à la courbine : mais ses écailles resplendissent davantage de l'éclat de l'or. Ses ventrales et son anale sont d'un jaune blanchâtre ; ses autres nageoires offrent des nuances brunâtres. Il devient moins grand que la courbine. Quatre pores sont placés autour du seul barbillon que montrent les mâchoires de ce pogonathe.

---

1 rayon aiguillonné et 5 rayons articulés à chaque ventrale.
22 rayons à la seconde dorsale.
16 rayons à la nageoire de la queue.

CENT SOIXANTE-NEUVIÈME GENRE.

LES CATAPHRACTES (1).

La tête déprimée et couverte de lames grandes et dures ou d'une peau visqueuse ; la bouche à l'extrémité du museau ; des barbillons aux mâchoires ; le corps gros ; la peau du corps et de la queue enduite d'une mucosité abondante ; deux nageoires dorsales ; la seconde soutenue par un seul rayon ; des lames larges et dures, rangées longitudinalement de chaque côté du poisson.

PREMIER SOUS-GENRE.

La nageoire de la queue arrondie ou terminée par une ligne droite et sans échancrure.

ESPÈCES.	CARACTÈRES.
1. LE CATAPHRACTE CALLICHTE.	Quatre barbillons aux mâchoires ; huit rayons à la première nageoire du dos ; six rayons à celle de l'anus ; deux rangs de lames dures et dentelées de chaque côté du poisson ; la caudale arrondie.
2. LE CATAPHRACTE AMÉRICAIN.	Six barbillons aux mâchoires ; cinq rayons à la première dorsale ; neuf rayons à l'anale ; un seul rang de lames grandes et dures de chaque côté de l'animal ; la caudale rectiligne.

---

(1) Le genre CATAPHRACTE de Lacépède est adopté, par M. Cuvier, comme sous-genre du grand genre Silure ; mais sous le nom de *Callichte*, déjà employé par Linnée.

Le cataphracte callichte est la seule espèce qu'il y conserve ; les deux autres sont fictives. DESM. 1832.

SECOND SOUS-GENRE.

La nageoire de la queue fourchue ou échancrée en croissant.

ESPÈCE.	CARACTÈRES.
3. LE CATAPHRACTE PONCTUÉ.	Quatre barbillons aux mâchoires ; neuf rayons à la première nageoire du dos ; sept rayons à l'anale ; deux rangs de grandes lames de chaque côté du poisson ; la caudale en croissant.

LE CATAPHRACTE CALLICHTE,[1]

Callicthys........, Cuv.; Cataphractus Callichtys, Lac.;
Silurus Callichtys, Bl. (2).

LE CATAPHRACTE AMÉRICAIN,[3]

Doras costatus, Lac., Cuv.; Cataphractus americanus, Lac.;
Silurus costatus, Linn., Bl. (4).

ET LE CATAPHRACTE PONCTUÉ.[5]

Cataphractus punctatus, Lac. (6).

Le callichte se trouve dans les deux Indes; il aime les eaux courantes et limpides. On a écrit

---

(1) *Soldat*, par les Allemands.
Krip-ring-ming, par les Suédois.
Tomoate, par les Anglais.
Soldido, par les Portugais du Brésil.
Tamoata, par les Brasiliens.
Quiqui, à Surinam.
Dreg-dolfin, par les Hollandais des Indes orientales.
Silure callichte. Daubenton et Haüy, Encyclopédie méthodique.
Id. Bonnaterre, planches de l'Encyclopédie méthodique.
Cataphracte callichte. Bloch, pl. 377, fig. 1.
Amœnit. acad. 1, p. 317, tab. 14, fig. 1.
Gronov. Mus. 1, p. 70.
Seba, Mus. 3, tab. 29, fig. 13.
(2) Ce poisson est le seul que M. Cuvier admet dans le sous-genre
Callichte, du grand genre Silure. Desm. 1832.
(3) *Id.* Catesby, Carol. 3, p. 19, tab. 19.
Silure cuirassé. Daubenton et Haüy, Encyclopédie méthodique.
Id. Bonnaterre, planches de l'Encyclopédie méthodique.

qu'il pouvait, comme l'anguille et quelques autres poissons, s'éloigner en rampant ou en sautillant, jusqu'à une distance assez grande des fleuves qu'il habite, et se creuser dans la vase ou dans la terre humide, des trous assez profonds : mais voilà à quoi il faut réduire les habitudes et les facultés extraordinaires qu'on a voulu attribuer à cet animal. Il ne parvient que rarement à la longueur d'un pied ou quinze pouces. Sa chair est très-agréable au goût. Sa couleur générale paraît brune : on voit des taches brunâtres et des nuances jaunes sur la nageoire de la queue. La tête est revêtue d'une couverture osseuse, dure, et terminée de chaque côté par une portion allongée et triangulaire. La mâchoire supérieure avance plus que celle d'en-bas ; la langue est lisse ; le fond de la gueule rude ; l'orifice de chaque narine double ; l'œil petit ; le premier rayon de chaque nageoire, fort et aiguillonné. Presque tous les rayons sont garnis de très-petits piquants. Les lames dentelées qui revêtent chacun des côtés du callichte, sont ordinairement au nombre de vingt-six dans chaque rangée ; et elles ont assez de largeur pour que les quatre rangs qu'elles forment, soient continus de manière à produire un sillon longitudinal sur le dos et sur chaque côté du poisson.

Gronov. Mus., n. 71, tab. 3, fig. 4 et 5.

(4) Ce poisson ne diffère pas de celui que M. de Lacépède a décrit ci-avant, page 228, sous le nom de *Doras côte*. Desm. 1832.

(5) Bloch, pl. 377, fig. 22.

(6) M. Cuvier ne cite pas ce poisson. Desm. 1832.

Le nom de l'américain indique sa patrie. Il a été observé particulièrement dans la Caroline.

On pêche le ponctué dans les rivières poissonneuses de Surinam. Il a la tête comprimée; un casque osseux; la mâchoire d'en-haut plus avancée que celle d'en-bas; deux orifices à chaque narine; l'œil voilé par une membrane; l'opercule composé de deux pièces; la clavicule large; les grandes lames de chaque côté, dentelées, placées les unes au-dessus des autres, et formant des rangées de vingt-quatre; le premier rayon de l'anale, des pectorales, de la première nageoire du dos, et le rayon unique de la seconde, roides et aiguillonnés; la couleur générale jaune; une tache noire et irrégulière sur la première dorsale; des points sur la tête, sur le dos et sur plusieurs nageoires (1).

---

(1) 3 rayons à la membrane branchiale du cataphracte callichte.

7 rayons à chaque pectorale.

8 rayons à chaque ventrale.

14 rayons à la nageoire de la queue.

6 rayons à la membrane des branchies du cataphracte américain.

6 rayons à chaque ventrale.

19 rayons à la caudale.

3 rayons à la membrane branchiale du cataphracte ponctué.

6 rayons à chaque pectorale.

6 rayons à chaque ventrale.

17 rayons à la nageoire de la queue.

CENT SOIXANTE-DIXIÈME GENRE.

LES PLOTOSES (1).

La tête déprimée et couverte de lames grandes et dures ou d'une peau visqueuse; la bouche à l'extrémité du museau; des barbillons aux mâchoires; le corps gros; la peau du corps et de la queue enduite d'une mucosité abondante; deux nageoires dorsales; la seconde et celle de l'anus réunies avec la nageoire de la queue, qui est pointue.

ESPÈCES.	CARACTÈRES.
1. LE PLOTOSE ANGUILLÉ.	Huit barbillons aux mâchoires; six rayons à la première nageoire du dos.
2. LE PLOTOSE THUNBERGIEN.	Huit barbillons aux mâchoires; un rayon aiguillonné et trois rayons articulés à la première dorsale; cent douze rayons à la seconde dorsale; la caudale et l'anale réunies.

---

(1) M. Cuvier admet ce groupe comme sous-genre dans le grand genre Silure.　DESM. 1832.

LE PLOTOSE ANGUILLÉ.[1]

Plotosus anguillaris, Lac., Cuv.; *Platystacus anguillaris*,
Bl. (2).

Pour peu que l'on jette les yeux sur ce poisson,
on verra que sa queue longue et déliée, la vis-
cosité de sa peau, la position et la figure de ses
nageoires, ainsi que la conformation de presque
toutes les autres parties de son corps, doivent
donner à ses habitudes une grande ressemblance
avec celles de la murène anguille. Il vit dans les
grandes Indes; et Commerson en avait rencontré
une variété dans un des parages qu'il a parcourus
lors de son fameux voyage avec notre célèbre
Bougainville.

Il a plusieurs rangs de dents coniques aux deux
mâchoires; des dents globuleuses au palais; d'autres dents pointues auprès du gosier; la langue
lisse; la mâchoire supérieure plus avancée que

---

(1) *Ikan sumbillang*, dans les grandes Indes.
Flat-eel, en anglais.
Aal formigen platt leib, en allemand.
Platystacus anguillaris. Bloch, pl. 373, fig. 1.
(2) Des deux espèces décrites par M. de Lacépède, M. Cuvier ne cite
que celle-ci. Desm. 1832.

l'inférieure; un seul orifice à chaque narine; le premier rayon de la première dorsale, court, gros et dur; le second long et fort, et de plus osseux, aiguillonné et dénué de dentelure, comme le premier; le premier rayon de chaque pectorale, également osseux, fort et allongé, et d'ailleurs dentelé des deux côtés; la ligne latérale garnie de petits tubercules; la couleur générale d'un violet mêlé de brun; le dessous du corps, blanchâtre; et cinq raies blanches et longitudinales (1).

J'ai vu, sur un individu de cette espèce, un orifice situé au-delà de l'anus; par cet orifice sortait comme un organe sexuel, qui se divisait en deux coupes ou entonnoirs membraneux. Au-devant de cet organe était un pédoncule ou appendice conique. L'état de l'individu ne me permit pas de savoir s'il était mâle ou femelle. Bloch a fait une observation analogue sur l'individu qu'il a décrit.

---

(1) 11 rayons à la membrane branchiale du plotose anguillé.

    10 rayons à chaque pectorale.

    12 rayons à chaque ventrale.

  268 rayons dans l'ensemble formé par la réunion de la seconde dorsale, de la nageoire de l'anus, et de celle de la queue.

LE PLOTOSE THUNBERGIEN.[1]

Plotosus thunbergianus, Lac. (2).

La couleur générale de ce poisson est d'un blanc jaunâtre. Deux raies longitudinales et blanches paraissent de chaque côté de la tête, du corps et de la queue. Quatre barbillons garnissent chaque mâchoire. La ligne latérale est droite. On voit une dentelure au premier rayon des pectorales et de la première nageoire du dos.

Ce plotose, dont on doit la connaissance au savant voyageur Thunberg, habite la partie orientale de la mer des grandes Indes (3).

---

(1) *Silurus lineatus*. Thunberg.

(2) Non cité par M. Cuvier.   DESM. 1832.

(3) 1 rayon aiguillonné et 12 rayons articulés à chaque pectorale du plotose thunbergien.

   12 rayons à chaque ventrale.

CENT SOIXANTE-ONZIÈME GENRE.

LES AGÉNÉIOSES (1).

La tête déprimée et couverte de lames grandes et dures ou d'une peau visqueuse ; la bouche à l'extrémité du museau ; point de barbillons ; le corps gros ; la peau du corps et de la queue enduite d'une mucosité abondante ; deux nageoires dorsales ; la seconde adipeuse.

ESPÈCES.	CARACTÈRES.
1. L'Agénéiose armé.	Sept rayons à la première nageoire du dos ; la caudale en croissant ; une sorte de corne presque droite, hérissée de pointes, et placée entre les deux orifices de chaque narine.
2. L'Agénéiose désarmé.	Sept rayons à la première dorsale ; la caudale en croissant ; point de corne entre les deux orifices de chaque narine.

(1) Les Agénéioses forment, pour M. Cuvier, un sous-genre dans le grand genre Silure.   Desm. 1832.

L'AGÉNÉIOSE ARMÉ,[1]

Ageneiosus militaris, Cuv.; *Agenciosus armatus*, Lac.; *Silurus militaris*, Linn., Gmel., Bl. (2).

ET

L'AGÉNÉIOSE DÉSARMÉ.[3]

Ageneiosus inermis, Lac., Cuv.; *Silurus inermis*, Linn., Gmel. (4).

———

Ces deux poissons vivent dans les eaux de Surinam, et peut-être dans celles des grandes Indes. Quels traits devons-nous ajouter à ceux que pré-

---

(1) *Steifbart*, en allemand.

Gehornter wels, id.

Horned silure, en anglais.

Silure armé. Daubenton et Haüy, Encyclopédie méthodique.

Id. Bonnaterre, planches de l'Encyclopédie méthodique.

Bloch, pl. 362.

(2-4) Voyez la note de la page précédente. Desm. 1832.

(3) *Silure désarmé.* Daubenton et Haüy, Encyclopédie méthodique.

Id. Bonnaterre, planches de l'Encyclopédie méthodique.

Bloch, pl. 363.

sente le tableau générique, pour terminer le portrait de ces deux agénéioses?

Pour le premier, la largeur et le grand aplatissement de la tête; les dents petites et nombreuses des deux mâchoires; la brièveté et la
surface unie de la langue; l'arc hérissé de dents,
placé sur le palais; la distance qui sépare les
yeux; le rouge de la prunelle; la peau qui revêt
tout l'animal; la longueur et la dureté du premier
rayon de la première dorsale, lequel est d'ailleurs
garni d'un double rang de crochets pointus, vers
le milieu et à son extrémité; la grosseur du
ventre; les sinuosités et les ramifications de la
ligne latérale; le vert foncé de la couleur générale; les dimensions étendues du poisson; le
mauvais goût de sa chair.

Pour le second, tous ceux que nous venons
d'énoncer, excepté la couleur de la prunelle, qui
est noire; la nature de la peau, qui est moins
épaisse; la longueur et les crochets du premier
rayon de la première dorsale, lequel est dur et
aiguillonné, mais sans dentelure; et peut-être la
grandeur des dimensions, ainsi que le goût peu
agréable de la chair.

Le désarmé a de plus une prolongation triangulaire et très-pointue à l'extrémité postérieure
de la couverture osseuse de sa tête; des taches
brunes et irrégulières; la première dorsale, les
pectorales, les ventrales brunes, et les autres na-

geoires d'un gris quelquefois mêlé de violet (1).

---

(1) 9 rayons à la membrane des branchies de l'agénéiose armé.
  16 rayons à chaque pectorale.
  8 rayons à chaque ventrale.
  35 rayons à la nageoire de l'anus.
  24 rayons à celle de la queue.

  10 rayons à la membrane branchiale de l'agénéiose désarmé.
  14 rayons à chaque pectorale.
  7 rayons à chaque ventrale.
  40 rayons à la nageoire de l'anus.
  26 rayons à la caudale.

CENT SOIXANTE-DOUZIÈME GENRE.

LES MACRORAMPHOSES (1).

La tête déprimée et couverte de lames grandes et dures ou d'une peau visqueuse ; la bouche à l'extrémité du museau ; point de barbillons aux mâchoires ; le corps gros ; la peau du corps et de la queue enduite d'une mucosité abondante ; deux nageoires dorsales ; l'une et l'autre soutenues par des rayons ; le premier rayon de la première nageoire dorsale fort, très-long et dentelé ; le museau très-allongé.

ESPÈCE.	CARACTÈRES.
LE MACRORAMPHOSE CORNU.	Six rayons à la seconde nageoire du dos ; point de rayon dentelé aux pectorales.

---

(1) M. Cuvier a reconnu que ce genre est factice, et qu'il est fondé sur un individu du CENTRISQUE BÉCASSE, *Centriscus Scolopax*, poisson de la famille des Acanthoptérygiens bouche-en-flûte. DESM. 1832.

LE

MACRORAMPHOSE CORNU.[1]

Macroramphosus cornutus, Lac.; *Silurus cornutus*, Linn. (2).

La longueur du museau égale la moitié de la longueur du corps. Son extrémité est un peu recourbée. Le premier rayon de la première nageoire du dos a deux rangs de petites dents sur la moitié de son bord inférieur, et peut s'étendre jusqu'au-dessus de la nageoire de la queue. On compte neuf rayons à cette dernière nageoire.

---

(1) Forskael, Faun. Arabic,, p. 66, n. 96.

Silure chardonneret. Bonnaterre, planches de l'Encyclopédie méthodique.

(2) Voyez la note de la page précédente. Desm. 1832.

CENT SOIXANTE-TREIZIÈME GENRE.

LES CENTRANODONS (1).

La tête déprimée et couverte de lames grandes et dures ou d'une peau visqueuse ; la bouche à l'extrémité du museau ; point de barbillons ni de dents aux mâchoires ; le corps gros ; la peau du corps et de la queue enduite d'une mucosité abondante ; deux nageoires dorsales ; l'une et l'autre soutenues par des rayons ; un ou plusieurs piquants à chaque opercule.

ESPÈCE.	CARACTÈRES.
Le Centranodon japonais.	Onze rayons à la seconde nageoire du dos ; la caudale arrondie.

(1) M. Cuvier fait observer que ce poisson ne peut appartenir à la famille des Siluroïdes, puisqu'il a des écailles, des aiguillons aux opercules, la première dorsale épineuse, etc. Il le croit voisin des Perches et remarque que c'est bien gratuitement que Bloch, (Schneider) le range parmi les Sphyrènes.   Desm. 1832.

LE

CENTRANODON JAPONAIS.[1]

Centranodon japonicus, Lac.; *Silurus imberbis*, Linn.,
Gmel. (2).

Ce poisson a les yeux gros et rapprochés l'un de l'autre. On compte deux piquants vers le bord postérieur de chaque opercule. Le corps et la queue sont très-allongés; ils sont couverts d'écailles très-faciles à voir. Ce centranodon parvient à la longueur de huit pouces. Sa couleur générale est rougeâtre. Ses nageoires sont variées de blanc et de noir. Le Japon est sa patrie (3).

(1) Houttuyn, Act. Haarl. XX , 2 , p. 338 , n. 27.
(2) Voyez la note de la page précédente.   Desm. 1832.
(3)   6 rayons à la membrane branchiale du centranodon japonais.
     20 rayons à chaque pectorale.
      6 rayons à chaque ventrale.
     10 rayons à la nageoire de l'anus.
     13 rayons à celle de la queue.

CENT SOIXANTE-QUATORZIÈME GENRE.

LES LORICAIRES (1).

*Le corps et la queue couverts en entier d'une sorte de cuirasse
à lames ; la bouche au-dessous du museau ; les lèvres extensibles ; une seule nageoire dorsale.*

ESPÈCES.	CARACTÈRES.
2. LA LORICAIRE SÉTIFÈRE.	Un rayon aiguillonné et sept rayons articulés à la nageoire du dos ; un rayon aiguillonné et cinq rayons articulés à celle de l'anus ; la caudale fourchue ; le premier rayon du lobe supérieur de la nageoire de la queue très-allongé ; une grande quantité de petits barbillons autour de l'ouverture de la bouche.
2. LA LORICAIRE TACHETÉE.	Point de dents à la mâchoire supérieure, ni de petits barbillons autour de l'ouverture de la bouche ; un grand nombre de taches brunes.

(1) M. Cuvier, en adoptant ce genre, lui réunit le suivant (Hypostome)
et le place dans l'ordre des Malacoptérygiens abdominaux, famille des
Siluroïdes.

Il le divise en deux sous-genres, Hypostome et Loricaire. DESM.
1832.

LA LORICAIRE SÉTIFÈRE.[1]

Loricaria cataphracta, Linn., Gmel., Cuv.; *Loricaria cirrhosa*, Bl., Schn.; *Loricaria setigera*, Lac. (2).

ET

LA LORICAIRE TACHETÉE.[3]

Loricaria maculata, Bl., Lac. (4).

LES loricaires sont, parmi les osseux, les représentants des acipensères que nous avons décrits

---

(1) *Plécoste.*

Panzerfisch, en Allemagne.

Gewapende harnasman, en Hollande.

Benfiaelling, en Suède.

Cataphract, par les Anglais.

Mus. Ad. Frid. 1, p. 79, tab. 29, fig. 1.

Gronov. Mus. 1, n. 69.

Seba, Mus. 3, tab. 29, fig. 14.

Loricaire plécoste. Daubenton et Haüy, Encyclopédie méthodique.

Id. Bonnaterre, planches de l'Encyclopédie méthodique.

Cuirassier plécoste. Bloch, pl. 375, fig. 3.

(2) Du sous-genre LORICAIRE, dans le genre du même nom, famille des malacoptérygiens abdominaux siluroïdes, Cuv. DESM. 1832.

(3) *Id.* Bloch, pl. 375, fig. 1 et 2.

(4) M. Cuvier ne cite pas cette espèce. DESM. 1832.

en traitant des cartilagineux. Elles ont avec ces poissons des rapports très-marqués par leur conformation générale, par la position de la bouche au-dessous du museau, par leurs barbillons, par les plaques dures qui les revêtent; et si elles n'offrent pas des dimensions aussi grandes, une force aussi remarquable, des moyens d'attaque aussi redoutables pour leurs ennemis, elles ont des armes défensives à proportion plus sûres, parce que les pièces de leur cuirasse, placées sans intervalle les unes auprès des autres, ne laissent, pour ainsi dire, aucune de leurs parties sans abri.

La sétifère a les mâchoires garnies de dents petites, flexibles, et semblables à des *soies*; l'ouverture des branchies, très-étroite; le premier rayon de chaque pectorale, dentelé sur deux bords; celui des ventrales, dentelé; celui de l'anale et de la nageoire du dos, dur, gros et rude; le corps couvert de lames fortes, presque toutes losangées, et dont plusieurs sont garnies d'un aiguillon; la queue renfermée dans un étui composé d'anneaux situés les uns au-dessus des autres; ces anneaux découpés, comprimés, et formant souvent en haut et en bas une arête ou carène dentelée; le premier rayon du lobe supérieur de la queue, quelquefois plus long que tout le corps; la couleur générale d'un jaune brunâtre (1).

---

(1) 4 rayons à la membrane branchiale de la loricaire sétifère et de la loricaire tachetée.

Elle habite dans l'Amérique méridionale, ainsi que la tachetée, que nous regardons comme une espèce différente de la sétifère, mais qui cependant pourrait n'en être qu'une variété distinguée par l'arrondissement de la partie antérieure et inférieure de sa tête; le nombre de ses barbillons, qui n'excède pas deux; le défaut de dents *sétacées;* la présence de deux pointes, à la vérité très-difficiles à reconnaître, à la mâchoire inférieure; de grandes lames placées sur le ventre, les unes à côté des autres; la moindre longueur du premier rayon de la caudale; des taches irrégulières, d'un brun foncé, distribuées sur presque toute la surface du poisson; et une tache noire que l'on voit au bout du lobe inférieur de la nageoire de la queue.

---

7 rayons à chaque pectorale.
6 rayons à chaque ventrale.
12 rayons à la caudale.

CENT SOIXANTE-QUINZIÈME GENRE.

LES HYPOSTOMES (1).

Le corps et la queue couverts en entier d'une sorte de cuirasse à lames ; la bouche au-dessous du museau ; les lèvres extensibles ; deux nageoires dorsales.

ESPÈCE.	CARACTÈRES.
L'Hypostome guacari.	Huit rayons à la première nageoire du dos ; un seul à la seconde ; la caudale en croissant.

---

(1) Ce genre est considéré comme sous-genre par M. Cuvier et réuni au précédent (Loricaire) pour former le genre Loricaire qu'il admet dans la famille des Malacoptérygiens abdominaux siluroïdes. Desm. 1832.

L'HYPOSTOME GUACARI.[1]

Loricaria (Hypostoma) plecostomus, Cuv.; *Loricaria plecosto-mus*, Linn., Bl.; *Hypostomus Guacari*, Lac. (2).

LE nom générique de ce poisson indique la position de sa bouche. Il montre une couverture osseuse et découpée par-derrière sur sa tête; une ouverture étroite et transversale, à sa bouche; des dents très-petites et comme *sétacées*, à ses mâchoires; des verrues et deux barbillons à la lèvre inférieure; une membrane lisse, sur la langue et le palais; un seul orifice à chaque narine; quatre rangées longitudinales de lames de chaque côté

---

(1) *Goré*, auprès de Cayenne.

Steveragtige plooy beck, en Hollande.

Indianisk-stor, en Suède.

Runzelmaul, en Allemagne.

Loricaire guacari. Daubenton et Haüy, Encyclopédie méthodique.

Id. Bonnaterre, planches de l'Encyclopédie méthodique.

Loricaire plécostome. Bloch, pl. 374.

Mus. Ad. Frid. 1, p. 55, tab. 28, fig. 4.

« Plecostomus dorso dipterygio, etc. » Gronov. Mus. 1, n. 67, tab. 3, fig. 1 et 2.

Seba, Mus. 3, tab. 29, fig. 11.

Guacari. Marcg. Brasil., 166.

(2) Voyez la note de la page précédente. DESM. 1832.

de l'étui solide qui renferme son corps et sa queue; une arête terminée par une pointe, à chacune de ces lames; un premier rayon très-dur, à chaque ventrale; un premier rayon dentelé et très-fort, aux pectorales ainsi qu'à la première nageoire du dos; des taches inégales, arrondies, brunes ou noires; et différentes nuances d'orangé, dans sa couleur générale.

Le canal intestinal est six fois plus long que le poisson. La chair est de bon goût. Les rivières de l'Amérique méridionale sont le séjour ordinaire du guacari (1).

____

(1) 4 rayons à la membrane branchiale de l'hypostome guacari.

   7 rayons à chaque pectorale.

   6 rayons à chaque ventrale.

   5 rayons à la nageoire de l'anus.

  16 rayons à celle de la queue.

CENT SOIXANTE-SEIZIÈME GENRE.

LES CORYDORAS (1).

De grandes lames de chaque côté du corps et de la queue; la tête couverte de pièces larges et dures; la bouche à l'extrémité du museau; point de barbillons; deux nageoires dorsales; plus d'un rayon à chaque nageoire du dos.

ESPÈCE	CARACTÈRES.
Le Corydoras Geoffroy.	Deux rayons aiguillonnés et neuf rayons articulés à la première nageoire du dos; la caudale fourchue.

(1) M. Cuvier ne fait nullement mention de ce genre.   DESM. 1832.

17.

LE CORYDORAS GEOFFROY.

Corydoras Geoffroy, Lac. (1).

Nous avons trouvé, dans la collection donnée par la Hollande à la France, un individu de cette espèce encore inconnue des naturalistes. Le nom générique par lequel nous avons cru devoir la distinguer, indique la cuirasse et le casque qu'elle a reçus de la nature (2); et nous l'avons dédiée à notre collègue Geoffroy, qui a si bien mérité la reconnaissance de tous ceux qui cultivent l'histoire naturelle, par les observations qu'il a faites en Égypte sur les divers animaux de cette contrée, et particulièrement sur les poissons du Nil.

Les lames qui garantissent chaque côté de cet osseux sont disposées sur deux rangs; elles sont de plus très-larges et hexagones. Une membrane assez longue sépare les deux rayons qui soutiennent la seconde nageoire du dos. Le premier rayon de chaque pectorale est hérissé de très-

----

(1) Voyez la note de la page précédente. Desm. 1832.
(2) *Corys*, en grec, signifie casque; et *doras*, cuirasse.

petites pointes. Le second rayon de la première nageoire du dos est dentelé d'un seul côté. Le premier de cette même nageoire n'offre pas de dentelure ; il est même très-court : mais on peut remarquer sa force. Chaque narine a deux orifices. On voit une grande lame au-dessus de chaque pectorale (1).

---

(1) 11 rayons à chaque pectorale du corydoras geoffroy.

    2 rayons à la seconde dorsale.

    6 rayons à chaque ventrale.

    7 rayons à la nageoire de l'anus.

    14 rayons à celle de la queue.

CENT SOIXANTE-DIX-SEPTIÈME GENRE.

LES TACHYSURES (1).

La bouche à l'extrémité du museau; des barbillons aux mâchoires; le corps et la queue très-allongés et revêtus d'une peau visqueuse; le premier rayon de la première nageoire du dos et de chaque pectorale très-fort; deux nageoires dorsales, l'une et l'autre soutenues par plus d'un rayon.

ESPÈCE.	CARACTÈRES.
Le Tachysure chinois.	Six barbillons aux mâchoires; la caudale fourchue.

---

(1) M. Cuvier n'admet et ne cite pas ce genre.   Desm. 1832.

LE TACHYSURE CHINOIS.

Tachysurus sinensis, Lac. (1).

———

Parmi les peintures chinoises déposées au Muséum d'histoire naturelle, on voit une figure de cette belle espèce, dont les formes et par conséquent les habitudes ont beaucoup de rapports avec celles des silures, des pimélodes, des pogonathes, etc.

Ce poisson vit dans l'eau douce. Son nom générique exprime l'agilité de sa queue longue et déliée (2), et son nom spécifique indique son pays.

La mâchoire supérieure est un peu plus avancée que l'inférieure; elle présente deux barbillons: on en compte quatre à la mâchoire d'en-bas. Chaque narine n'a qu'un orifice. Le dessus de la tête est aplati; le museau arrondi; le dos très-relevé et anguleux; la ligne latérale droite; l'opercule composé de trois pièces; la seconde nageoire du dos

———

(1) Voyez la note de la page précédente. Desm. 1832.
(2) *Tachys*, en grec, signifie *rapide*.

un peu ovale, et semblable, pour la forme ainsi que pour les dimensions, à celle de l'anus, au-dessus de laquelle elle est située; la couleur générale verte, avec des taches d'un vert plus foncé. Des teintes rouges paraissent sur les ventrales et sur les nageoires de l'anus et de la queue.

CENT SOIXANTE-DIX-HUITIÈME GENRE.

LES SALMONES (1).

La bouche à l'extrémité du museau ; la tête comprimée ; des écailles facilement visibles sur le corps et sur la queue ; point de grandes lames sur les côtés, de cuirasse, de piquants aux opercules, de rayons dentelés, ni de barbillons ; deux nageoires dorsales ; la seconde adipeuse et dénuée de rayons ; la première plus près ou aussi près de la tête que les ventrales ; plus de quatre rayons à la membrane des branchies ; des dents fortes aux mâchoires.

ESPÈCES.	CARACTÈRES.
1. LE SALMONE SAUMON.	Quatorze rayons à la première nageoire du dos ; treize à celle de l'anus ; dix à chaque ventrale ; le bout du museau plus avancé que la mâchoire inférieure ; la caudale fourchue.
2. LE SALMONE IL-LANKEN.	Douze rayons à la première dorsale et à la nageoire de l'anus ; onze rayons à chaque ventrale ; la tête grande ; la mâchoire inférieure terminée par une sorte de crochet émoussé ; des taches noires, allongées, inégales, et peu faciles à distinguer.
3. LE SALMONE SCHIE-FERMULLER.	Quinze rayons à la première nageoire du dos ; treize à celle de l'anus ; dix à chaque ventrale ; la mâchoire inférieure plus allongée que la supérieure ; la caudale fourchue ; des taches noires.

(1) Ce genre de Lacépède se rapporte en général à la famille des Salmones, dans l'ordre des Malacoptérygiens abdominaux de M. Cuvier.

DESM. 1832.

ESPÈCES.	CARACTÈRES.
4. Le Salmone ériox.	Quatorze rayons à la première nageoire du dos; douze à celle de l'anus; dix à chaque ventrale; la caudale à peine échancrée; des taches grises.
5. Le Salmone truite.	Quatorze rayons à la première nageoire du dos; onze à celle de l'anus; treize à chaque ventrale; la caudale peu échancrée; des taches rondes, rouges, et renfermées dans un cercle d'une nuance plus claire sur les côtés du poisson.
6. Le Salmone berg-forelle.	Treize rayons à la première nageoire du dos; douze à celle de l'anus; huit à chaque ventrale; la caudale à peine échancrée; des taches et des points noirs, rouges et argentins, sans bordure.
7. Le Salmone truite-saumonée.	Quatorze rayons à la première nageoire du dos; onze à celle de l'anus; dix à chaque ventrale; la caudale en croissant; des taches noires sur la tête, le dos et les côtés.
8. Le Salmone rouge.	Douze rayons à la première dorsale; onze à la nageoire de l'anus; dix à chaque ventrale; les deux mâchoires également avancées; la caudale fourchue; des taches rouges ou rougeâtres, et entourées d'un cercle d'une autre nuance; du rouge sur les nageoires de la queue, de l'anus et du ventre, et sur la partie inférieure de l'animal.
9. Le Salmone gæden.	Douze rayons à la première nageoire du dos; onze à la nageoire de l'anus; dix à chaque ventrale; la caudale fourchue; la tête très-petite; le corps et la queue très-allongés et très-minces; des taches rouges renfermées dans un cercle blanc.
10. Le Salmone huch.	Treize rayons à la première dorsale; douze à la nageoire de l'anus; dix à chaque ventrale; la mâchoire supérieure un peu plus avancée que l'inférieure; des taches brunes, petites et rondes, sur le corps, la queue, et toutes les nageoires, excepté les pectorales.

ESPÈCES.	CARACTÈRES.
11. Le Salmone carpion.	Quatorze rayons à la première dorsale; douze à l'anale; dix à chaque nageoire ventrale; la caudale en croissant; la mâchoire d'en-bas un peu plus avancée que celle d'en-haut; les côtés argentés et semés de taches petites et blanches; du noir et du rouge sur les nageoires inférieures.
12. Le Salmone salveline.	Treize rayons à la première nageoire du dos: douze à l'anale; neuf à chaque ventrale; la caudale fourchue; la mâchoire supérieure un peu plus avancée que l'inférieure; les ventrales rouges; le premier rayon de ces nageoires et de celle de l'anus fort et blanc.
13. Le Salmone omble chevalier.	Onze rayons à la première nageoire du dos et à celle de l'anus; neuf à chaque ventrale; la caudale fourchue; la tête petite; la mâchoire supérieure plus avancée que l'inférieure; le corps et la queue sans taches.
14. Le Salmone taimen.	Treize rayons à la première dorsale; dix à la nageoire de l'anus et à chaque ventrale; la caudale fourchue; la tête allongée; le museau un peu déprimé; la mâchoire inférieure un peu plus avancée que celle d'en-haut; la couleur générale brunâtre; un grand nombre de taches rondes et brunes.
15. Le Salmone nelma.	Treize rayons à la première nageoire du dos; quatorze à celle de l'anus; la caudale fourchue; la tête très-allongée; la mâchoire inférieure beaucoup plus avancée que la supérieure; le museau un peu déprimé; les écailles grandes; la couleur générale argentée.
16. Le Salmone lenok.	Treize rayons à la première dorsale; douze à la nageoire de l'anus; dix à chaque ventrale; la caudale fourchue; le corps et la queue hauts et épais; la prunelle anguleuse par-devant; un grand nombre de points bruns sur la partie supérieure du poisson; les dorsales tachetées.
17. Le Salmone kundscha.	Douze rayons à la première dorsale; dix à la nageoire de l'anus; neuf à chaque ventrale; la caudale fourchue; la nageoire adipeuse, petite et dentelée; la couleur générale argentée; des taches rondes et blanches.

ESPÈCES.	CARACTÈRES.
18. LE SALMONE ARCTIQUE.	Dix-huit rayons à la première pageoire du dos; dix à l'anale; la caudale fourchue; trois rides longitudinales sur la tête; quatre rangées de points et de petites raies brunes de chaque côté du poisson.
19. LE SALMONE REIDUR.	Quatorze rayons à la première dorsale; dix à la nageoire de l'anus et à chaque ventrale; la caudale un peu fourchue; l'adipeuse en forme de faux; la mâchoire supérieure plus longue que l'inférieure; la couleur générale brunâtre; point de taches.
20. LE SALMONE ICIME.	Le corps et la queue allongés; les écailles très-petites et lisses; la peau très-enduite d'une humeur visqueuse; la partie supérieure du poisson brune, l'inférieure rouge ou rougeâtre; des points noirs.
21. LE SALMONE LEPECHIN.	Neuf rayons à la première nageoire du dos; douze à l'anale; neuf à chaque ventrale; les écailles très-petites; la mâchoire d'en-haut un peu plus avancée que celle d'en-bas; le dos brun; le ventre rouge; des taches noires, petites, renfermées dans un cercle rouge, et placées sur les côtés de l'animal.
22. LE SALMONE SIL.	Douze rayons à la première dorsale; quatorze à la nageoire de l'anus; treize à chaque ventrale; les écailles grandes et brillantes; l'anus très-rapproché de la caudale; la couleur générale brune; les nageoires jaunâtres.
23. LE SALMONE LODDE.	Quatorze rayons à la première nageoire du dos; vingt-huit à celle de l'anus; huit à chaque ventrale; la caudale fourchue; la queue très-haute au-dessus de l'anale; les os de la tête minces et transparents; le dos d'un noir mêlé de vert; les côtés et le ventre argentins.
24. LE SALMONE BLANC.	Onze rayons à la première nageoire du dos; neuf à celle de l'anus; neuf à chaque ventrale; la mâchoire supérieure plus allongée que l'inférieure; la caudale fourchue et noire; la ligne latérale droite; une bande longitudinale argentée de chaque côté du poisson.

ESPÈCES. | CARACTÈRES.

25. Le Salmone varié.

Dix rayons à la première dorsale ; huit à la nageoire de l'anus et à chaque ventrale ; la caudale fourchue ; le corps et la queue très-allongés ; la tête et les opercules converts d'écailles semblables à celles du dos ; une raie longitudinale rouge, chargée de taches noires, et placée de chaque côté de l'animal, au-dessus d'une série d'espaces alternativement jaunes et noirs ; les nageoires variées de noir et de rouge.

26. Le Salmone rené.

Dix rayons à la première nageoire du dos ; neuf à l'anale et à chaque ventrale ; la caudale fourchue ; les deux mâchoires presque aüssi avancées l'une que l'autre ; deux orifices à chaque narine ; neuf ou dix taches grandes et bleuâtres le long de la ligne latérale.

27. Le Salmone rille.

Quatorze rayons à la première dorsale ; neuf à la nageoire de l'anus et à chaque ventrale ; les mâchoires également avancées ; des taches petites et rouges, et des taches noires et plus petites sur les côtés ; deux taches noires sur chaque opercule.

28. Le Salmone gadoïde.

Onze rayons à la première nageoire du dos ; huit à celle de l'anus ; neuf à chaque ventrale ; l'ouverture de la bouche très-grande ; la mâchoire inférieure plus avancée que la supérieure ; la couleur générale d'un gris marbré ; des taches rouges et brunes sur le dos ; des taches rouges sur la nageoire adipeuse.

29. Le Salmone cumberland.

Dix rayons à la première nageoire du dos ; huit à la nageoire de l'anus ; neuf à chaque ventrale ; la caudale échancrée ; les deux mâchoires également avancées ; deux rangées de dents fines et pointues à chaque mâchoire ; une rangée longitudinale de dents aiguës au milieu du palais ; des points rouges le long de la ligne latérale.

LE SALMONE SAUMON.[1]

Salmon Salar, Linn., Bl., Lac., Cuv. (2).

Tout le monde croirait le saumon bien connu, et cependant combien peu de personnes, même

---

(1) *Saumoneau*, avant deux ans d'âge.

Tacon, avant trois ans d'âge.

Salm, dans quelques contrées d'Allemagne.

Lachs, ibid.

Sælmling, ibid., lorsqu'il n'a qu'un an.

Weisslach, ibid., lorsqu'il est gras.

Graulach, ibid., lorsqu'il est maigre.

Kupferlachs, ibid., dans le temps du frai.

Wracklachs, ibid., après le temps du frai.

Rothlachs, ibid., lorsqu'il a été pris dans la mer.

Kalbfleischlachs, ibid., id.

Lassis, en Livonie.

Rencki, ibid., lorsqu'il est gros.

Læhse, en Estonie.

Kolla, ibid.

Rgui balik, en Tatarie.

Jarga, chez les Calmouques.

Lohs, en Finlande.

Seelax, en Suède.

Haflax, ibid.

Blanklax, ibid.

Grœnnacke, ibid.

(2) Du sous-genre Saumon, dans le grand genre du même nom. Famille des Malacoptérygiens abdominaux salmones, Cuv.   Desm. 1832.

très-instruites, savent que, parmi les différentes
espèces d'animaux, il en est peu qui méritent

Haplax, en Danemarck.

Hakelar, en Norvége.

Læking, ibid., quand il est encore jeune.

Kapisalirksoak, dans le Groenland.

Reblericksorsoak, ibid.

Salmon, en Angleterre.

Schmelt, en Écosse, lorsqu'il a un an.

Smont, ibid., id.

Mort, ibid., à trois ans.

Forktail, ibid., à quatre ans.

Halffisch, à cinq ans.

Kipper, ibid., après le temps du frai.

Faun. Suecic. 345.

Salmone saumon. Daubenton et Haüy, Encyclopédie méthodique.

Id. Bonnaterre, planches de l'Encyclopédie méthodique.

Bloch, pl. 20 et 98.

Artedi, gen. 11, syn. 22, spec. 48.

Salmo. Plin., lib. 9, cap. 18.

Id. Auson. Mosella, v. 97.

Id. Salvian. fol. 100, *a. b.*

Id. Gesner, p. 824, 825, et (germ.), 181 *b*, 182 *a.*

Id. Jonston, lib. 2, tit. 1, cap. 1, p. 106, tab. 23, fig. 1;
Thaumat., p. 427.

Id. Charlet. p. 150.

Id. Willughby, p. 189, etc., tab. 11, fig. 2.

Id. Rai, p. 63.

Salmo nobilis. Schonev., p. 64.

Salmo vulgaris. Aldrovand., lib. 4, cap. 1, p. 483.

Mull. Prodrom. Zoolog. Danic., p. 48, n. 405.

Gronov. Mus. 2, p. 12, n. 163; Zooph., n. 369.

Klein, Miss. pisc. 5, p. 17, n. 2; tab. 5, fig. 2.

Brit. Zoolog. 3, p. 239, n. 1.

Saumon. Valmont de Bomare, Dictionnaire d'histoire naturelle.

Saumon et *tacon*. Rondelet, partie 2, Poissons de rivière, chap. 1.

plus que ce poisson l'observation du naturaliste, l'examen du physicien, les soins de l'économe!

La nature des climats qu'il préfère, la diversité des eaux dans lesquelles il se plaît, la vitesse de ses mouvements, la rapidité de sa natation, la facilité avec laquelle il franchit les obstacles, la longueur immense des espaces qu'il parcourt, la régularité de ses grands voyages, la manière dont il fraie, les précautions qu'il paraît prendre pour la sûreté des êtres qui lui devront le jour, les travaux qu'il exécute, les combats que le force à livrer une sorte de tendresse maternelle, son instinct pour échapper au danger, les ruses par lesquelles il déconcerte souvent les pêcheurs les plus habiles, les dimensions qu'il présente, le bon goût de sa chair, l'usage que l'on peut faire de sa dépouille, tout, dans les habitudes et les propriétés du saumon, doit être l'objet d'une attention particulière.

Ce poisson se plaît dans presque toutes les mers; dans celles qui se rapprochent le plus du pôle, et dans celles qui sont le plus voisines de l'équateur. On le trouve sur les côtes occidentales de l'Europe; dans la Grande-Bretagne; auprès de tous les rivages de la Baltique, particulièrement dans le golfe de Riga; au Spitzberg; au Groenland; dans le nord de l'Amérique; dans l'Amérique méridionale; dans la Nouvelle-Hollande, au fond de la Manche de Tatarie; au Kamtschatka, etc. Il préfère partout le voisinage des grands fleuves et des rivières, dont les eaux douces et rapides lui servent d'habitation pendant une très-grande partie de l'année. Il n'est point étranger aux lacs immenses ou aux mers intérieures qui ne paraissent avoir aucune communication avec l'Océan. On le compte parmi les poissons de la Caspienne ; et cependant on assure qu'on ne l'a jamais vu dans la Méditerranée. Aristote ne l'a pas connu. Pline ne parle que des individus de cette espèce que l'on avait pris dans les Gaules ; et le savant professeur Pictet conjecture qu'on ne l'a point observé dans le lac de Genève, parce qu'il n'entre pas dans la Méditerranée, ou du moins parce qu'il y est très-rare (1).

Il tient le milieu entre les poissons marins et ceux des rivières. S'il croît dans la mer, il naît dans l'eau douce ; si pendant l'hiver, il se réfugie dans l'Océan, il passe la belle saison dans les fleuves. Il en recherche les eaux les plus pures ; il ne supporte qu'avec peine ce qui peut en troubler la limpidité ; et c'est presque toujours dans ces eaux claires qui coulent sur un fond de gravier, que l'on rencontre les troupes les plus nombreuses des saumons les plus beaux.

Il parcourt avec facilité toute la longueur des plus grands fleuves. Il parvient jusqu'en Bohême par l'Elbe, en Suisse par le Rhin, et auprès des

____

(1) Lettre du professeur Pictet, Journal de Genève, premier mars 1788.

hautes Cordilières de l'Amérique méridionale par l'immense Maragnon , dont le cours est de mille lieues. On a même écrit qu'il n'était ni effrayé ni rebuté par une grande étendue de trajet souterrain ; et on a prétendu qu'on avait retrouvé , dans la mer Caspienne, des saumons du golfe Persique, qu'on avait reconnus aux anneaux d'or ou d'argent que de riches habitants des rives de ce golfe s'étaient plu à leur faire attacher.

Dans les contrées tempérées, les saumons quittent la mer vers le commencement du printemps ; et dans les régions moins éloignées du cercle polaire, ils entrent dans les fleuves lorsque les glaces commencent à fondre sur les côtes de l'Océan. Ils partent avec le flux, surtout lorsque les flots de la mer sont poussés contre le courant des rivières par un vent assez fort que l'on nomme, dans plusieurs pays, *vent du saumon.* Ils préfèrent se jeter dans celles qu'ils trouvent le plus débarrassées de glaçons, ou dans lesquelles ils sont entraînés par la marée la plus haute et la plus favorisée par le vent. Si les chaleurs de l'été deviennent trop fortes, ils se réfugient dans les endroits les plus profonds, où ils peuvent jouir, à une grande distance de la surface de la rivière, de la fraîcheur qu'ils recherchent ; et c'est par une suite de ce besoin de la fraîcheur, qu'ils aiment les eaux douces dont les bords sont ombragés par des arbres touffus.

Ils redescendent dans la mer vers la fin de l'automne, pour remonter de nouveau dans les fleuves à l'approche du printemps. Plusieurs de ces poissons restent cependant, pendant l'hiver, dans les rivières qu'ils ont parcourues. Plusieurs circonstances peuvent les y déterminer; et ils y sont forcés quelquefois par les glaces qui se forment à l'embouchure, avant qu'ils ne soient arrivés pour la franchir.

Ils s'éloignent de la mer en troupes nombreuses, et présentent souvent, dans l'arrangement de celles qu'ils forment, autant de régularité que les époques de leurs grands voyages. Le plus gros de ces poissons, qui est ordinairement une femelle, s'avance le premier; à sa suite viennent les autres femelles deux à deux, et chacune à la distance de trois à six pieds de celle qui la précède; les mâles les plus grands paraissent ensuite, observent le même ordre que les femelles, et sont suivis des plus jeunes. On peut croire que cette disposition est réglée par l'inégalité de la hardiesse de ces différents individus, ou de la force qu'ils peuvent opposer à l'action de l'eau.

S'ils donnent contre un filet, ils le déchirent, ou cherchent à s'échapper par-dessous ou par les côtés de cet obstacle; et dès qu'un de ces poissons a trouvé une issue, les autres le suivent, et leur premier ordre se rétablit.

Lorsqu'ils nagent, ils se tiennent au milieu du fleuve et près de la surface de l'eau; et comme ils sont souvent très-nombreux, qu'ils agitent l'eau violemment, et qu'ils font beaucoup de bruit, on les entend de loin, comme le murmure sourd d'un orage lointain. Lorsque la tempête menace, que le soleil lance des rayons très-ardents, et que l'atmosphère est très-échauffée, ils remontent les fleuves sans s'éloigner du fond de la rivière. Des tonneaux, des bois, et principalement des planches luisantes, flottant sur l'eau, les corps rouges, les couleurs très-vives, des bruits inconnus, peuvent les effrayer au point de les détourner de leur direction, de les arrêter même dans leur voyage, et quelquefois de les obliger à retourner vers la mer.

Si la température de la rivière, la nature de la lumière du soleil, la vitesse et les qualités de l'eau leur conviennent, ils voyagent lentement ; ils jouent à la surface du fleuve ; ils s'écartent de leur route ; ils reviennent plusieurs fois sur l'espace qu'ils ont déjà parcouru. Mais s'ils veulent se dérober à quelque sensation incommode, éviter un danger, échapper à un piége, ils s'élancent avec tant de rapidité, que l'œil a de la peine à les suivre. On peut d'ailleurs démontrer que ceux de ces poissons qui n'emploient que trois mois à remonter jusque vers les sources d'un fleuve tel que le Maragnon, dont le cours est de mille lieues, et dont le courant est remarquable par sa vitesse, sont obligés de déployer, pendant près de la moitié de chaque jour, une force de natation telle qu'elle leur ferait parcourir, dans un lac tranquille, dix ou douze lieues par heure, et l'on a éprouvé de plus, que lorsqu'ils ne sont pas contraints à exécuter des mouvements aussi prolongés, ils franchissent par seconde une étendue de vingt-quatre pieds ou environ (1).

On ne sera pas surpris de cette célérité, si l'on rappelle ce que nous avons dit de la natation des poissons dans notre premier Discours sur ces animaux. Les saumons ont dans leur queue une rame très-puissante. Les muscles de cette partie de leur corps jouissent même d'une si grande énergie, que des cataractes élevées ne sont pas pour ces poissons un obstacle insurmontable. Ils s'appuient contre de grosses pierres, rapprochent de leur bouche l'extrémité de leur queue, en serrent le bout avec les dents, en font par-là une sorte de ressort fortement tendu, lui donnent avec promptitude sa première position, débandent avec vivacité l'arc qu'elle forme, frappent avec violence contre l'eau, s'élancent à une hauteur de plus de douze ou quinze pieds, et franchissent la cataracte (2). Ils retombent quelquefois sans avoir pu s'élancer au-delà des roches, ou l'emporter sur la chute de l'eau : mais ils recommencent bientôt leurs manœuvres, ne cessent de redoubler d'efforts qu'après des tentatives très-

----

(1) Voyez le Discours sur la nature des poissons.

(2) Consultez particulièrement le Voyage de Twiss en Irlande.

multipliées ; et c'est surtout lorsque le plus gros de leur troupe, celui que l'on a nommé leur conducteur, a sauté avec succès, qu'ils s'élancent avec une nouvelle ardeur.

Après toutes ces fatigues, ils ont souvent besoin de se reposer. Ils se placent alors sur quelque corps solide. Ils cherchent la position la plus favorable au délassement de leur queue, celui de leurs organes qui a le plus agi ; et pour être toujours prêts à continuer leur route, ou pour recevoir plus facilement les émanations odorantes qui peuvent les avertir du voisinage des objets qu'ils desirent ou qu'ils craignent, ils tiennent la tête dirigée contre le courant.

Indépendamment de leur queue longue, agile et vigoureuse, ils ont, pour attaquer ou pour se défendre, des dents nombreuses et très-pointues qui garnissent les deux mâchoires, et le palais, sur chacun des côtés duquel elles forment une ou deux rangées.

On trouve aussi, des deux côtés du gosier, un os hérissé de dents aiguës et recourbées. Six ou huit dents semblables à ces dernières sont placées sur la langue ; et, parmi celles que montrent les mâchoires, il y en a de petites qui sont mobiles. Les écailles qui recouvrent le corps et la queue sont d'une grandeur moyenne : la tête ni les opercules n'en présentent pas de semblables. Au côté extérieur de chaque ventrale, paraît un appendice triangulaire, aplati, allongé, pointu, garni de petites écailles, couché le long du corps, et dirigé en arrière. Au reste, cet appendice n'est pas particulier au saumon : nous n'avons guère vu de salmone qui n'en eût un semblable ou analogue.

La ligne latérale est droite; le foie rouge, gros, et huileux; l'estomac allongé; le canal intestinal garni, auprès du pylore, de soixante-dix appendices ou cœcums réunis par une membrane; la vessie natatoire simple, et située très-près de l'épine du dos; cette épine composée de trente-six vertèbres, et fortifiée de chaque côté par trente-trois côtes (1).

Le front, la nuque, les joues et le dos sont noirs; les côtés bleuâtres ou verdâtres dans leur partie supérieure, et argentés dans l'inférieure; la gorge et le ventre d'un rouge jaune; les membranes branchiales jaunâtres; les pectorales jaunes à leur base, et bleuâtres à leur extrémité; les ventrales et l'anale d'un jaune doré. La première nageoire du dos est grise et tachetée; l'adipeuse noire; et la caudale bleue.

Quelquefois on voit sur la tête, les côtés et le dos, des taches noires et irrégulières, plus grandes et plus clair-semées sur la femelle.

Les mâles, que l'on dit beaucoup moins nom-

---

(1) On trouve souvent, dans ce canal intestinal, un tænia dont la longueur est de près de trois pieds, et dont la tête est dans un des appendices.

breux que les femelles, offrent d'ailleurs, dans quelques rivières, et particulièrement dans celle de Spal en Écosse, plus de nuances rouges, moins d'épaisseur dans le corps, et plus de grosseur dans la tête.

Dans toutes les eaux, leur mâchoire supérieure non seulement est plus avancée que celle d'en-bas, mais encore, lorsqu'ils sont parvenus à leur troisième année, elle devient plus longue et se recourbe vers l'inférieure; son allongement et sa courbure augmentent à mesure qu'ils grandissent; elle a bientôt la forme d'un crochet émoussé qui entre dans un enfoncement de la mâchoire d'en-bas; et cette conformation, qui leur a fait donner le nom de *Bécard*, ou *Becquet*, les avait fait regarder, par quelques naturalistes, comme d'une espèce différente de celle que nous décrivons.

Leur laite est entièrement formée, et le temps du frai commence à une époque plus ou moins avancée de chaque printemps ou de chaque été, suivant qu'ils habitent dans des eaux plus ou moins éloignées de la zone glaciale. Les femelles cherchent alors un endroit commode pour leur ponte. Quelquefois elles aiment mieux déposer leurs œufs dans de petits ruisseaux que dans les grandes rivières auxquelles ils se réunissent (1); et elles paraissent chercher le plus

____

(1) Notes manuscrites et très-intéressantes communiquées par M. Pénières.

souvent à déposer leurs œufs dans un courant peu rapide, et sur du sable ou du gravier.

On a écrit que, dans plusieurs rivières de la Grande-Bretagne, la femelle ne se contentait pas de choisir le lieu le plus favorable à la ponte; qu'elle travaillait à la rendre plus commode encore; qu'elle creusait dans l'endroit préféré un trou allongé, et de quinze ou dix-huit pouces de profondeur, qu'elle s'y déchargeait de ses œufs, et qu'avec sa queue elle les recouvrait ensuite de sable. Peut-être peut-on douter de cette dernière précaution; mais les autres opérations ont lieu dans presque tous les endroits où les saumons ont été bien observés. Le docteur Grant nous apprend, dans les Mémoires de Stockholm, que, lorsque les femelles travaillent à donner les dimensions nécessaires à la fosse qu'elles préparent, elles s'agitent à droite et à gauche, au point d'user leurs nageoires inférieures, et en laissant ordinairement leur tête immobile. On en a vu se frotter si vivement contre le terrain, qu'elles en détachaient avec violence la terre et les petites pierres, et qu'en répétant les mêmes mouvements de cinq en cinq minutes, ou à-peu-près, elles parvenaient, au bout de deux heures, à creuser un enfoncement de trois pieds de long, de deux pieds de profondeur, et de six à huit pouces de rebord.

Lorsque la femelle a terminé ce travail, dont la principale cause est sans doute le besoin qu'elle a de frotter son ventre contre des corps durs, pour

se débarrasser d'un poids qui la fatigue et la fait souffrir, et lorsque les œufs sont tombés dans le fond de la cavité qu'elle a creusée, et que l'on nomme *frayère* dans quelques-uns de nos départements, le mâle vient les féconder en les arrosant de sa liqueur vivifiante. Il peut se faire qu'alors il frotte le dessous de son corps contre le fond de la fosse, pour faire sortir plus facilement la substance liquide que sa laite contient : mais on lui a attribué une opération qui supposerait une sensibilité d'un ordre bien supérieur, et un instinct bien plus relevé; on a prétendu qu'il aidait la femelle à faire la fosse destinée à recevoir les œufs.

Au reste, si nous ne devons pas admettre cette dernière assertion, nous devons croire que le mâle est entraîné à la fécondation des œufs par une affection plus vive, ou d'une nature différente, que celle qui y porte la plupart des autres poissons. Lorsqu'il trouve un autre mâle auprès des œufs déjà déposés dans la frayère, ou auprès de la femelle pondant encore, il l'attaque avec courage, et le poursuit avec acharnement, ou ne lui cède la place qu'après l'avoir disputée avec obstination (1).

Les saumons ne fréquentent ordinairement la frayère que pendant la nuit. Néanmoins, lorsque

______

(1) Notes manuscrites de M. Péniéres.

des brouillards épais sont répandus dans l'atmosphère, ils profitent de l'obscurité que donnent
ces brouillards pour se rendre dans leur fosse, et
ils y accourent aussi comme pressés par de nou-
veaux besoins, lorsqu'ils sont exposés à l'influence
d'un vent très-chaud (1).

Il arrive quelquefois cependant, que les œufs
pondus par les femelles, et la liqueur séminale
des mâles, se mêlent uniquement par l'effet des
courants.

Après le frai, les saumons, devenus mous,
maigres et faibles, se laissent entraîner par les
eaux, ou vont d'eux-mêmes reprendre dans l'eau
salée une force nouvelle. Des taches brunes et
de petites excroissances répandues sur leurs
écailles sont quelquefois alors la marque de leur
épuisement et du malaise qu'ils éprouvent.

Les œufs qu'ils ont pondus ou fécondés, se
développent plus ou moins vite, suivant la température du climat, la chaleur de la saison, les
qualités de l'eau dans laquelle ils ont été déposés.
Le jeune saumon ne conserve ordinairement que
pendant un mois, ou environ, la bourse qui pend
au-dessous de son estomac, et qui renferme la
substance nécessaire à sa nourriture pendant les
premiers jours de son existence. Il grandit ensuite assez rapidement, et parvient bientôt à la

____

(1) Notes manuscrites de M. Pénières.

taille de quatre ou cinq pouces. Lorsqu'il a acquis une longueur de huit à dix pouces, il jouit d'assez de force pour quitter le haut des rivières, et pour en suivre le courant qui le conduit vers la mer, mais souvent, avant cette époque, une inondation l'entraîne vers l'embouchure du fleuve.

Les jeunes saumons qui ont atteint une longueur de quinze ou dix-huit pouces, quittent la mer pour remonter dans les rivières : mais ils partent le plus souvent beaucoup plus tard que les gros saumons; ils attendent communément le commencement de l'été.

On les suppose âgés de deux ans, lorsqu'ils pèsent de six à huit livres. M. Pénières assure que, même dans les contrées tempérées, ils ne fraient que vers leur quatrième ou cinquième année (1).

Agés de cinq ou six ans, ils pèsent dix ou douze livres, et parviennent bientôt à un développement très-considérable. Ce développement peut être d'autant plus grand, qu'on pêche fréquemment, en Écosse et en Suède, des saumons du poids de quatre-vingts livres, et que les très-grands individus de l'espèce que nous décrivons présentent une longueur de six pieds.

Les saumons vivent d'insectes, de vers, et de

---

(1) Notes manuscrites déja citées.

jeunes poissons. Ils saisissent leur proie avec beaucoup d'agilité; et, par exemple, on les voit s'élancer, avec la rapidité de l'éclair, sur les moucherons, les papillons, les sauterelles, et les autres insectes que les courants charrient, ou qui voltigent à quelques pouces au-dessus de la surface des eaux.

Mais s'ils sont à craindre pour un grand nombre de petits animaux, ils ont à redouter des ennemis bien puissants et bien nombreux. Ils sont poursuivis par les grands habitants des mers et de leurs rivages, par les squales, par les phoques, par les marsouins. Les gros oiseaux d'eau les attaquent aussi; et les pêcheurs leur font surtout une guerre cruelle.

Et comment ne seraient-ils pas, en effet, très-recherchés par les pêcheurs? ils sont en très-grand nombre; leurs dimensions sont très-grandes; et leur chair, surtout celle des mâles, est, à la vérité, un peu difficile à digérer, mais grasse, nourrissante, et très-agréable au goût. Elle plaît d'ailleurs à l'œil par sa belle couleur rougeâtre. Ses nuances et sa délicatesse ne sont cependant pas les mêmes dans toutes les eaux. En Écosse, par exemple, le saumon de la Dée est, dit-on, plus gras que celui des rivières moins septentrionales du même pays; et en Allemagne, on préfère les saumons du Rhin et du Wéser à ceux de l'Elbe, et ceux que l'on prend dans la Warta, la Netze et le Kuddow, à ceux que l'on trouve dans l'Oder.

Mais dans presque toutes les rivières qu'ils fréquentent, et dans toutes les mers où on les trouve, les saumons dédommagent amplement des soins et du temps que l'on emploie pour les prendre.

Aussi a-t-on eu recours, dans la recherche de ces poissons, à presque toutes les manières de pêcher.

On les prend avec des filets, des parcs, des caisses, de fausses cascades, des nasses, des hameçons, des tridents, des feux, etc.

Les filets sont des *trubles*, des *trémails* (1), semblables à ceux dont on se sert en Norvége, que l'on tend le long du rivage de la mer, qui forment des arcs ou des triangles, et dans lesquels on attire les saumons en couvrant les rochers de manière à leur donner la couleur blanche de l'embouchure d'un fleuve qui se précipite dans l'Océan.

La ficelle dont on fait ces filets doit être aussi grosse qu'une plume à écrire. Ils présentent jusqu'à cent brasses de longueur, sur quatre de hauteur; et leurs mailles ont communément de quatre à cinq pouces de large.

On place les parcs auprès des bouches des rivières, ainsi qu'au-dessus des chutes d'eau. On leur donne une figure telle, que l'entrée de ces enclos est très-large, et que le fond en est assez

---

(1) Voyez à l'article du *Gade colin*, l'explication du mot *trémail ;* et à celui du *Misgurn fossile*, celle du mot *truble*.

étroit pour qu'un saumon puisse à peine y passer, et qu'on l'y saisisse facilement avec un harpon (1).

On se sert de ces parcs pour augmenter la rapidité des rivières en resserrant leur cours, pour en rendre le séjour plus agréable aux saumons, qui ne s'engagent que rarement dans les eaux trop lentes; et ce moyen a été particulièrement mis en usage auprès de Dessau, dans la Milde, qui se jette dans l'Elbe.

Derrière ces parcs, auprès des moulins, et dans d'autres endroits où le lit des rivières est rétréci par l'art ou par la nature, on forme des caisses à jour, qui ont une gorge comme une *louve* (2), et dans lesquelles se prennent les saumons qui descendent ou ceux qui montent, suivant la direction que l'on donne à ces caisses. Dans certaines contrées, et particulièrement à Châteaulin, lieu voisin de Brest, et fameux depuis long-temps par la pêche du saumon, on élève des digues qui déterminent le courant à se jeter dans une caisse composée de grilles, et dont chaque face a quinze ou dix-huit pieds de largeur. Au milieu de cette caisse on voit, à fleur d'eau, un trou dont le diamètre est d'un pied et demi à deux pieds. Autour

---

(1) Ces enceintes portent le nom de *weir*, auprès de Ballyshannon, dans la partie occidentale du nord de l'Irlande. (Voyage de Twiss, déja cité.)

(2) On trouvera, dans l'article du *Pétromyzon lamproie*, l'explication du mot *louve*.

de ce trou sont attachées par leur base des lames de fer - blanc, allongées, pointues, un peu recourbées, qui forment dans l'intérieur de la caisse un cône lorsque leur élasticité les rapproche, et un cylindre lorsqu'elles s'écartent les unes des autres. Les saumons, conduits par le courant, éloignent les unes des autres les extrémités de ces lames, entrent facilement dans la caisse, ne peuvent pas sortir par un passage que ferment les lames rapprochées, et s'engagent dans un réservoir d'où on les retire par le moyen d'un filet attaché au bout d'une perche. On tend cependant d'autres filets le long des digues, pour arrêter les saumons qui pourraient se dérober au courant, et échapper au piége.

Dans quelques rivières, comme dans la Stolpe et le Wipper, on construit des écluses dont les pieux sont placés très-près les uns des autres. Les saumons s'élancent par-dessus cet obstacle; mais ils trouvent au-delà une rangée de pieux plus élevés que les premiers, et ils ne peuvent ni avancer ni reculer.

On prend aussi les saumons dans des nasses de neuf à douze pieds de longueur, et faites de branches de sapin que l'on réunit avec des ficelles, et que l'on tient assez écartées les unes des autres, pour qu'elles ne donnent pas une ombre qui effraierait ces poissons.

On ne néglige pas non plus de les pêcher à la ligne, dont on garnit les hameçons de poissons très-petits, de vers, d'insectes, et particulièrement de *demoiselles*.

Pour mieux réussir, on a recours à une gaule très-longue et très-souple, qui se prête à tous les mouvements du saumon. Le pêcheur qui la tient, suit tous les efforts de l'animal qui cherche à s'échapper; et, si la nature du rivage s'y oppose, il lui abandonne la ligne. Le saumon se débat avec violence et long-temps; il s'élance au-dessus de la surface de l'eau ; et après avoir épuisé presque toutes ses forces pour se débarrasser du crochet qu'il a avalé, il vient se reposer près de la rive. Le pêcheur se ressaisit alors de sa ligne, et le tourmente de nouveau pour achever de le lasser, et le tirer facilement à lui (1).

Lorsqu'on préfère de harponner les saumons, on lance ordinairement le trident à la distance de trente-six à quarante-cinq pieds. Les saumons que le harpon a blessés sans les retenir, quittent l'espèce de bassin ou de canal dans lequel ils ont été attaqués, pour se réfugier dans le canal ou bassin supérieur. Si on les y poursuit, et qu'on les y entoure de filets, ils s'enfoncent sous les roches, ou se collent contre le sable, et immobiles laissent glisser sur eux les plombs du bas des filets que traînent les pêcheurs. On les a vus aussi se précipiter dans un courant rapide, et, cachés sous l'écume et les bouillons des eaux, souffrir

---

(1) Notes manuscrites de M. Pénières.

avec constance, et sans changer de place, la douleur que leur causait une gaule qui frottait avec force, et comprimait leur dos (1).

La pêche du saumon forme, dans plusieurs contrées, une branche d'industrie et de commerce, dont les produits peuvent servir à la nourriture d'un grand nombre de personnes. A Berghen, par exemple, il n'est pas rare de voir les pêcheurs apporter deux mille saumons dans un jour. Nous lisons dans le Voyage de l'infortuné la Pérouse (2), qu'auprès de la baie de Castries, sur la côte orientale de Tatarie, au fond de la manche du même nom, on prit, dans un seul jour du mois de juillet, plus de deux mille saumons. Il est des pays où l'on en pêche plus de deux cent mille par an. En Norvége, on a pris quelquefois plus de trois cents de ces animaux d'un seul coup de filet (3). La pêche que l'on fait de ces poissons dans la Tweed, rivière de la Grande-Bretagne, est quelquefois si considérable, qu'on a vu un seul coup de filet en amener sept cents. Et, en 1750, on prit d'un seul coup, dans la Ribble (4), trois mille cinq cents saumons déjà parvenus à d'assez grandes dimensions.

Mais quelque nombreux que soient les individus de l'espèce que nous décrivons, plusieurs

(1) Notes manuscrites de M. Pénières.

(2) Voyage de la Pérouse, rédigé par le général Milet-Mureau, tom. III, p. 61.

(3) Pennant, Zoologie britannique, vol. III, p. 289.

(4) Richter, Ichthyol., p. 417.

gouvernements ont été forcés d'en régler la pêche, pour qu'une avidité imprévoyante ne détruisît pas dans une seule saison l'espérance des années suivantes.

Au reste, les saumons meurent bientôt, non seulement lorsqu'on les tient hors de l'eau, mais encore lorsqu'on les met dans une huche qui n'est pas placée au milieu d'une rivière. Des pêcheurs prétendent que, pour empêcher ces poissons de perdre leur goût, il faut se presser de les tuer dès le moment où on les tire de l'eau; et qu'après cette précaution, leur chair, quoique très-grasse, peut se conserver pendant plusieurs semaines. Mais, lorsqu'après la mort de ces animaux, on veut les transporter à de grandes distances, et par conséquent les garder très-longtemps, on les vide, on les coupe en morceaux, on les saupoudre de sel, on les renferme dans des tonnes, on les couvre de saumure; ou on les fend depuis la tête, que l'on sépare du corps, jusqu'à la nageoire de la queue, on leur ôte l'épine du dos, on les laisse dans le sel pendant trois ou quatre jours, et on les expose à la fumée pendant quinze jours ou trois semaines.

Auprès de la baie de Castries dont nous venons de parler, les Tatares tannent la peau des grands saumons, et en forment un habillement très-souple (1).

____

(1) Voyage de la Pérouse, rédigé par le général Milet-Mureau, tom. III, p. 10, 61.

Les grands avantages que procure la pêche du saumon doivent faire desirer d'acclimater cette espèce dans les pays où elle manque. Nous pensons, avec Bloch, qu'il serait possible de la transporter, et de la faire multiplier dans les lacs dont le fond est de sable, et dont l'eau très-pure est sans cesse renouvelée par des rivières ou des ruisseaux. On y transporterait en même temps un grand nombre de goujons, qui aiment les eaux limpides et courantes, et qui y pulluleraient de manière à fournir aux saumons une nourriture abondante.

Les saumons sont sujets à une maladie particulière dont on ignore la cause, et qui leur fait donner le nom de *Ladres* dans quelques départements méridionaux de France. Leur chair est alors mollasse, sans consistance; et si on les garde après leur mort pendant quelques jours, elle se détache de l'épine dorsale, et glisse sous la peau, comme dans un sac (1).

Il paraît que l'on doit compter dans l'espèce du saumon quelques variétés plus ou moins constantes, et qui doivent dépendre, au moins en très-grande partie, de la nature des eaux dans lesquelles elles séjournent. Par exemple, on a observé en Écosse, que les saumons de la Cluden ont la tête et le corps plus gros et plus courts que ceux de la rivière de Nith. On assure aussi qu'à

____

(1) Notes manuscrites de M. Noël de Rouen.

l'embouchure de l'Orne (1), on voit des saumons sans tache, et un peu plus allongés que les saumons ordinaires (2).

---

(1) Notes manuscrites de M. Noël de Rouen.

(2) 12 rayons à la membrane branchiale du salmone saumon.

14 rayons à chaque pectorale.

10 rayons à chaque ventrale.

21 rayons à la nageoire de la queue.

LE SALMONE ILLANKEN.[1]

Salmo Illanken, Lac.; *Salmo Salar*, var. *Illanken*, Linn.,
Gmel. (2).

On connaît, sous le nom d'*Illanken*, des salmones que l'on pêche dans le lac de Constance,
et au sujet desquels M. Wartmann, médecin de
Saint-Gall, a fait de très-bonnes observations.
D'habiles naturalistes ont regardé ces poissons
comme une variété du saumon; mais nous pensons avec Bloch, qu'ils forment une espèce particulière.

Ces salmones passent l'hiver dans le lac de
Constance, comme les saumons dans la mer. Ils
ne quittent jamais l'eau douce. Ils sont une preuve
de ce que nous avons dit sur la facilité avec laquelle on pourrait multiplier les saumons dans les
lacs entretenus par des courants limpides. Il ne
faut pas croire cependant qu'ils vivent pendant
l'hiver dans le lac de Constance, par une préférence particulière pour ce séjour, ou par une

---

(1) *Inlanken.*
Rheinanken.
Illanken. Bloch.
(2) Non mentionné par M. Cuvier. DESM. 1832.

convenance extraordinaire de leur nature avec les eaux qui y coulent. Ils y restent, lorsque la mauvaise saison arrive, parce qu'un obstacle insurmontable les y retient. Ils ne peuvent franchir la grande cascade de Schaffhouse, qui barre le Rhin inférieur, et par conséquent la seule route par laquelle ils pourraient aller du lac dans la mer. Ce lac est l'Océan pour eux. Mais s'ils présentent des signes de leur habitation constante au milieu de l'eau douce, ils offrent toujours les traits principaux de leur famille. Ils annoncent par ces caractères leur origine marine; et ils ne la rappellent pas moins par leurs habitudes, puisque, n'éprouvant pas, comme les saumons, le besoin de quitter l'eau salée pendant la belle saison, ils désertent cependant le lac de Constance lorsque le printemps arrive, et n'y reviennent que vers la fin de l'automne. Ils remontent dans les rivières qui se jettent dans le lac. Ils entrent dans le Rhin supérieur.

Ils s'arrêtent pendant quelque temps auprès de son embouchure, parce que, dans cet endroit, il coule avec rapidité sur un fond de cailloux. Ils vont jusqu'à Feldkirch, où ils pénètrent dans la rivière d'*Ill*, qui leur a donné son nom; c'est même dans cette rivière qu'ils aiment à frayer. Les mâles, néanmoins, ne remontent dans son lit que lorsque le temps est serein, et que la lune éclaire; de sorte que si le ciel est couvert pendant plusieurs jours, un grand nombre d'œufs ne sont pas fécondés. Ils parviennent quelquefois jusqu'à Coire et à Rheinwald; mais ils voyagent lentement, parce que si le Rhin est trouble, ils s'appuient contre des pierres, et attendent, presque immobiles, que l'eau ait repris sa transparence. Si au contraire le Rhin est limpide, et qu'il fasse un beau soleil, ils aiment à se jouer sur la surface du fleuve.

Ils pèsent souvent plus de quarante livres, et pondent ou fécondent une très-grande quantité d'œufs. Leur multiplication n'est pas cependant très-considérable : un grand nombre d'œufs servent d'aliment à l'anguille, à la lotte, au brochet, aux oiseaux d'eau; et une très-petite partie des illankens qui éclosent, échappe aux poissons voraces.

Après le frai, leur poids est ordinairement diminué d'un tiers ou de la moitié, lorsqu'ils sont remontés très-haut vers les sources du Rhin. Leur chair, au lieu d'être rouge, de bon goût, et facile à digérer, devient blanche et de mauvais goût : aussi ne sont-ils plus, à cette époque, les poissons les plus recherchés du lac de Constance et du Rhin supérieur. Ils se hâtent alors de retourner dans le lac, et se laissent aller au courant, la tête fréquemment tournée contre ce même courant, qui les entraîne, et les délivre de la fatigue de la natation dans le temps où ils n'ont pas encore réparé leurs forces. Ils vivent non seulement de vers et d'insectes, mais encore de poissons. Ils sont surtout fort avides de salmones très-estimés dans les marchés; et les pêcheurs du lac assurent que, dans certaines années, ils leur causent plus de pertes qu'ils ne leur procurent d'avantages.

Malgré leur grandeur et leurs armes, ils sont poursuivis par le brochet, qui, confiant dans ses dents et dans sa légèreté, lors même qu'il leur est très-inférieur en grosseur, les attaque avec audace, les harcèle avec constance, et, à force de hardiesse, d'évolutions et de manœuvres, parvient sous leur ventre qu'il déchire.

Cependant ils trouvent bien plus souvent une perte assurée dans les filets qu'on tend sur leur passage, particulièrement dans le Rhin supérieur. Pour qu'ils ne puissent pas échapper au piége, on construit de chaque côté du fleuve une cloison composée de bois entrelacés. On l'assujettit avec des pieux, et on l'étend depuis le rivage jusque vers le milieu du courant le plus rapide. Les deux cloisons transversales ne laissent ainsi qu'un intervalle assez étroit. On adapte à cette ouverture un *verveux* (1), dans lequel les illankens vont s'enfermer, mais qu'ils déchirent cependant si ce verveux n'est pas très-fort, ou au-dessus duquel ils parviennent souvent à s'élancer.

Ils ont la tête moins petite que les saumons. Dès la seconde année de leur âge, leur mâchoire inférieure se termine par une sorte de crochet

---

(1) Voyez la description du *Verveux*, à l'article du *Gade culin*.

émoussé. On ne distingue pas aisément les taches
noires, allongées et inégales, qui sont distribuées
irrégulièrement sur leur corps et sur leur queue.
Les pectorales, les ventrales, et la nageoire de
l'anus, sont grisâtres; la nageoire adipeuse est
variée de noir et de gris; la caudale ordinairement bordée de noir. On trouve auprès du pylore soixante-huit appendices placés sur quatre
rangs (1).

---

(1) 10 rayons à la membrane branchiale du salmone illanken.
   14 rayons à chaque pectorale.
   11 rayons à chaque ventrale.
   21 rayons à la nageoire de la queue.

LE SALMONE SCHIEFFERMULLER,[1]

Salmo Schieffermulleri, Bl., Lac., Cuv. (2).

ET LE SALMONE ÉRIOX.[3]

Salmo Eriox, Linn., Gmel., Lac. (4).

LE premier de ces salmones se trouve dans la Baltique. On le pêche aussi dans plusieurs lacs de l'Autriche, où on le prend dans les environs de mai; ce qui lui a fait donner, dans les contrées voisines de ces lacs, le nom de *May forelle*. Bloch l'a dédié à M. Schieffermuller de Lintz,

---

(1) *May ferche*, en Bavière.

May forelle, en Autriche.

Silberlachs, en Poméranie.

Saumon argenté. Bonnaterre, planches de l'Encyclopédie méthodique.

Bloch, pl. 103.

(2) Du genre et du sous-genre SAUMON, dans la famille des Salmones, ordre des Malacoptérygiens abdominaux, Cuv. DESM. 1832.

(3) *Salmone ériox*. Daubenton et Haüy, Encyclopédie méthodique.

Id. Bonnaterre, planches de l'Encyclopédie méthodique.

Faun. Suecic. 346.

Artedi, gen. 12, syn. 23, spec. 50.

Willughby, Ichthyol. p. 193.

Rai, Pisc., 63.

(4) M. Cuvier ne cite pas l'espèce du Salmone ériox. DESM. 1832.

qui lui avait envoyé des individus de cette espèce (1).

Il pèse de six à huit livres. Sa partie supérieure est brune; ses joues, sa gorge, ses opercules, ses côtés et son ventre sont argentés; la ligne latérale est noire; les nageoires sont bleuâtres; les taches ont la forme de très-petits croissants. On voit un appendice triangulaire à côté de chaque ventrale; les écailles tombent facilement, et argentent la main à laquelle elles s'attachent. Le foie est petit, jaunâtre, et divisé en deux lobes; l'estomac assez long, et la membrane de la vessie natatoire ordinairement très-mince.

L'ériox habite dans l'Océan d'Europe, et remonte, pendant la belle saison, dans les fleuves qui s'y jettent.

---

(1) 12 rayons à la membrane des branchies du salmone schieffermuller.

18 rayons à chaque pectorale.

19 rayons à la nageoire de la queue.

12 rayons à la membrane branchiale du salmone ériox.

14 rayons à chaque pectorale.

LE SALMONE TRUITE.[1]

Salmo Fario, Linn., Bl., Lac., Cuv. (2).

LA truite n'est pas seulement un des poissons les plus agréables au goût; elle est encore un des

---

(1) *Trotta*, en Italie.
Torrentina, ibid.
Fore, en Allemagne.
Bachfore, ibid.
Forell, ibid.
Teichforelle, ibid.
Goldforelle, ibid.
Lashens, en Livonie.
Norjar, ibid.
Dawatschan, en Tatarie.
Kraspaja ryba, en Russie.
Forell, en Suède.
Stenbit, ibid.
Backra, ibid.
Rofisk, ibid.
Forel-kra, en Norvége.
Elv-kra, ibid.
Muld-kra, ibid.
Or-rivie, ibid.
Trout, en Angleterre.

(2) Du sous-genre SAUMON, dans le grand genre du même nom, famille des Salmones, ordre des Malacoptérygiens abdominaux. DESM. 1832.

plus beaux. Ses écailles brillent de l'éclat de l'argent et de l'or; un jaune doré mêlé de vert resplendit sur les côtés de la tête et du corps. Les
pectorales sont d'un brun mêlé de violet; les ventrales et la caudale dorées; la nageoire adipeuse
est couleur d'or avec une bordure brune; l'anale
variée de pourpre, d'or, et de gris de perle; la
dorsale parsemée de petites gouttes purpurines;

Salmone truite. Daubenton et Haüy, Encyclopédie méthodique.

Id. Bonnaterre, planches de l'Encyclopédie méthodique.

Salmone fario. Daubenton et Haüy, Encyclopédie méthodique.

Id. Bonnaterre, planches de l'Encyclopédie méthodique.

Fario, truite. Bloch, pl. 22.

Artedi, gen. 12, syn. 23, spec. 51.

Tructa. Cub., lib. 3, cap. 94, fig. 91, *b.*

Trutta. Ambrosii, episcopi Mediolani, Hexæmeron 5, cap. 3.

Id. et *salar et varius,* Salvian., fol. 96 *b,* et 97 *a* et *b.*

Trutta fluviatilis. Belon.

Id. Rondelet, partie 2, page 169 (édit. de Lyon, de Bonhomme).

Id. et *trutta fario.* Gesner, p. 1002, 1006, 1007, et (germ.),
fol. 173, *a.*

Trutta fluviatilis. Aldrovand., lib. 5, cap. 12, p. 589.

Jonston, lib. 3, tit. 1, cap. 1, tab. 26, fig. 1.

Willughby, , p. 199, tab. 12, fig. 4.

Rai, p. 65.

« Trutta fluviatilis vulgaris. » Charlet., p. 155.

Trutta, vel *trutta vulgo, forina,* et *forio.* Schonev., p. 77.

Kram. Elench., p. 389, n. 3.

Scopoli, ann. 2, p. 40.

Muller, Prodrom. Zoolog. Dan., p. 48, n. 408.

Faun. Suecic. 348.

Trutta dentata. Klein, Miss. pisc. 5, p. 19, tab. 5, fig. 3.

Trout. Brit. Zoolog. 3, p. 250, n. 4.

Truite. Valmont de Bomare, Dictionnaire d'histoire naturelle.

le dos relevé par des taches noires; et d'autres taches rouges, entourées d'un bleu clair, réfléchissent sur les côtés de l'animal les nuances vives et agréables des rubis et des saphirs.

On la trouve dans presque toutes les contrées du globe, et particulièrement dans presque tous les lacs élevés, tels que ceux du Léman, de Joux, de Neufchâtel; et cependant il paraît que le poète Ausone est le premier auteur qui en ait parlé.

Sa tête est assez grosse; sa mâchoire inférieure un peu plus avancée que la supérieure, et garnie, comme cette dernière, de dents pointues et recourbées. On compte six ou huit dents sur la langue; on en voit trois rangées de chaque côté du palais. La ligne latérale est droite; les écailles sont très-petites; la peau de l'estomac est très-forte; et il y a soixante vertèbres à l'épine du dos, de chaque côté de laquelle sont disposées trente côtes.

Le savant anatomiste Scarpa a vu, dans l'organe de l'ouïe de la truite, un osselet semblable à celui que Camper avait découvert dans l'oreille du brochet. Cet osselet est le troisième; il est pyramidal, garni à sa base d'un grand nombre de petits aiguillons, et placé dans la cavité qui sert de communication aux trois canaux demi-circulaires.

La truite a ordinairement un pied ou quinze pouces de longueur, et pèse alors six à dix onces. On en pêche cependant, dans quelques rivières,

du poids de quatre ou six livres (1); Bloch a parlé
d'une truite qui pesait huit livres, et qu'on avait
prise en Saxe; et je trouve dans des notes manuscrites qui m'ont été envoyées, il y a plus de
douze ans, par l'évêque d'Uzès, qui les avait ré-
digées avec beaucoup de soin, que l'on avait pêché, dans le Gardon, des truites de dix-huit livres.

Le salmone truite aime une eau claire, froide,
qui descend de montagnes élevées, qui s'échappe
avec rapidité, et qui coule sur un fond pierreux.
Voilà pourquoi les truites sont très-rares dans la
Seine, parce que les eaux de ce fleuve sont trop
douces pour elles, et trop lentes dans leur cours (2);
et voilà pourquoi, au contraire, mon célèbre
confrère, M. Ramond, membre de l'Institut,
a rencontré des truites dans des amas d'eau
situés à près de six mille pieds au-dessus du ni-
veau de la mer, dans ces Pyrénées qu'il connaît
si bien, et dont il a fait comme son domaine (3).
Il nous écrivait de Bagnères, en 1797, que le fond
de ces amas d'eau est rarement calcaire ou schis-
teux, mais le plus souvent de granit ou de por-
phyre. On n'y voit en général aucun autre végétal
que la plante nommée *sparganium natans*, et plus
fréquemment des *ulves* solides, croissantes sur des
blocs submergés : mais le fond est presque tou-

(1) Notes manuscrites de M. Pénières.
(2) Notes manuscrites de M. Noël de Rouen.
(3) Voyez, à ce sujet, le Discours sur la nature des poissons.

jours enduit d'une couche mince de la partie insoluble de l'*humus* que les eaux pluviales y entraînent des pentes environnantes.

Les grandes chaleurs peuvent incommoder la truite au point de la faire périr. Aussi la voit-on vers le solstice d'été, lorsque les nuits sont très-courtes et qu'un soleil ardent rend les eaux presque tièdes, quitter les bassins pour aller habiter au milieu d'un courant, ou chercher près du rivage l'eau fraîche d'un ruisseau ou celle d'une fontaine.

Elle peut d'autant plus aisément choisir entre ces divers asiles, qu'elle nage contre la direction des eaux les plus rapides avec une vitesse qui étonne l'observateur, et qu'elle s'élance au-dessus de digues ou de cascades de plus de six pieds de haut.

Elle ne doit cependant changer de demeure qu'avec précaution. M. Pénières assure que si pendant l'été les eaux sont très-chaudes, et qu'après y avoir pêché une truite, on la porte dans un réservoir très-frais, elle meurt bientôt, saisie par le froid soudain qu'elle éprouve (1).

Au reste, une habitation plus extraordinaire que celles que nous venons d'indiquer paraît pouvoir convenir aux truites, même pendant plusieurs mois, aussi bien et peut-être mieux qu'à d'autres

---

(1) Notes manuscrites déja citées.

espèces de poissons. M. Duchesne, professeur
d'histoire naturelle à Versailles, et dont on connaît le zèle louable et les bons ouvrages, m'a communiqué le fait suivant, qu'il tenait du célèbre
médecin Lemonnier, mon ancien collègue au Muséum d'histoire naturelle.

Environ à dix-huit cents pieds au-dessous du pic
du Canigou dans les Pyrénées, on voit un petit
sommet dont la forme est semblable à celle d'un
ancien cratère de volcan. Ce cratère se remplit de
neige pendant l'hiver. Après la fonte de la neige,
le fond de cette sorte d'entonnoir devient un petit
lac, qui se vide par l'évaporation, au point qu'il
est à sec à l'équinoxe d'automne. On y pêche
d'excellentes truites pendant tout l'été. Celles qui
restent dans la vase, à mesure que le lac se dessèche, périssent bientôt, ou sont dévorées par des
chouettes. Cependant, l'année suivante, on retrouve dans les nouvelles eaux du cratère un grand
nombre de truites trop grandes pour être âgées
de moins d'un an, quoique aucun ruisseau ni
aucune source d'eau vive ne communiquent avec
le lac.

Ce fait, dont M. Duchesne a bien voulu me
faire part, prouve que le cratère est placé auprès
de cavités souterraines pleines d'eau, dans lesquelles les truites peuvent se retirer lorsque le
lac se dessèche, et qui, par des conduits plus ou
moins nombreux, exhalent dans l'atmosphère les
gaz dangereux pour la santé et même pour la vie

des poissons; et dès-lors il se trouve presque entièrement conforme à d'autres faits déjà connus
depuis long-temps.

La truite se nourrit de petits poissons très-
jeunes, de petits animaux à coquille, de vers,
d'insectes, et particulièrement d'éphémères et de
friganes, qu'elle saisit avec adresse lorsqu'elles
voltigent auprès de la surface de l'eau.

Il paraît que le temps du frai de la truite varie
suivant les pays et peut-être suivant d'autres circonstances. Un habile naturaliste, M. Decandolle,
de Genève, nous a écrit que les truites du lac
Léman et celles du lac de Neufchâtel remontaient
dans le printemps, pour frayer dans les rivières
et même dans les ruisseaux (1). Dans les contrées
sur lesquelles Bloch a eu des observations, ces
poissons fraient dans l'automne; et dans le département de la Corrèze, selon M. Pénières (2),
les truites quittent également, au commencement
ou vers le milieu de l'automne, les grandes rivières, pour aller frayer dans les petits ruisseaux.
Elles montent quelquefois jusque dans des ri-
goles qui ne sont entretenues que par les eaux
pluviales. Elles cherchent un gravier couvert par
un léger courant, s'agitent, se frottent, pressent
leur ventre contre le gravier ou le sable, et y
déposent des œufs que le mâle arrose plusieurs
fois dans le jour de sa liqueur fécondante.

---

(1) Notes manuscrites données par M. Decandolle.
(2) Notes manuscrites déja citées.

Bloch a trouvé, dans les ovaires d'une truite, des rangées d'œufs gros comme des pois, et dont la couleur orange s'est conservée pendant long-temps même dans de l'alcool.

D'après cette grosseur des œufs des truites, il n'est pas surprenant qu'elles contiennent moins d'œufs que plusieurs autres poissons d'eau douce; et cependant elles multiplient beaucoup, parce que la plupart des poissons voraces vivent loin des eaux froides, qu'elles préfèrent.

Mais si elles craignent peu la dent meurtrière de ces poissons dévastateurs, elles ne trouvent pas d'abri contre la poursuite des pêcheurs.

On les prend ordinairement avec la truble (1), à la ligne, à la louve, ou à la nasse (2).

Si l'on emploie la truble ou le truble, il faut le lever très-vite lorsque la truite y est entrée, pour ne pas lui donner le temps de s'élancer et de s'échapper.

La ligne doit être forte, afin que le poisson ne puisse pas la casser par ses mouvements va-riés, multipliés et rapides.

La manière de garnir l'hameçon n'est pas la même dans différents pays. On y attache de la chair tirée de la queue ou des pates d'une écre-visse; de petites boules, composées d'une partie

---

(1) Voyez la description de la *truble*, à l'article du *Misgurne fossile*.

(2) La description de la *louve* et celle de la *nasse* sont dans l'article du *Pétromyzon lamproie*.

de camphre, de deux parties de graisse de héron,
de quatre parties de bois de saule pourri, et d'un
peu de miel; des vers de terre; des sangsues cou-
pées par morceaux; des insectes artificiels faits
avec des étoffes très-fines de différentes couleurs,
des membranes, de la cire, des poils, de la laine,
du crin, de la soie, du fil, des plumes de coq ou
de coucou. On change la couleur de ces fils, de
ces plumes, de ces soies, de ces poils, non seulement suivant la saison et pour imiter les insectes
qu'elle amène, mais encore suivant les heures du
jour (1); et on les agite de manière à leur imprimer des mouvements semblables à ceux des insectes les plus recherchés par les truites.

Dans l'Arnon, auprès de Genève, on pique ces
poissons avec un trident, lorsqu'ils remontent
contre une chute d'eau produite par une digue (2).

Mais on en fait une pêche bien plus considérable à l'endroit où le Rhône sort du lac Léman,
dans lequel se jette cette rivière d'Arnon. Nous
lisons dans une lettre que le savant professeur
Pictet, membre associé de l'Institut, adressa en
1788, aux auteurs du *Journal de Genève*, qu'à
cette époque le Rhône était barré, à sa sortie du
lac, par un clayonnage en bois disposé en zigzag.
Les angles de ce grillage, alternativement saillants
du côté du lac et du côté du Rhône, présentaient

____

(1) Notes manuscrites de M. Pénières.
(2) Notes manuscrites de M. Decandolle.

de part et d'autre des espèces d'avenues triangulaires, dont chacune se terminait par une nasse ou cage construite en fil de laiton, et arrangée de manière que les poissons qui y entraient ne pouvaient pas en sortir. Celles de ces nasses qui répondaient aux angles saillants du côté du lac, se nommaient *nasses de remonte;* et les autres, *nasses de descente.* On laissait ordinairement tous les passages libres dès la fin de juin, afin de donner aux truites la liberté d'aller frayer dans ce fleuve; on les refermait vers le milieu d'octobre : ce qui divisait le temps de la pêche en deux saisons; celle du *printemps,* qui durait depuis la fin de janvier jusqu'en juin; et celle de l'*automne,* qui commençait en octobre, et qui finissait avec le mois de janvier. Dans l'une et dans l'autre de ces saisons, on prenait des truites à la remonte et à la descente, mais dans des proportions bien différentes. Sur quatre cent quatre-vingt-neuf truites, on en pêchait trente-six à la descente du printemps, trente-quatre à la descente de l'automne, seize à la remonte du printemps, quatre cent trois à la remonte de l'automne. Il est aisé de voir que cette différence provenait de la liberté qu'avaient les truites de descendre dans le Rhône, depuis la fin de juin jusqu'au mois d'octobre.

Pour attirer un plus grand nombre de truites dans les nasses ou dans les louves, on y place un linge imbibé d'huile de lin, dans laquelle on a mêlé du *castoreum* et du camphre fondus.

On marine la truite comme le saumon, et on la sale comme le hareng. Mais c'est surtout lorsqu'elle est fraîche que son goût est très-agréable. Sa chair est tendre, particulièrement pendant l'hiver; les personnes même dont l'estomac est faible, la digèrent facilement. Pendant long-temps ce salmone a été nommé, dans plusieurs pays, le roi des poissons d'eau douce; et dans quelques parties de l'Allemagne les princes s'en étaient réservé la pêche.

Comme on ne voit guère la truite séjourner naturellement que dans les lacs élevés et dans les rivières ou ruisseaux des montagnes, elle est très-chère dans un grand nombre d'endroits : elle mérite par conséquent à beaucoup d'égards l'attention de l'économe, et voici les principaux des soins qu'elle exige.

Pour former un bon étang à truites, il faut une vallée ombragée, une eau claire et froide, un fond de sable ou de cailloux placé sur de la glaise ou sur une autre terre qui retienne les eaux; une source abondante, ou un ruisseau qui, coulant sous des arbres touffus, et n'étant pas très-éloigné de son origine, amène, même en été, une eau limpide et froide; des bords assez élevés, pour que les truites ne puissent pas s'élancer par-dessus; de grands végétaux plantés assez près de ces bords, pour que leur ombre entretienne la fraîcheur de l'eau; des racines d'arbres, ou de grosses pierres, entre lesquelles les œufs puissent être déposés;

des fossés ou des digues, pour prévenir les inondations des ravins ou des rivières bourbeuses; une profondeur de neuf pieds ou environ, sans laquelle les truites ne trouveraient pas un abri contre les effets de l'orage, monteraient à la surface de l'eau lorsqu'il menacerait, y présenteraient souvent un grand nombre de points blanchâtres ou livides, et périraient bientôt; une quantité très-considérable de loches ou de goujons, et d'autres petits cyprins dont les truites aiment à se nourrir, ou une très-grande abondance de morceaux de foie hachés, d'entrailles d'animaux, de gâteaux secs, faits de sang de bœuf et d'orge mondé; des bandes garnies d'une grille assez fine pour arrêter l'alevin, une attention soutenue pour éloigner les poissons voraces, les grenouilles, les oiseaux pêcheurs, les loutres, et pour casser pendant l'hiver la glace qui peut se former sur la surface de l'eau (ı).

Lorsque, pour peupler cet étang, on est obligé d'y transporter des truites d'un endroit un peu éloigné, il faut ne placer dans chaque vase qu'un petit nombre de ces salmones, renouveler l'eau dans laquelle on les a mis, et l'agiter souvent.

Différentes eaux peuvent cependant être assez claires, assez froides et assez rapides pour que les truites y vivent, et avoir néanmoins des pro-

---

(ı) Voyez le Discours intitulé : *Des effets de l'art de l'homme sur la nature des poissons.*

priétés particulières qui influent sur ces salmones au point de modifier leurs qualités, leurs couleurs, leurs formes et leurs habitudes, et de produire des variétés très-distinctes et plus ou moins constantes.

M. Decandolle assure que les truites prises dans le Rhône diffèrent de celles que l'on pêche dans le lac de Genève, par la grandeur de deux taches noirâtres placées sur les joues (1). Suivant le même naturaliste, celles de l'Arve sont plus minces et plus allongées.

On en voit, dit M. Pénières, d'effilées, et d'autres très-courtes. Le ruisseau appelé le Queyrou, près de Pénières, dans le département du Cantal, en nourrit d'arrondies, avec le dos voûté; dans celui de Narbois, les truites sont courtes, arrondies, et d'une nuance presque jaune; dans un autre ruisseau nommé Enlan, elles sont allongées, grises et légèrement tachetées.

M. Noël de Rouen nous a écrit : « Les truites « de Palluel ont une grande réputation dans le « département de la Seine-Inférieure : ce sont les « plus délicates que nous possédions dans nos eaux « douces. On m'a assuré à Cany qu'elles ne remon- « taient pas au-dessus du pont de ce gros bourg, « qui n'est éloigné de la mer que d'une lieue. Après « les truites de Palluel viennent celles de la rivière « de Robec, qui se perd dans la Seine à Rouen....

---

(1) Notes manuscrites déja citées.

« On connaît dans nos différentes rivières sept ou
« huit variétés de truites, qui diffèrent entre elles
« par la couleur, les taches, etc. »

Dans les eaux de Lethnot, comté de Forfar,
en Écosse, les pêcheurs distinguent deux variétés
de la truite : la première est jaune, et beaucoup
plus large ou haute que la truite ordinaire; la seconde a la tête beaucoup plus petite, et les côtés
tachetés d'une manière aussi élégante que brillante.

On pêche aussi dans quelques lacs, ruisseaux
ou rivières d'Écosse, d'autres variétés de la truite,
auxquelles on a donné les noms de *Truite de
mousse*, *Truite de petite rivière*, *Truite noire*,
Truite blanche, et *Truite rouge*.

Bloch en a fait connaître une, qu'il a désignée
par la dénomination de *Truite brune* (1). Cette
variété a la tête et le ventre plus gros que la
truite commune; le dos arrondi; la partie supérieure des côtés et la tête, d'un brun-noir avec
des taches violettes; la partie inférieure de ces
mêmes côtés, jaunâtre, avec des taches rouges
entourées de blanc et renfermées dans un second
cercle brunâtre; les nageoires du ventre, de l'anus
et de la queue, mélangées de jaune; la chair très-
délicate, et rouge lorsqu'elle est cuite, de même

____

(1) Bloch, pl. 22.
Salmo fario, *sylvaticus*, *B.* Linnée, édition de Gmelin.

que celle du saumon et du salmone truite-saumonée. Cette variété habite plusieurs des rivières
qui se jettent dans la Baltique, ou dans la mer
qui baigne les côtes de Norvége (1).

---

1 10 rayons à la membrane branchiale du salmone truite.
10 rayons à chaque pectorale.
18 rayons à la nageoire de la queue.

LE

SALMONE BERGFORELLE.[1]

Salmo punctatus, Cuv.; *Salmo alpinus*, Bl., Lac. (2).

CE salmone a de petites écailles sur le tronc, un appendice étroit à côté de chaque ventrale, la ligne latérale droite, la première dorsale jaune avec des taches noires, les autres nageoires rou-

---

(1) Faun. Suecic. 349.

Ræding. It. Wgoth. 257.

Salmone bergforelle. Daubenton et Haüy, Encyclopédie méthodique.

Id. Bonnaterre, planches de l'Encyclopédie méthodique.

Bloch, pl. 104.

« Salmo vir pedalis, pinnis ventris rubris, etc. » Artedi, gen. 13, syn. 25, spec. 52.

Willughby, Pisc. p. 196, tab. *N*, 1, fig. 4.

Red charre. Rai, Pisc., p. 65 *.

Charr. Brit. Zoolog. 3, p. 265, n. 6, t. 15.

(2) Le texte de cet article se rapporte au *Salmo alpinus* de Linnée ; mais la pl. de Bloch 104 représente la truite pointillée (*Salmo punctatus*) de M. Cuvier, qui est peut-être le *Carpione* des lacs de Lombardie.

Le Bergforelle appartient au sous-genre SAUMON, dans le grand genre du même nom.   DESM. 1832.

* Le Charr des Anglais est le Salmone salveline ou Truite rouge selon M. Cuvier.
                                        DESM. 1832.

geâtres, le dos verdâtre, le ventre blanc, la chair rouge, de bon goût et facile à digérer.

On le trouve dans les eaux de très-hautes montagnes, particulièrement de celles de Laponie, du pays de Galles, et du voisinage de Saint-Gall (1).

____

(1) 10 rayons à la membrane branchiale du salmone bergforelle.

14 rayons à chaque pectorale.

23 rayons à la nageoire de la queue.

LE

SALMONE TRUITE-SAUMONÉE.[1]

Salmo Trutta, Linn., Gmel., Bl., Cuv.; *Salmo Trutta,
Salar*, Lac.; *Salmo lacustris*, Linn., Gmel. (2).

ON a prétendu que la truite-saumonée provenait d'un œuf de saumon fécondé par une truite,

---

(1) *Lachs forelle*, en Allemagne.
Rheinanke, sur le Rhin.
Rheinlanke, ibid.
Lachskindchea, en Saxe.
Lachsfahren, en Prusse.
Taïmen, en Livonie.
Taimini, ibid.
Soborting, en Laponie.
Orlar, en Suède.
Tuanspol, ibid.
Borting, ibid.
Sickmat, ibid.
Lodjor, ibid.
Soe-borting, en Norvége.
Aurride, ibid.
Lar-ort, en Danemarck.
Maskrog-ort, Ibid.

(2) Du sous-genre SAUMON, dans le grand genre du même nom,
CUV. DESM. 1832.

ou d'un œuf de truite fécondé par un saumon ;
qu'elle ne pouvait pas se reproduire ; qu'elle ne
formait pas une espèce particulière. Cette opinion est contraire aux résultats des observations
les plus nombreuses et les plus exactes. Mais la
truite-saumonée n'en mérite pas moins le nom
qu'on lui a donné : sa forme, ses couleurs et ses
habitudes, la rapprochent beaucoup du saumon
et de la truite ; elle montre même quelques-uns
des traits qui caractérisent l'un ou l'autre de ces
deux salmones, et c'est depuis bien du temps
qu'on a reconnu ces caractères pour ainsi dire
mi-partis. Non seulement en effet Schwenckfeld,
Schoneveld, Charleton et Johnson l'ont distinguée

Salm-forel, en Hollande.

Sea trout, en Angleterre.

Salmon-trout, ibid.

Salmo lacustris. Linn., Gmel.

Salmone truite-saumonée. Daubenton et Haüy, Encyclopédie méthodique.

Id. Bonnaterre, planches de l'Encyclopédie méthodique.

Bloch, pl. 21.

Faun. Suecic. 347.

Mull. Prodrom. Zoolog. Danic., p. 48, n. 407.

Kramer, El., p. 389, n. 2.

« Salmo latus, maculis rubris nigrisque, etc. » Artedi, gen. 12,
syn. 14.

Gronov. Mus. 2, n. 164.

Trutta salmonata. Willughby, Ichthyolog., p. 193, 198.

Id. Rai, Pisc., p. 63.

Bull-trout. Pennant, Brit. Zoolog. 3, p. 249, n. 3.

Truite-saumonée. Valmont de Bomare, Dictionnaire d'histoire naturelle.

et décrite; mais encore le consul Ausone l'a chantée, dès le cinquième siècle, dans son poème de
la Moselle, où il l'a nommée *Fario*, et où il l'a
représentée comme tenant le milieu entre la truite
et le saumon.

La truite-saumonée habite dans un très-grand
nombre de contrées; mais on la trouve principalement dans les lacs des hautes montagnes, et
dans les rivières froides qui en sortent ou qui s'y
jettent. Elle se nourrit de vers, d'insectes aquatiques et de très-petits poissons. Les eaux vives
et courantes sont celles qui lui plaisent : elle aime
les fonds de sable ou de cailloux. Ce n'est ordinairement que vers le milieu du printemps qu'elle
quitte la mer, pour aller dans les fleuves, les rivières, les lacs et les ruisseaux, choisir l'endroit
commode et abrité où elle répand sa laite ou dépose ses œufs.

Elle parvient à une grandeur considérable.
Quelques individus de cette espèce pèsent huit
ou dix livres; et ceux même qui n'en pèsent
encore que six ont déja plus de deux pieds de
longueur.

On la confond souvent avec le salmone huch,
auquel elle ressemble en effet beaucoup, et qu'on
a nommé, dans plusieurs pays, *Truite-saumonée*.
Ajoutons donc aux traits indiqués dans le tableau
générique pour l'espèce dont nous traitons, les
autres principaux caractères qui lui appartiennent,
afin qu'on puisse la distinguer plus facilement de

ce salmone huch, qui, au reste, peut parvenir à un poids sept ou huit fois plus considérable que celui de la véritable truite-saumonée.

Sa tête est petite, et en forme de coin; ses mâchoires sont presque également avancées; les dents qui les garnissent sont pointues et recourbées, et celles d'une mâchoire s'emboîtent entre celles de la mâchoire opposée. On voit d'ailleurs trois rangées de dents sur le palais, et deux rangées sur la langue. Les yeux sont petits, ainsi que les écailles. La ligne latérale est presque droite.

Le nez et le front sont noirs; les joues d'un jaune mêlé de violet; le dos et les côtés d'un noir plus ou moins mêlé de nuances violettes; la gorge et le ventre blancs; la caudale et l'adipeuse noires; les autres nageoires grises; les taches noires répandues sur le poisson, quelquefois angulaires, mais le plus souvent rondes.

Au reste, la forme et les nuances de ces taches varient un peu, suivant la nature des eaux dans lesquelles l'individu séjourne. La bonté de sa chair dépend aussi très-souvent de la qualité de ces eaux; mais en général, et surtout un peu avant le frai, cette chair est toujours tendre, exquise et facile à digérer. Elle perd beaucoup de son bon goût lorsque la rivière où la truite-saumonée se trouve, reçoit une grande quantité de saletés; il suffit même que des usines y introduisent un grand volume de sciures de bois, pour que ce salmone contracte une maladie à laquelle on a donné le nom de *consomption*, et dans laquelle sa tête grossit, son corps devient maigre, et la surface de ses intestins se couvre de petites pustules.

On pêche les truites-saumonées avec des filets, des nasses et des lignes de fond, auxquelles on attache ordinairement des vers. Dans les endroits où l'on en prend un grand nombre, on les sale, on les fume, on les marine.

Pour les fumer, on élève sur des pierres un tonneau sans fond et percé dans plusieurs endroits; on y suspend ces salmones, et on les y expose, pendant trois jours, à la fumée de branches de chêne et de grains de genièvre.

Pour les mariner, on les vide, on les met dans du sel, on les en retire au bout de quelques heures, on les fait sécher, on les arrose de beurre ou d'huile d'olive, on les grille; on étend dans un tonneau une couche de ces poissons sur des feuilles de laurier et de romarin, des tranches de citron, du poivre, des clous de girofle; on place alternativement plusieurs couches semblables de truites-saumonées, et de portions de végétaux que nous venons d'indiquer; on verse par-dessus du vinaigre très-fort que l'on a fait bouillir, et l'on ferme le tonneau.

Bloch a observé, sur une truite-saumonée, un phénomène qui s'accorde avec ce que nous avons dit de la phosphorescence des poissons, dans le Discours relatif à la nature de ces animaux. Entrant un soir dans sa chambre, il y aperçut une

lumière blanchâtre et brillante, qui le surprit
d'abord, mais dont il découvrit bientôt la cause :
cette lumière provenait d'une tête de truite-saumonée. Les yeux, la langue, le palais et les branchies, répandaient surtout une grande clarté.
Quand il touchait ces parties, il en augmentait
l'éclat; et lorsque, avec le doigt qui les avait tou-
chées, il frottait une autre partie de la tête, il lui
communiquait la même phosphorescence. Celles
qui étaient le moins enduites de mucilage ou de
matières gluantes, étaient le moins lumineuses; et
ces effets s'affaiblirent à mesure que la substance
visqueuse se dessécha (1).

____

(1) 12 rayons à la membrane branchiale du salmone truite-saumonée.
   14 rayons à chaque pectorale.
   20 rayons à la nageoire de la queue.

LE SALMONE ROUGE.[1]

Salmo erythrinus, Linn., Gmel., Lac. (2).

LE SALMONE GÆDEN (3), *Salmo Gædeni,* Linn., Gmel., Lac. (4).
— LE SALMONE HUCH (5), *Salmo Hucho,* Linn., Gmel., Lac.,
Cuv. (6). — LE S. CARPIONE (7), *Salmo Carpio,* Linn., Gmel.,
Lac. (8). — LE S. SALVELINE (9), *Salmo Salvelinus,* Linn.,
Gmel., Lac., Cuv. (10). — LE S. OMBLE CHEVALIER (11),
Salmo Umbla, Linn., Gmel., Bl., Lac., Cuv. (12).

LE rouge habite des lacs et des fleuves de la
Sibérie. Il parvient à deux pieds de longueur.

---

(1) Georg. It. 1, p. 156, tab. 1, fig. 1.

(2) Ce poisson n'est pas cité par M. Cuvier. DESM. 1832.

(3) *Silberforelle*, sur quelques rivages de la Baltique.
Bloch, pl. 102.
Truite de mer. Bonnaterre, planches de l'Encyclopédie méthodique.

(4) Non mentionné par M. Cuvier. DESM. 1832.

(5) *Heuch*, ainsi que *huch*, en Bavière.
Hauchforelle, dans plusieurs autres contrées de l'Allemagne.
Salmone huch. Daubenton et Haüy, Encyclopédie méthodique.
Id. Bonnaterre, planches de l'Encyclopédie méthodique.
Bloch, pl. 100.
Meidenger, 45.
« Salmo oblongus, dentium lineis duabus palati, maculis tantummodò
« nigris. » Artedi, gen. 12, syn. 25.
« Salmo dorso brunneo, maculis nigris, etc. » Kram. Austr. 388.
Gesn. Aq., p. 1015. Thierb., p. 174, Icon. animal., p. 313.
Aldrovand. Pisc., p. 592.

Sa chair est rouge, grasse, tendre. Ses œufs
sont jaunes ; son dos est brun ; sa première

Willughby, Ichthyol., p. 199, tab. u. 1, fig. 6.

Rai, Pisc., p. 69, n. 9.

Marsigli, Danub. 4, p. 81, tab. 28, fig. 1.

(6) Du sous-genre SALMONE, dans le grand genre du même nom.
DESM. 1832.

(7) *Chare*, dans quelques contrées d'Angleterre.

Gilt charre, ibid.

Roding, en Norvége.

Roïe, ibid.

« Salmo pede minor, dentium ordinibus quinque palati. » Artedi,
gen. 13, syn. 24.

Oth. Fabric. Faun. Groenlandica, p. 171.

Salmone carpion. Daubenton et Haüy, Encyclopédie méthodique.

Id. Bonnaterre, planches de l'Encyclopédie méthodique.

Ascagne, quatrième cahier, p. 2, planche 32.

(8) M. Cuvier cite le nom du *Carpione* des lacs de Lombardie comme
pouvant se rapporter à l'espèce de sa truite pointillée, *Salmo alpinus*,
Bl., pl. 104, qui n'est pas celui de Linnée.

Conséquemment, il place ce poisson dans le sous-genre SAUMON.
DESM. 1832.

(9) *Schwartzreuterl*, quand il est encore très-jeune.

Schwartzreucherl, id.

Salvelin, en Allemagne.

Salmarin, ibid.

Salbling, en Bavière.

Lambacher salbüng, en Autriche.

Salmarino, auprès de Trente.

Salamandrino, ibid.

Salmo salmarinus, id.

Omble, Bloch, pl. 99 *.

Salmone salveline. Dauhenton et Haüy, Encyclopédie méthodique.

Id. Bonnaterre, planches de l'Encyclopédie méthodique.

---

* M. Cuvier rapporte cette figure de Bloch au véritable *Salmo alpinus* de Linnée.
DESM. 1832.

dorsale grise, avec des taches rouges bordées
d'une autre couleur; la nageoire adipeuse brune
et allongée; le front et les opercules sont gris.
On voit des dents aux mâchoires, sur la langue

Salmone salmarine. Daubenton et Haüy, Encyclopédie méthodique.

Id. Bonnaterre, planches de l'Encyclopédie méthodique.

« Salmo pedalis maxillâ superiore longiore. » Artedi, gen. 13, syn. 26.

« Salmo dorso fulvo, maculis luteis, caudâ bifurcatâ. » Id. syn. 24.

« Trutta dentata, etc. » Klein, Miss. Pisc. 5, p. 18, n. 5.

Umbla prima, salbling. Marsigl. Danub. 4, p. 82, tah. 2, fig. 2.

Umbla tertia, lambacher salbling. Id. 4, p. 83, tab. 29, fig. 2.

Schwartzreuterl. Schrank. Schr. der Berlin. Naturf. fr. 1, p. 380.

Salmarinus. Salvian. Aquat., p. 101, 102.

Id. Jonst. Pisc., p. 155, tab. 28.

(10) M. Cuvier donne à la Salveline le nom de Truite rouge. C'est le *Charr* des Anglais, le *Salmo alpinus* de Meidinger, 19.

Il la place dans le sous-genre SAUMON, du grand genre du même nom. DESM. 1832.

(11) *Salmone humble chevalier.* Daubenton et Haüy, Encyclopédie méthodique.

Id. Bonnaterre, planches de l'Encyclopédie méthodique.

Bloch, pl. 101.

« Salmo lineis lateralibus sursum recurvis, caudâ bifurcâ. » Artedi, gen. 13, syn. 25.

Klein, Miss. pisc. 5, p. 18, n. 3.

Umble. Rondelet, seconde partie, chap. 12, p. 115, édition de Lyon, 1558.

Umbla altera. Aldrovand. Pisc., p. 607.

Willughby, Ichthyol., p. 195, tab. n. 1, fig. 1.

Rai, Pisc., p. 64.

« Salmo alter Lemani lacûs. » Gesner, Aquat., p. 1004.

(12) Du genre et du sous-genre SAUMON de M. Cuvier, dans la famille des Malacoptérygiens abdominaux salmones. DESM. 1832.

qui est large, et sur le palais, où elles forment deux rangées disposées en arc.

Le gæden, que Bloch dédia dans le temps à l'un de ses amis, le conseiller Gæden, de la basse Poméranie, vit dans la Baltique et dans l'Océan Atlantique boréal. Il pèse ordinairement deux livres ou environ : sa longueur n'excède guère dix-huit pouces. Sa chair est maigre, mais blanche et agréable au goût. Ses deux mâchoires et le palais sont garnis de dents pointues; l'ouverture de la bouche et les orifices des branchies ont une largeur considérable; les yeux sont gros; et les ventrales fortifiées chacune par un appendice; la ligne latérale est droite. Les joues, les opercules, les côtés et le ventre sont argentés; le dos, le front et les nageoires sont brunâtres; des taches brunes distinguent d'ailleurs la première nageoire du dos.

On trouve deux rangées de dents sur le palais, ainsi que sur la langue du huch, et un appendice auprès de chacune de ses ventrales. Sa ligne latérale est droite et déliée ; son anus très-près de la caudale; le dessus de sa tête brun; sa gorge argentée, ainsi que ses joues; la couleur de ses côtés, d'un rouge mêlé de teintes argentines; chacune de ses nageoires rouge pendant sa jeunesse, et jaunâtre ensuite.

Son corps et sa queue sont très-allongés et très-charnus. Il parvient à une longueur de près de six pieds, et à un poids de plus de soixante livres. Sa chair est quelquefois molle, et n'a pas un goût aussi agréable que celle de la truite ou de la truite-saumonée: on l'a cependant confondu, dans beaucoup d'endroits, avec cette dernière, dont on lui a même donné le nom. On le prend à l'hameçon, ainsi qu'au grand filet. On le pêche particulièrement dans le Danube, dans les grands lacs de la Bavière et de l'Autriche, dans plusieurs fleuves de la Russie et de la Sibérie: il paraît qu'il habite aussi dans le lac de Genève; et, d'après une note manuscrite adressée dans le temps à Buffon, on pourrait croire que, dans la partie orientale de ce lac, il pèse quelquefois plus de cent livres. Peut-être faut-il aussi rapporter à cette espèce un salmone dont M. Decandolle parle dans ses observations manuscrites, et qui, suivant cet habile naturaliste, vit dans le lac de Morat, y porte le nom de *Salut*, s'en échappe souvent par la Thiole, pour aller dans le lac de Neufchâtel, et pèse de quatre-vingts à cent livres.

Le carpion a beaucoup de rapports avec le salmone bergforelle. Son palais est garni de cinq rangées de dents; sa chair est rouge. On le trouve dans les rivières d'Angleterre et dans celles du Valais. On le conserve assez facilement dans les étangs.

La salveline ressemble aussi beaucoup à la bergforelle. Elle ne fait qu'un avec la salmarine,

que Linnée et plusieurs autres auteurs n'auraient
pas dû considérer comme une espèce particulière.
Elle a la tête comprimée; l'ouverture de la bouche
large; les deux mâchoires armées de petites dents
pointues; la langue cartilagineuse, un peu libre
dans ses mouvements, et garnie, comme le palais,
de deux rangées de dents; l'orifice de chaque narine, double; la ligne latérale presque droite; un
appendice auprès de chaque ventrale; cinquante
vertèbres à l'épine du dos; trente-huit côtes de
chaque côté de l'épine.

La tête et le dos sont bruns; les joues et les
opercules argentins; les côtés blanchâtres; les
nuances du ventre orangées; les pectorales rouges;
les dorsales et la caudale brunes; le corps et la
queue parsemés de taches petites, rondes, orangées et bordées de blanc.

Plus l'eau dans laquelle elle séjourne est pure
et froide, plus sa chair est ferme, et plus ses couleurs sont vives. Elle pèse jusqu'à dix livres. Elle
fraie vers la fin de l'automne, et quelquefois au
commencement de l'hiver. On la pêche particulièrement en Bavière, et dans tous les lacs qui
s'étendent entre les montagnes depuis Saltzbourg
jusque vers la Hongrie. On la prend à l'hameçon,
aussi bien qu'au *colleret* (1). On la fume en l'ex-

---

(1) Voyez, pour la description du filet nommé *colleret*, l'article du
Centropome sandat.

posant à un feu d'écorce d'arbre, dont on augmente la fumée en l'arrosant sans cesse.

L'omble chevalier doit son nom à la grandeur
de ses dimensions. Il pèse quelquefois vingt livres;
et, suivant M. Decandolle, son poids peut s'élever
jusqu'à soixante ou quatre-vingts (1). On a souvent
confondu ce salmone avec le huch ou avec le *Salut*,
qui parvient à un très-grand volume; et, dans
quelques endroits, on l'a pris pour une truite-
saumonée : il constitue cependant une espèce bien
distincte. Il habite dans le lac de Genève et dans
celui de Neufchâtel; il s'y nourrit communément
d'escargots, de petits animaux à coquille, et de
très-jeunes poissons. On le pêche près du rivage
au filet et à l'hameçon. Il devient très-gras : sa
chair est très-délicate, et il est très-recherché.

Il a une rangée de dents pointues à la mâchoire
d'en-haut; deux rangs de dents semblables à la
mâchoire d'en-bas; chaque opercule composé de
deux pièces; l'ouverture branchiale assez grande;
les écailles tendres et si petites, qu'on a peine à
les distinguer au travers de la substance visqueuse
dont elles sont enduites; le dos verdâtre; les joues
d'un verdâtre mêlé de blanc; l'iris orangé et
bordé d'argentin; les opercules et le ventre blanchâtres; toutes les nageoires d'un vert mêlé de

____

(1) Notes manuscrites déja citées.

jaune : ces organes de mouvement ont d'ailleurs peu de longueur (1).

---

(1) 12 rayons à la membrane branchiale du salmone rouge.

13 rayons à chaque pectorale.

19 rayons à la nageoire de la queue.

10 rayons à la membrane branchiale du salmone gæden.

15 rayons à chaque pectorale.

18 rayons à la caudale.

12 rayons à la membrane branchiale du salmone huch.

17 rayons à chaque pectorale.

16 rayons à la nageoire de la queue.

12 rayons à la membrane branchiale du salmone carpion.

14 rayons à chaque pectorale.

30 rayons à la nageoire de la queue.

10 rayons à la membrane des branchies du salmone salveline.

14 rayons à chaque pectorale.

24 rayons à la caudale.

15 rayons à chaque pectorale du salmone omble chevalier.

18 rayons à la nageoire de la queue.

LE SALMONE TAIMEN.[1]

Salmo Taimen, Linn., Gmel., Lac. (2).

Le Salmone Nelma (3). *Salmo Nelma*, Linn., Gmel., Lac. (4).
— Le S. Lenok (5), *Salmo Lenok*, Linn., Gmel., Lac. (6). —
Le S. Kundscha (7), *Salmo Kundscha*, Linn., Gmel., Lac. (8).
— Le S. arctique (9), *Salmo arcticus*, Linn., Gmel., Lac. (10).
— Le S. Reidur (11), *Salmo Reidur*, Linn., Gmel., Lac. (12).
— Le S. Icime (13), *Salmo Icimus*, Lac.; *Salmo nivalis*,
Linn., Gmel. (14). — Le S. Lepechin (15), *Salmo Lepe-
chini*, Linn., Gmel., Lac. (16).—Le S. Sil (17), *Salmo Silus*,
Ascag., Lacep.; *Coregonus Silus*, Cuv. (18). — Le S. Lod-
de (19), *Mallotus (salmo) groenlandicus*, Cuv.; *Salmo groen-
landicus*, Bl.; *Clupea villosa*, Linn., Gmel. (20). — Le
S. blanc (21), *Salmo albus*, Lac. (22).

Ces onze salmones vivent dans les mers ou les
rivières de l'Europe ou de l'Amérique septen-

---

(1) Pallas, It. 2, p. 716, n. 34.
Salmone taimen. Bonnaterre, planches de l'Encyclopédie méthodique.
(2-4-6-8-10) M. Cuvier ne mentionne aucune des espèces qui cor-
respondent à ces numéros, et que Pallas a décrites le premier. Ce sont les
salmones Taimen, Nelma, Lenok, Kundscha et Arctique.   Desm. 1832.
(3) Pallas, It. 2, p. 716, n. 33.
Lepechin, It. 2, p. 192, tab. 9, fig. 1, 2, 3.
Salmone nelma. Bonnaterre, planches de l'Encyclopédie méthodique.
(5) Pallas, It. 2, p. 716, n. 35.
Salmone lénok. Bonnaterre, planches de l'Encyclopédie méthodique.
(7) Pallas, It. 3, p. 706, n. 46.
Salmone kundscha. Bonnaterre, planches de l'Encyclopédie méthodique.

trionale. Nous devons à l'illustre Pallas la connaissance des cinq premiers.

---

(9) Pallas, It. 3, p. 706, n. 47.

Salmone arctique. Bonnaterre, planches de l'Encyclopédie méthodique.

(11) Oth. Fabric. Faun. Groenland., p. 175, n. 126.

Salmone reidur. Bonnaterre, planches de l'Encyclopédie méthodique.

(12-14) Les salmones Reidur et Icime qu'Othon Fabricius a fait
connaître, ne sont pas cités par M. Cuvier.   DESM. 1832.

(13) Oth. Fabr. Faun. Groenland., p. 176, n. 127.

Salmone icime. Bonnaterre, planches de l'Encyclopédie méthodique.

(15) Lepechin, It. 3, p. 229, tab. 14, fig. 2.

(16) M. Cuvier ne cite pas cette espèce, que Lepechin a décrite dans
son Voyage.   DESM. 1832.

(17) Ascagne, pl. 24.

Salmone sil. Bonnaterre, planches de l'Encyclopédie méthodique.

(18) M. Cuvier place le Sil d'Ascagne dans le sous-genre LAVARET, de
son grand genre SAUMON.   DESM. 1832.

(19) *Capelan d'Amérique.*

Capelan de Terre-Neuve.

Gronlander, par les Allemands.

Angmaksak, en Groenland.

Keplings, ibid.

Jern lodde (le mâle), ibid.

Quetter lodde (idem), ibid.

Sild lodde (la femelle), ibid.

Rong lodde (idem), ibid.

Laaden-sild, en Islande.

Lodna, ibid.

Salmone lodde. Bonnaterre, planches de l'Encyclopédie méthodique.
Bloch, pl. 381, fig. 1.

(20) Ce poisson est le type d'un sous-genre formé par M. Cuvier,
sous le nom de LODDE, *Mallotus*, dans son grand genre SAUMON.
DESM. 1832.

(21) *Salmone blanc.* Bonnaterre, planches de l'Encycl. méthodique.
Pennant, Zoolog. Britann., vol. 3, p. 302.

(22) M. Cuvier ne fait pas mention de cette espèce.   DESM. 1832.

Le taimen, des torrents et des fleuves de la Sibérie qui versent leurs eaux dans l'Océan glacial, a la chair blanche et grasse; des dents au palais, à la langue et aux mâchoires; un appendice auprès de chaque ventrale; les côtés argentés; le ventre blanc; la caudale rougeâtre; l'anale très-rouge; une longueur de plus d'un mètre.

Le nelma, des mêmes eaux, est long de plus de six pieds; et de larges lames sont placées auprès de l'ouverture de sa bouche.

Le lénok, qui préfère les torrents rocailleux, les courants les plus rapides et les cataractes écumeuses de la Sibérie orientale, a plus de trois pieds de longueur; la forme générale d'une tanche; des appendices aux ventrales, qui sont rougeâtres, ainsi que la caudale; le dessus du corps et de la queue, brunâtre; le dessous jaunâtre; l'anale très-rouge, et la chair blanche.

Le kundscha, qui n'entre guère dans les fleuves, et que l'on trouve pendant l'été dans les golfes et les détroits de l'Océan glacial arctique, est long de plus d'un pied et demi, bleuâtre au-dessus et au-dessous de la ligne latérale; et ses ventrales ont chacune un appendice écailleux.

L'arctique, qui habite dans les petits ruisseaux à fond de cailloux des monts les plus septentrionaux de l'Europe, ne parvient ordinairement qu'à la longueur de quatre pouces.

Le reidur des montagnes de Groenland a près d'un pied et demi de long; la tête grande et ovale;

le museau pointu ; la langue longue ; le palais garni de trois rangs de dents serrées ; les mâchoires armées de dents fortes, recourbées, et très-pointues ; les opercules grands, lisses, composés de deux pièces ; les pectorales très-allongées ; deux rayons de la première dorsale très-longs ; la chair blanche, et le ventre de la même couleur.

L'icime, dont le museau est arrondi, et la longueur de quatre à huit pouces, vit dans les petits ruisseaux et les étangs vaseux du Groenland, y dépose ses œufs sur le limon du rivage, passe l'hiver enfoncé dans ce même limon, qui le préserve des effets funestes du froid le plus rigoureux, et, lorsqu'il est poursuivi, se cache avec précipitation sous cette même rive, qu'il n'abandonne, pour ainsi dire, jamais.

Le lépechin, des fleuves de Russie et de Sibérie dont le fond est pierreux, a la chair rougeâtre, ferme et agréable au goût ; plusieurs dents fortes, aiguës et recourbées à la mâchoire supérieure ; soixante dents semblables à la mâchoire d'en-bas ; la tête grande ; les yeux gros ; les joues argentées ; des taches noires et carrées sur la première nageoire du dos ; les autres nageoires couleur de feu.

Le sil, des mers du Nord, présente une tête large et aplatie ; deux mâchoires presque égales ; un dos convexe ; un ventre plat ; une anale placée au-dessous de la nageoire adipeuse ; une longueur de deux pieds et demi.

Le lodde habite les mers de Norvége, d'Islande, de Groenland et de Terre-Neuve. Les individus de cette espèce sont si multipliés en Islande, qu'on en sèche une très-grande quantité pour nourrir les bestiaux pendant l'hiver; et il paraît que le voisinage de cette île leur convient depuis bien des siècles, puisqu'on y trouve dans des couches de glaise des squelettes de ces poissons.

Le lodde n'a ordinairement que six ou sept pouces de longueur. On le pêche pendant tout l'été près des rivages du Groenland. Les femelles arrivent vers la fin du printemps, viennent par milliers dans les baies, y déposent leurs œufs sur les plantes marines, et en laissent tomber un si grand nombre, que l'eau de la mer, quoique assez profonde au-dessus de ces plantes, paraît d'une couleur jaunâtre.

Lorsque les loddes accourent vers les bords de la mer pour y pondre ou pour y féconder les œufs, ils ne sont arrêtés ni par les vagues ni par les courants; ils franchissent avec audace les obstacles; ils sautent par-dessus les barrières. S'ils sont poursuivis par quelque ennemi, ils s'élancent sur la rive, ou sur des pièces de glace; et, s'ils sont blessés mortellement, ils tournoient à la surface de l'eau, périssent et tombent au fond.

Ils se nourrissent d'œufs de crabe, d'œufs de poisson, et quelquefois de plantes aquatiques.

Leur chair est blanche, grasse, de bon goût. On les mange frais ou séchés; et ils sont un des aliments les plus ordinaires des Groenlandais.

Leur tête est comprimée, et cependant un peu large; les mâchoires, dont l'inférieure excède la supérieure, sont hérissées de petites dents, ainsi que la langue et le palais. Il n'y a qu'un orifice à chaque narine. La ligne latérale est droite; l'anus très-près de la caudale. De petites écailles revêtent les opercules; celles qui couvrent le corps et la queue, sont aussi très-petites. Les nageoires présentent un bord bleuâtre.

Les mâles ont le dos plus large que les femelles: presque tous ont d'ailleurs, depuis la poitrine jusqu'aux ventrales, au moins pendant le temps du frai, plusieurs filaments déliés et très-courts. Le péritoine des loddes est noir; la membrane de l'estomac très-mince; la laite simple, ainsi que l'ovaire; l'épine dorsale composée de soixante-cinq vertèbres; chaque côté de cette épine fortifié par quarante-quatre côtes, et les os, auxquels sont attachés les rayons de la nageoire de l'anus, sont très-longs; ce qui donne à la portion antérieure de la queue la hauteur indiquée dans le tableau générique.

Le blanc, qui, pendant l'été, remonte de la mer dans les rivières de la Grande-Bretagne, a deux rangées de dents à la mâchoire d'en-haut, une seule rangée à celle d'en-bas; six dents sur la langue; le dos varié de brun et de blanc; et la première dorsale rougeâtre (1).

---

(1) 18 rayons à chaque pectorale du salmone taimen.

10 rayons à la membrane branchiale du salmone nelma.

16 rayons à chaque pectorale du salmone lénok.

11 rayons à la membrane branchiale du salmone kundscha.

14 rayons à chaque pectorale.

9 rayons à la membrane branchiale du salmone arctique.

16 rayons à chaque pectorale.

12 rayons à la membrane des branchies du salmone reidur.

14 rayons à chaque pectorale.

21 rayons à la nageoire de la queue.

11 rayons à la membrane branchiale du salmone lépechin.

14 rayons à chaque pectorale.

20 rayons à la nageoire de la queue.

6 rayons à la membrane des branchies du salmone sil.

17 rayons à chaque pectorale.

40 rayons à la caudale.

6 rayons à la membrane branchiale du salmone lodde.

19 rayons à chaque pectorale.

28 rayons à la nageoire de la queue.

13 rayons à chaque pectorale du salmone blanc.

LE SALMONE VARIÉ.[1]

Salmo varius, Lac. (2).

LE SALMONE RENÉ, *Salmo renatus*, Lac. (3). — LE S. RILLE, *Salmo Rillus*, Lac. (4). — LE S. GADOÏDE, *Salmo gadoides*, Lac. (5).

LES quatre salmones dont nous parlons dans cet article sont encore inconnus des naturalistes.

Le varié a été observé, par Commerson, près des rivages de l'Ile de France. On ne l'y trouve que très-rarement. Sa longueur est de huit pouces ou environ.

Les couleurs de ce poisson sont très-variées, et mariées avec élégance. Les nuances un peu brunes du dos sont relevées par des taches rouges, et s'accordent très-bien avec le rouge, le jaune et le noir, que deux raies longitudinales présentent symétriquement de chaque côté du salmone, ainsi qu'avec le noir et le rouge dont les nageoires

---

(1) « Salmo variegatus, corpore è tereti conico, tæniâ laterum longi-« tudinali vicibus alternis rubris, nigris. » Commerson, manuscrits déja cités.

(2-3-4-5) M. Cuvier ne fait mention d'aucun des poissons décrits dans cet article. DESM. 1832.

sont peintes. Le dessous de l'animal est blanchâtre ; et les iris, couleur de feu, brillent comme des escarboucles au milieu des teintes sombres de la tête.

La forme générale de cette dernière partie lui donne beaucoup de ressemblance avec la tête d'un anguis. L'ouverture de la bouche est très-prolongée en arrière. Les dents de la mâchoire supérieure sont acérées, mais éloignées les unes des autres ; celles de la mâchoire inférieure sont au contraire très-serrées.

Au reste, cette dernière mâchoire est un peu plus avancée que la supérieure, qui n'est ni extensible ni rétractile.

Des dents semblables à des aiguillons recourbés hérissent la langue, qui d'ailleurs est très-courte et très-dure ; d'autres dents plus petites et moins nombreuses garnissent la surface du palais.

Le bord supérieur de l'orbite est très-près du sommet de la tête. Deux lames composent chaque opercule. L'anus est très-près de la caudale, et la ligne latérale presque droite.

On pêche dans la Moselle, et particulièrement vers les sources de cette rivière, une espèce de salmone, à laquelle on a donné, dans la ci-devant Lorraine, le nom de *René*, et dont un individu m'a été envoyé, il y a plus de douze ans, par dom Fleurant, bénédictin de Flavigny près de Nancy.

Ce poisson a deux rangées de dents sur la

langue, et trois sur le palais ; le dessus de la tête
et du corps, ainsi que les nageoires du dos et de
la queue, d'une couleur foncée ; le dessous du
corps et les autres nageoires, blanches ou blanchâtres.

Le rille parvient rarement à une grandeur plus
considérable que celle d'un hareng. Il habite
dans plusieurs rivières, et particulièrement dans
celle de la Rille, dont il porte le nom, et qui se
jette dans la Seine auprès de l'embouchure de ce
fleuve.

On l'a souvent confondu avec de jeunes saumons ; ce qui n'a pas peu contribué aux fausses
idées répandues parmi quelques observateurs au
sujet de sa conformation et de ses habitudes.
Mais on est allé plus loin : on a prétendu que ce
salmone rille ne montrait jamais ni œuf ni laite,
qu'il était infécond, qu'il provenait de la ponte
des saumons, qui, ayant en même temps et des
œufs et de la laite, réunissent les deux sexes ; et
cette opinion a eu d'autant plus de partisans,
qu'on aime à rapprocher les extrêmes, et qu'on
a trouvé piquant de faire naître d'un saumon
hermaphrodite un poisson entièrement privé de
sexe. Il y a dans cette assertion une double erreur.
Premièrement, il n'y a pas de poisson qui présente les deux sexes, ou, ce qui est la même chose,
qui ait ensemble et une laite et des ovaires : nous
avons déja vu que des œufs très-peu développés
avaient été pris, par des observateurs peu éclairés

ou peu attentifs, pour une laite placée à côté d'un véritable ovaire. Secondement, il est faux que le salmone dont nous traitons ne renferme ni œufs ni organe propre à leur fécondation : nous indiquerons au contraire dans cet article la nature de la laite de ce salmone de la Rille. Ce poisson constitue une espèce particulière, dont la description n'a pas encore été publiée. Nous allons le faire connaître d'après un dessin très-exact, que M. Noël de Rouen nous a fait parvenir, et d'après une note très-étendue que ce savant naturaliste a bien voulu y joindre.

Le salmone rille a la tête petite; l'œil assez gros; les deux mâchoires et la langue garnies de petites dents; l'opercule composé de trois pièces; le bord inférieur de la pièce supérieure un peu crénelé; la ligne latérale droite; les écailles ovales, très-petites et serrées; le dos d'un gris-olivâtre; les côtés blanchâtres et comme marbrés de gris; le ventre très-blanc; la première dorsale ornée de quelques points rougeâtres; la laite grande, double, ferme au toucher, et très-blanche; la chair également très-blanche, agréable au goût, et imbibée d'une huile ou plutôt d'une graisse douce et légère; la colonne vertébrale composée de soixante vertèbres, ce qui suffirait pour séparer cette espèce de celle du saumon.

Au reste, il aime les eaux froides, comme la truite, avec laquelle il a beaucoup de rapports.

On trouve dans l'étang de Trouville, auprès de

Rouen, un autre salmone, dont M. Noël nous a communiqué une description, et à laquelle nous avons cru devoir conserver le nom spécifique de *Gadoïde* qu'il lui a donné.

Ce poisson parvient à la longueur d'un pied et demi ou environ. Sa tête ressemble beaucoup, par sa conformation, à celle des gades, et particulièrement à celle du gade merlan. L'ouverture de la bouche peut être très-agrandie par l'extension des lèvres. On voit deux rangées de dents à la mâchoire d'en-haut, une rangée à celle d'en-bas, plusieurs autres dents sur la langue, qui est grosse et rougeâtre, et des dents très-petites auprès du gosier (1).

---

(1) 12 rayons à la membrane branchiale du salmone varié.

14 rayons à chaque pectorale.

19 rayons à la nageoire de la queue.

12 rayons à la membrane des branchies du salmone rené.

13 rayons à chaque pectorale.

25 rayons à la caudale.

13 rayons à la membrane branchiale du salmone rille.

14 rayons à chaque pectorale.

35 rayons à la nageoire de la queue.

11 rayons à la membrane des branchies du salmone gadoïde.

13 rayons à chaque pectorale.

20 rayons à la caudale.

LE SALMONE CUMBERLAND.

Salmo Cumberland, Lac. (1).

Les lacs du Cumberland et ceux de l'Écosse nourrissent ce salmone, dont les naturalistes ignorent encore l'existence, et dont M. Noël nous a envoyé une description, après son retour d'Angleterre.

Ce salmone, auquel nous donnons le nom de sa patrie, a la ligne latérale droite; la tête petite; l'œil grand et rapproché du bout du museau; l'ouverture de la bouche grande; la langue un peu libre dans ses mouvements, et garnie de deux rangées de dents; les écailles petites; la nageoire adipeuse longue; la couleur générale blanche; le dos gris; la chair blanche, mais peu agréable au goût (2).

---

(1) Non mentionné par M. Cuvier.   Desm. 1832.

(2) 10 rayons à la membrane branchiale du salmone cumberland.

8 rayons à chaque pectorale.

28 rayons à la nageoire de la queue.

CENT SOIXANTE-DIX-NEUVIÈME GENRE.

LES OSMÈRES (1).

La bouche à l'extrémité du museau; la tête comprimée; des écailles facilement visibles sur le corps et sur la queue; point de grandes lames sur les côtés, de cuirasse, de piquants aux opercules, de rayons dentelés, ni de barbillons; deux nageoires dorsales; la seconde adipeuse et dénuée de rayons; la première plus éloignée de la tête que les ventrales; plus de quatre rayons à la membrane des branchies; des dents fortes aux mâchoires.

ESPÈCES.	CARACTÈRES.
1. L'OSMÈRE ÉPERLAN.	Onze rayons à la première nageoire du dos; dix-sept rayons à celle de l'anus; huit à chaque ventrale; la caudale fourchue; la mâchoire inférieure recourbée et plus avancée que la supérieure; la tête et le corps demi-transparents.
2. L'OSMÈRE SAURE.	Douze rayons à la première dorsale; onze rayons à la nageoire de l'anus; huit à chaque ventrale; la caudale fourchue; l'ouverture de la bouche très-longue; un enfoncement au-dessus des yeux.
3. L'OSMÈRE BLANCHET.	Douze rayons à la première nageoire du dos; seize à l'anale; huit à chaque ventrale; la caudale fourchue; la mâchoire inférieure plus avancée que la supérieure; le dessus du museau demi-sphérique; les yeux très-rapprochés de son extrémité; la partie supérieure de l'orbite dentelée.

(1) M. Cuvier admet le sous-genre ÉPERLAN (*Osmerus*) d'Artedi, dans le grand genre SAUMON; il n'y place que la seule espèce de l'Éperlan ordinaire.

Les autres osmères de Lacépède sont rangées par lui dans les sous-genres SAURE et HYDROCYN, dans le grand genre SAUMON. DESM. 1832.

ESPÈCES.   CARACTÈRES.

4. L'Osmère faucille.
{ Onze rayons à la première dorsale ; vingt-six rayons à la nageoire de l'anus ; huit à chaque ventrale ; la caudale fourchue ; l'anale en forme de faux ; deux taches noires de chaque côté, l'une auprès de la tête, et l'autre auprès de la caudale.

5. L'Osmère tumbil.
{ Douze rayons à la première nageoire du dos ; onze à celle de l'anus ; huit à chaque ventrale ; la caudale fourchue ; plusieurs rangées de dents égales et serrées à chaque mâchoire ; la tête et les opercules couverts d'écailles semblables à celles du dos ; la mâchoire d'en-bas plus avancée que celle d'en-haut.

6. L'Osmère galonné.
{ Quatorze rayons à la première dorsale ; onze à la nageoire de l'anus ; dix à chaque ventrale ; la caudale fourchue ; la tête comprimée et déprimée ; les yeux rapprochés et saillants ; la mâchoire inférieure plus avancée que la supérieure ; la couleur générale jaune ; cinq ou six raies longitudinales bleues de chaque côté du poisson.

L'OSMÈRE ÉPERLAN.[1]

Osmerus (salmo) Eperlanus, Cuv.; *Salmo eperlanus*, Linn.,
Gmel., Bl.; *Osmerus eperlanus*, Lac. (2).

L'ÉPERLAN n'a guère que six pouces ou environ
de longueur; mais il brille de couleurs très-agréa-

----

(1) *Stint*, en Allemagne.
Kleiner stint, en Livonie.
Loffel stint, ibid.
Kurtzer stint, ibid.
Stintites, ibid.
Jern lodder, en Laponie.
Sind lodder, ibid.
Nars, en Suède.
Lodde, en Norvége.
Rogn-sild-lodde, ibid.
Roke, ibid.
Krockle, ibid.
Spiering, en Hollande.
Smelt, en Angleterre.
Sjiro iwo, au Japon.
Salmone éperlan. Daubenton et Haüy, Encyclopédie méthodique.
Id. Bonnaterre, planches de l'Encyclopédie méthodique.
Faun. Suecic. 350.
« Osmerus, radiis pinnæ ani septemdecim. » Artedi, gen. 10, syn. 21,
spec. 45.

(2) Type du sous-genre ÉPERLAN, dans le grand genre SAUMON , Cuv.

DESM. 1832.

bles. Son dos et ses nageoires présentent un beau gris; ses côtés et sa partie inférieure sont argentés; et ces deux nuances, dont l'une très-douce et l'autre très-éclatante se marient avec grace, sont d'ailleurs relevées par des reflets verts, bleus et rouges, qui, se mêlant ou se succédant avec vitesse, produisent une suite très-variée de teintes chatoyantes. Ses écailles et ses autres téguments sont d'ailleurs si diaphanes, qu'on peut distinguer dans la tête le cerveau, et dans le corps les vertèbres et les côtes. Cette transparence, ces reflets fugitifs, ces nuances irisées, ces teintes argentines, ont fait comparer l'éclat de sa parure à celui des perles les plus fines; et de cette ressemblance est venu, suivant Rondelet, le nom qui lui a été donné.

Cet osmère répand une odeur assez forte. Des observateurs que ses couleurs avaient séduits, voulant trouver une perfection de plus dans leur poisson favori, ont dit que cette odeur ressemblait

---

Gronov. Mus. 1, p. 18, n. 49.

Bloch, pl. 28, fig. 2.

Klein, Miss. pisc. 5, p. 20, tab. 4, fig. 3, 4.

Esperlan. Rondelet, seconde partie, chap. 18.

Eperlanus fluviatilis. Gesner, Aquat., p. 362; Thierb., p. 189.

Eperlanus. Aldrovand. Pisc., p. 536.

Id. Willughby, Ichthyolog., p. 202.

Id. Rai, Pisc., p. 66, n. 14.

Smalt. Brit. Zoolog. 3, p. 269, n. 8.

Éperlan. Valmont de Bomare, Dictionnaire d'histoire naturelle.

Id. Duhamel, Traité des pêches.

beaucoup à celle de la violette : il s'en faut cependant de beaucoup qu'elle en ait l'agrément, et l'on peut même, dans beaucoup de circonstances, la regarder presque comme fétide.

L'ensemble de l'éperlan présente un peu la forme d'un fuseau. La tête est petite; les yeux sont grands et ronds. Des dents menues et recourbées garnissent les deux mâchoires et le palais; on en voit quatre ou cinq sur la langue. Les écailles tombent aisément.

Cet osmère se tient dans les profondeurs des lacs dont le fond est sablonneux. Vers le printemps, il quitte sa retraite, et remonte dans les rivières en troupes très-nombreuses, pour déposer ou féconder ses œufs. Il multiplie avec tant de facilité, qu'on élève dans plusieurs marchés de l'Allemagne, de la Suède et de l'Angleterre, des tas énormes d'individus de cette espèce.

Il vit de vers et de petits animaux à coquille. Son estomac est très-petit; quatre ou cinq appendices sont placés auprès du pylore; la vessie natatoire est simple et pointue par les deux bouts; l'ovaire est simple comme la vessie natatoire; les œufs sont jaunes et très-difficiles à compter; des points noirs sont répandus sur le péritoine, qui est argentin. On trouve cinquante-neuf vertèbres à l'épine du dos, et trente-cinq côtes de chaque côté (1).

____

(1) Il est difficile de présenter l'histoire de l'éperlan avec plus d'étendue et d'une manière plus utile, que M. Noël, dans l'ouvrage qu'il a publié à ce sujet il y a quelques années.

Une variété de l'espèce que nous décrivons habite les profondeurs de la Baltique, de l'Océan atlantique boréal, et des environs du détroit de Magellan (1). Elle diffère de l'éperlan des lacs par son odeur, qui n'est pas aussi forte, et par ses dimensions, qui sont bien plus grandes. Elle parvient communément à la longueur d'un pied ou quinze pouces, et, dans l'hémisphère antarctique, on l'a vue longue de dix-huit pouces. Vers la fin de l'automne, elle s'approche des côtes; lorsque le printemps commence, elle remonte dans les fleuves; et l'on prend un si grand nombre d'individus de cette variété en Prusse, auprès de l'em-

---

(1) *Éperlan de mer*, auprès de Rouen.

Stint, en Allemagne.

Seestint, ibid.

Grosser stint, ibid.

Stinter, en Livonie.

Sallakas, ibid.

Stinckfisch, ibid.

Tint, ibid.

Slom, en Suède.

Quatte, en Norvége.

Jern-lodde, ibid.

Smelt, en Angleterre.

Salmo eperlanus, *var. B.* Linnée, édition de Gmelin.

Salmone éperlan de mer, *variété de l'éperlan.* Daubenton et Haüy, Encyclopédie méthodique.

Id. Bonnaterre, planches de l'Encyclopédie méthodique.

Bloch, pl. 28, fig. 1.

Willughby, Ichthyolog., tab. n. 6, fig. 4.

Eperlanus. Gesner, Thierb., p. 180, *b.*

Spirinchus. Jonston, Pisc., tab. 47, fig. 6.

bouchure de l'Elbe, et en Angleterre, qu'on les y
fait sécher à l'air pour les conserver long-temps
et les envoyer à de grandes distances (1).

- - - - - - - - - - - - - - - - - - - -

(1) 7 rayons à la membrane branchiale de l'osmère éperlan.
   11 rayons à chaque pectorale.
   19 rayons à la nageoire de la queue.

L'OSMÈRE SAURE.[1]

Saurus......, Cuv.; *Salmo Saurus*, Linn., Gmel.; *Osmerus Saurus*, Lac. (2).

L'Osmère blanchet (3); *Saurus (salmo) fœtens*, Cuv.; *Salmo fœtens*, Linn., Gmel.; *Osmerus albidus*, Lac. (4). — L'O. faucille (5), *Hydrocyon (salmo) falcatus*, Cuv.; *Salmo falcatus*, Bl.; *Osmerus falcatus*, Lac. (6). — L'O. Tumbil (7), *Saurus (salmo) Tumbil*, Cuv.; *Salmo Tumbil*, Bl.; *Osmerus Tumbil*, Lac. (8). — L'O. galonné (9), *Saurus (salmo) lemniscatus*, Cuv.; *Osmerus lemniscatus*, Lac. (10).

Le saure a la tête, le corps et la queue très-allongés; les deux mâchoires garnies de dents

---

(1) *Tarantola*, auprès de Rome.

See eidechse, en Allemagne.

Sea-lizard, en Angleterre.

« *Osmerus radiis pinnæ ani decem.* » Artedi, gen. 10, syn. 22.

Salmone saure. Daubenton et Haüy, Encyclopédie méthodique.

Id. Bonnaterre, planches de l'Encyclopédie méthodique.

Bloch, pl. 384, fig. 1.

(2) M. Cuvier place ce poisson dans le sous-genre Saure, du grand genre Saumon. Desm. 1832.

(3) *Stinklachs*, en Allemagne.

Stinksalm, ibid.

Slender salmon, en Angleterre.

Sea sparrow hawk, dans la Caroline.

Salmone blanchet. Daubenton et Haüy, Encyclopédie méthodique.

Id. Bonnaterre, planches de l'Encyclopédie méthodique.

très-fortes, conformées et disposées comme celles de plusieurs lézards; un seul orifice à chaque narine; les opercules revêtus de petites écailles; le dos d'un vert mêlé de bleu et de noir; des bandes transversales, étroites, irrégulières, sinueuses et roussâtres, sur cette même partie; des raies de la même couleur sur la première dorsale; d'autres raies également roussâtres, et de plus tachetées de brun, sur chaque pectorale; une raie longitudinale bleuâtre, et chargée de taches rondes et bleues, de chaque côté du corps et de la queue; la partie inférieure de la queue et du corps argentée et très-brillante. On le pêche dans les eaux des Antilles, dans la mer d'Arabie, dans la Méditerranée.

De petites écailles placées sur les opercules et sur presque toute la tête; une double rangée de dents sur la langue, au palais et aux mâchoires; un seul orifice à chaque narine; le dos noirâtre;

Bloch, pl. 384, fig. 2.

Catesby, Carolin. 2, p. 2, tab. 2, fig. 2.

(4) Du sous-genre SAURE, dans le genre SAUMON, Cuv. DESM. 1832.

(5) *Salmo falcatus.* Bloch, pl. 385.

(6) Du sous-genre HYDROCYN (*Hydrocyon*), Cuv., dans le genre SAUMON. DESM. 1832.

(7) *Tumbile*, sur la côte de Malabar.

Bloch, pl. 430.

(8) Du sous-genre SAURE, dans le genre SAUMON, Cuv. DESM. 1832.

(9) « Trutta marina, rictu obtuso. » Plumier, peintures sur vélin déja citées.

(10) Du sous-genre SAURE, dans le genre SAUMON, Cuv. DESM. 1832.

les flancs et le ventre argentins; les nageoires d'un rouge mêlé de brun : tels sont les traits qui doivent compléter le portrait de l'osmère blanchet que l'on a pêché dans la mer de la Caroline, et dont la longueur ordinaire est d'un pied ou quinze pouces, ainsi que celle du saure.

Surinam est la patrie de l'osmère faucille. La mâchoire supérieure de ce poisson est plus avancée que l'inférieure; les dents de ces deux mâchoires sont fortes et inégales; d'autres dents pointues garnissent les deux côtés du palais; la langue est étroite et lisse. Un os court, large, dentelé, et placé à l'angle de la bouche, s'avance lorsque la gueule s'ouvre, et reprend sa première position lorsqu'elle se referme; ce qui donne à l'osmère faucille un léger rapport de conformation avec l'odontognathe aiguillonné. Il y a deux orifices à chaque narine; les opercules sont rayonnés; les écailles assez minces se détachent facilement; la ligne latérale se courbe vers le bas; l'anus est à une distance presque égale de la tête et de la caudale; on voit un appendice à chaque ventrale. La couleur générale est argentée; le dos violet; chaque nageoire grise à sa base, et brune vers son extrémité.

Le *tumbil*, de la mer qui baigne le Malabar, a la bouche très-grande; la tête longue; le museau pointu; l'opercule arrondi; la ligne latérale droite; l'anus très-rapproché de la caudale; la dorsale et l'anale en forme de faux; les côtés jaunes; le ventre argentin; des bandes transversales d'un jaune mêlé de rouge; les nageoires bleues, avec la base jaune.

Plumier a laissé une peinture sur vélin de l'osmère auquel j'ai donné le nom de *Galonné*, et dont la description n'a encore été publiée par aucun naturaliste. La nageoire adipeuse de ce poisson est en forme de petite massue renversée vers la caudale (1). Il présente, indépendamment des raies longitudinales bleues, dix ou onze bandes transversales brunes; mais il offre encore d'autres ornements. Sa tête, couleur de chair, est parsemée de petites taches rouges et de petites taches bleues; deux raies bleues relèvent le jau‑

---

(1) 12 rayons à chaque pectorale de l'osmère saure.

18 rayons à la nageoire de la queue

12 rayons à la membrane branchiale de l'osmère blanchet.

12 rayons à chaque pectorale.

25 rayons à la caudale.

5 rayons à la membrane des branchies de l'osmère faucille.

16 rayons à chaque pectorale.

20 rayons à la nageoire de la queue.

6 rayons à la membrane branchiale de l'osmère tumbil.

15 rayons à chaque pectorale.

20 rayons à la caudale.

7 rayons à chaque pectorale de l'osmère galonné.

Nota. Nous ignorons le nombre des rayons de la membrane branchiale du galonné. Si, contre notre opinion, cette membrane n'en avait que quatre, il faudrait placer le galonné dans le genre des Characins.

23.

nâtre de la première nageoire du dos ; les ventrales sont variées de jaune et de bleu ; l'anale est
bleue avec une bordure jaune ; et cette parure,
composée de tant de nuances bleues, jaunes,
brunes et rouges, distribuées d'une manière très-
agréable à l'œil, est complétée par le bleu de
l'extrémité de la caudale.

CENT QUATRE-VINGTIÈME GENRE.

LES CORÉGONES (1).

La bouche à l'extrémité du museau; la tête comprimée; des écailles facilement visibles sur le corps et sur la queue; point de grandes lames sur les côtés, de cuirasse, de piquants aux opercules, de rayons dentelés, ni de barbillons; deux nageoires dorsales; la seconde adipeuse et dénuée de rayons; plus de quatre rayons à la membrane des branchies; les mâchoires sans dents, ou garnies de dents très-petites et difficiles à voir.

ESPÈCES.	CARACTÈRES.
1. LE CORÉGONE LAVARET.	Quinze rayons à la première nageoire du dos; quatorze à celle de l'anus; douze à chaque ventrale; la caudale fourchue; la mâchoire supérieure prolongée en forme de petite trompe; un petit appendice auprès de chaque ventrale; les écailles échancrées.
2. LE CORÉGONE PIDSCHIAN.	Treize ou quatorze rayons à la première dorsale; seize à la nageoire de l'anus; onze à chaque ventrale; la caudale fourchue; un appendice triangulaire, aigu, et plus long que les ventrales, auprès de chacune de ces nageoires; le dos élevé et arrondi en bosse; la mâchoire supérieure plus avancée que l'inférieure.
3. LE CORÉGONE SCHOKUR.	Douze rayons à la première nageoire du dos; quatorze à l'anale; onze à chaque ventrale; la caudale fourchue; un appendice court et obtus auprès de chaque ventrale; la partie antérieure du dos carénée; deux tubercules sur le museau; la mâchoire supérieure plus avancée que l'inférieure.

---

(1) M. Cuvier donne le nom de LAVARETS aux Corégones de Lacépède, dont il fait un sous-genre du grand genre SAUMON.   DESM. 1832.

ESPÈCES.	CARACTÈRES.
4. LE CORÉGONE NEZ.	Douze rayons à la première dorsale; treize à la nageoire de l'anus; douze ou treize à chaque ventrale; la caudale fourchue; la tête grosse; la mâchoire supérieure plus avancée que l'inférieure, arrondie, convexe et bossue au-devant des yeux; le corps épais; les appendices des ventrales triangulaires et très-courts; les écailles grandes.
5. LE CORÉGONE LARGE.	Quinze rayons à la première nageoire du dos; quatorze à celle de l'anus; douze à chaque ventrale; la caudale fourchue; la mâchoire supérieure prolongée en forme de petite trompe; le dos élevé; sa partie antérieure carénée; le ventre gros et arrondi; les nageoires courtes; la dorsale placée dans une concavité; les écailles rondes; la prunelle anguleuse du côté du museau; des raies longitudinales.
6. LE CORÉGONE THYMALLE.	Vingt-trois rayons à la première dorsale, qui est très-haute; quatorze à la nageoire de l'anus; douze à chaque ventrale; la caudale fourchue; la mâchoire supérieure un peu plus avancée que celle d'en-bas; la ligne latérale presque droite; des points noirs sur la tête; un grand nombre de raies longitudinales.
7. LE CORÉGONE VIMBE.	Douze rayons à la première nageoire du dos; quatorze à l'anale; dix à chaque ventrale; la nageoire adipeuse, un peu dentelée.
8. LE CORÉGONE VOYAGEUR.	Douze rayons à la première dorsale; treize à la nageoire de l'anus; douze à chaque ventrale; les deux mâchoires presque également avancées; l'une et l'autre dénuées de dents; le museau un peu conique; la couleur générale argentée, sans taches ni raies; les nageoires ventrales et de l'anus, d'un blanc-rougeâtre.
9. LE CORÉGONE MULLER.	La mâchoire inférieure plus avancée que la supérieure; l'une et l'autre dénuées de dents; le ventre moucheté.
10. LE CORÉGONE AUTUMNAL.	Douze rayons à la première nageoire du dos; treize à celle de l'anus; douze à chaque ventrale; la caudale fourchue; la mâchoire in-

ESPÈCES.	CARACTÈRES.

10. LE CORÉGONE AUTUMNAL.
férieure plus avancée que la supérieure; l'une et l'autre dénuées de dents; l'ouverture des branchies très-grande; la couleur générale argentée.

11. LE CORÉGONE ABLE.
Quatorze rayons à la première dorsale; quinze à l'anale; douze à chaque ventrale; la caudale fourchue; la mâchoire inférieure plus avancée que celle d'en-haut; l'une et l'autre sans dents; l'orifice des branchies très-grand; sept rayons à la membrane branchiale; chaque opercule composé de trois lames; la partie antérieure du dos carénée; la ligne latérale fléchie en-bas auprès de la pectorale, et ensuite très-droite; les écailles sans échancrure et pointillées de noir.

12. LE CORÉGONE PELED.
Dix rayons à la première nageoire du dos; quatorze à la nageoire de l'anus; treize à chaque ventrale; la mâchoire inférieure un peu plus avancée que la supérieure, et dénuée de dents, ainsi que celle d'en-haut; douze rayons à la membrane des branchies; la couleur générale blanche; le dos bleuâtre; la tête parsemée de points bruns.

13. LE CORÉGONE MARÈNE.
Quatorze rayons à la première dorsale; quinze à la nageoire de l'anus; onze à chaque ventrale; la caudale fourchue; huit rayons à la membrane branchiale; point de dents; une sorte de bourlet sur le bout du museau; la mâchoire inférieure ovale, plus étroite et plus courte que la supérieure; point de taches, de bandes ni de raies.

14. LE CORÉGONE MARÉNULE.
Dix rayons à la première nageoire du dos; quatorze à l'anale; onze à chaque ventrale; la caudale fourchue; sept rayons à la membrane des branchies; point de dents; la mâchoire inférieure recourbée, plus étroite et plus longue que la supérieure; la ligne latérale droite; la couleur générale argentée; le dos bleuâtre.

15. LE CORÉGONE WARTMANN.
Quinze rayons à la première dorsale; quatorze à l'anale; douze à chaque ventrale; la caudale en croissant; le museau un peu semblable à un cône tronqué; point de dents; les deux mâchoires presque également avancées; la ligne latérale droite; la couleur générale bleue et sans taches.

ESPÈCES.	CARACTÈRES.
16. Le Corégone oxyrhinque.	Quatorze rayons à la première nageoire du dos; quatorze ou quinze à celle de l'anus; douze à chaque ventrale; neuf à la membrane des branchies; point de dents; le crâne transparent; la mâchoire supérieure plus avancée que celle d'en-bas, et en forme de cône; la ligne latérale courbe vers son origine; les écailles assez grandes; la couleur générale blanchâtre.
17. Le Corégone leucichthe.	Quinze rayons à la première dorsale; quatorze à la nageoire de l'anus; onze à chaque ventrale; la caudale en croissant; la mâchoire supérieure très-large et plus courte que l'inférieure, qui est recourbée et tuberculeuse à son extrémité; la couleur générale argentée avec des points noirs.
18. Le Corégone ombre.	Quatorze rayons à la première nageoire du dos; treize à l'anale; dix à chaque ventrale; la caudale fourchue; la tête petite; la mâchoire supérieure un peu plus avancée que l'inférieure, et hérissée, ainsi que cette dernière, d'un très-grand nombre d'aspérités; le corps et la queue très-allongés et très-comprimés; la couleur générale dorée; le dos d'un bleu mêlé de vert; des raies longitudinales et d'une nuance obscure de chaque côté du poisson, ou des taches obscures et carrées sur le dos, ou des raies dorées entre les pectorales et les ventrales.
19. Le Corégone rouge.	Onze rayons à la première dorsale, qui est haute et un peu en forme de faux; onze rayons à la nageoire de l'anus; la caudale fourchue; le museau arrondi et aplati; la mâchoire inférieure un peu plus avancée que la supérieure; l'opercule arrondi et composé de deux pièces; toute la surface du poisson, d'un rouge plus ou moins vif.
20. Le Corégone clupéoïde.	Douze rayons à la première dorsale; treize à l'anale; neuf à chaque ventrale; six pièces à chaque opercule; deux orifices à chaque narine; les deux mâchoires également avancées; point de dents; la ligne latérale droite.

LE CORÉGONE LAVARET.[1]

Coregonus (salmo) oxyrinchus et *Coregonus (salmo) Wartmanni*, Cuv.; *Salmo Lavaretus* et *S. oxyrinchus*, Linn.;
Salmo Lavaretus, Lac. (2).

Les corégones, ainsi que les osmères et les characins, ont de très-grands rapports avec les sal-

---

(1) *Féra*, dans plusieurs lacs de la Suisse, ou voisins de cette contrée.
Ferrat, ibid.
Schnepel, en Allemagne.
Sihka, en Livonie.
Sieg, ibid.
Sia-kalle, ibid.
Sück, en Suède et en Norvége.
Stor sück, ibid.

(2) Sous le nom unique de *Lavaret*, il est question de deux poissons
différents dans cet article. L'un est le *Houtting* ou *Hautin* des Belges;
Salmo oxyrhinchus, Linn.; Bl., pl. 25, (sous le faux nom de Lavaret) :
il habite dans la mer du Nord, la Baltique, le lac de Harlem, l'Escaut, etc.
Le second, auquel M. Cuvier assigne le nom de Lavaret, se trouve dans
les lacs de la Suisse, le Rhin, etc. : Bloch l'a figuré, pl. 105, sous le
nom de *Salmo Wartmannii* (Voyez ci-après, page 377).
Le Férat (*Coregonus Fera*, Jurine), la Gravanche (*Coregonus hyemalis*, Jurine), et la Palée (*Coregonus Palæa*, Cuv.), sont trois autres
espèces aussi confondues avec les deux premières.
Les unes et les autres sont placées, par M. Cuvier, dans le sous-genre
LAVARET, *Coregonus*, du grand genre SAUMON. DESM. 1832.

mones, dans le genre desquels ils ont été compris par Linnée et par plusieurs autres auteurs. Les habitudes des corégones sont cependant moins semblables à celles des salmones, que la manière de vivre des osmères et des characins, parce que leurs mâchoires ne sont pas garnies, comme celles de ces derniers, des dents très-fortes qui hérissent les mâchoires des salmones, et que, moins bien armés pour attaquer ou pour se défendre, ils sont forcés le plus souvent d'avoir recours à la ruse, ou de fuir dans un asile.

Parmi ces corégones, une des espèces les plus remarquables est celle du lavaret.

Nous avons vu dans le tableau du genre des

Helt, en Danemarck.

Gwiniard, en Angleterre.

Farre, dans plusieurs auteurs.

Salmone lavaret. Daubenton et Haüy, Encyclopédie méthodique.

Id. Bonnaterre, planches de l'Encyclopédie méthodique.

Bloch, pl. 25.

Salmo lavaretus. Faun. Suecic. 352.

Id. Act. Stockh. 1753, p. 195.

Id. Muller, Prodrom. Zoolog. Dan., p. 48, n. 413.

Id. Koelreuter, Nov. Comm. Petrop. 15, p. 504.

Id. Pallas, It. 3, p. 705.

Id. S. G. Gmelin, It. 1, p. 60.

Id. Schranck, Schr. der Berl. naturf. fr. 1.

« Coregonus maxillâ superiore longiore, pinnâ dorsali, ossiculorum « quatuordecim. » Artedi, gen. 10, spec. 37, syn. 19.

Willughby, Ichthyol., tab. n. 6, fig. 1.

Albula nobilis. Rai, Pisc., p. 60, n. 1.

Lavaret. Rondelet, seconde partie, chap. 15 (édition de Lyon, 1558).

corégones, que la conformation de la tête du lavaret présente un trait particulier : la prolongation de la mâchoire supérieure, qui compose ce trait, est molle et charnue. D'ailleurs, la tête est petite, et demi-transparente jusqu'aux yeux. La mâchoire inférieure, plus courte que celle d'en-haut, s'emboîte dans cette dernière, et se trouve couverte par une grosse lèvre lorsque la bouche est fermée. Ces deux mâchoires sont dénuées de dents. La langue est blanche, cartilagineuse, courte et un peu rude; la ligne latérale presque droite, et ornée de petits points d'une nuance brune; la couleur générale bleuâtre; le dos d'un bleu mêlé de gris; l'opercule, ainsi que les joues, d'un jaune varié par des reflets bleus; la partie inférieure du poisson argentine, avec des teintes jaunes; presque toutes les nageoires ont la membrane bleuâtre, et les rayons blanchâtres à leur origine.

Le lavaret a d'ailleurs la membrane de l'estomac forte; le pylore entouré d'appendices; le canal intestinal court; l'ovaire ou la laite double; cinquante-neuf vertèbres à l'épine du dos; et trente-huit côtes de chaque côté de cette colonne dorsale.

On le trouve dans l'Océan Atlantique septentrional, dans la Baltique, dans plusieurs lacs, et notamment dans celui de Genève. Il se tient souvent dans le fond de ces lacs et de ces mers : mais il quitte particulièrement sa retraite marine lorsque les harengs commencent à frayer ; il les suit alors pour dévorer leurs œufs. Il se nourrit aussi d'insectes. M. Odier, savant médecin de Genève, ayant disséqué un individu de cette espèce, que l'on nomme *Ferrat* (1) sur les bords du lac Léman, a trouvé dans son canal intestinal un grand nombre de larves de *libellules* ou *demoiselles*, mêlées avec une substance d'une couleur grise. Il crut même voir la vessie natatoire pleine de cette même substance vraisemblablement vaseuse, et de ces mêmes larves ; ce qui aurait prouvé que, par un excès de voracité, l'individu qu'il examinait avait avalé une si grande quantité de larves et de matière grise, que de l'estomac elles étaient passées par le canal pneumatique jusque dans la vessie natatoire (2).

Le lavaret multiplie peu, parce que beaucoup de poissons se nourrissent de ses œufs, parce qu'il les dévore lui-même, et qu'entouré d'ennemis, il est surtout recherché par les squales. On croirait néanmoins qu'il prend, pour la sûreté de sa ponte, autant de soin que la plupart des autres poissons. Il se rapproche des rivages lors-

---

(1) C'est le *Coregonus Fera*, Jurine. Espèce particulière. Desm. 1832.

(2) Lettre écrite, en 1797 ou 1798, par M. Odier à son fils, jeune homme d'une grande espérance, qui suivait alors mes cours avec beaucoup de zèle, et que la mort a enlevé à ses amis et à sa famille, au moment où, à l'exemple de son respectable père, il allait parcourir avec honneur la carrière des sciences.

qu'il doit frayer; ce qui arrive ordinairement
vers la fin de l'été ou au commencement de
l'automne. Il fréquente alors les anses, les havres
et les embouchures des fleuves dont les eaux
coulent avec le plus de rapidité. La femelle,
suivie du mâle, frotte son ventre contre les
pierres ou les cailloux, pour se débarrasser plus
facilement de ses œufs. Plusieurs lavarets remontent cependant dans les rivières : ils s'avancent
en troupes; ils présentent deux rangées réunies
de manière à former un angle, et que précède
un individu plus fort ou plus hardi, conducteur
de ses compagnons dociles. On a cru remarquer
que plus la vitesse de ces rivières est grande, et
plus ils la surmontent avec facilité, et font de
chemin en remontant; ce qui confirmerait les
idées que nous avons présentées sur la natation
des poissons, dans notre Discours sur leur nature, et ce qui prouverait particulièrement ce
principe important, que les forces animales s'ac-
croissent avec l'obstacle, et se multiplient par
les efforts nécessaires pour le vaincre dans une
proportion bien plus forte que les résistances,
jusqu'au moment où ces mêmes résistances deviennent insurmontables. Lorsque les eaux du
fleuve sont bouleversées par la tempête, les lavarets lutteraient contre les vagues avec trop de
fatigue; ils se tiennent dans le fond du fleuve.
L'orage est-il dissipé, ils se remettent dans leur

premier ordre, et reprennent leur route. On prétend même qu'ils pressentent la tempête longtemps avant qu'elle n'éclate, et qu'ils n'attendent pas qu'elle ait agité les eaux pour se retirer dans un asile. Ils s'arrêtent cependant vers les chutes d'eau et les embouchures des ruisseaux ou des petites rivières, dans les endroits où ils trouvent des cailloux ou d'autres objets propres à faciliter leur frai.

Après la ponte et la fécondation des œufs, ils retournent dans la mer; les jeunes individus de leur espèce, qui ont atteint une longueur de quatre pouces, les accompagnent. Ils vont alors sans ordre, parce qu'ils ne sont point poussés, comme lors de leur arrivée, par une cause des plus actives, qui agisse en même temps, ainsi qu'avec une force presque égale, sur tous les individus, et de plus, parce qu'ils n'ont pas à surmonter des obstacles contre lesquels ils aient besoin de réunir leurs efforts. On assure qu'ils pressent leur retour lorsque les grands froids doivent arriver de bonne heure, et qu'ils le diffèrent au contraire lorsque l'hiver doit être retardé. Ce pressentiment serait une confirmation de celui qu'on leur a supposé relativement aux tempêtes; et peut-être, en effet, les petites variations qui précèdent nécessairement les grands changements de l'atmosphère, produisent-elles, au milieu des eaux, des développements de gaz, des altérations de substances, ou d'autres accidents auxquels les poissons peuvent être aussi sensibles que les oiseaux le sont aux plus légères modifications de l'air.

On pêche les lavarets avec de grands filets; on les prend avec le tramail et la louve (1); on les harponne avec un trident.

La chair des lavarets est blanche, tendre, et agréable au goût. Dans les endroits où la pêche de ces animaux est abondante, on les fume ou on les sale. Pour cette dernière opération, on les vide; on les lave en dedans et en dehors; on les met sur le ventre, de manière que l'eau dont ils sont imbibés puisse s'égoutter; on les enduit de sel; on les laisse deux ou trois jours rangés par couches; on les lave de nouveau, et on les sale une seconde fois, en les plaçant entre des couches de sel, et en les pressant dans des tonnes, que l'on bouche ensuite avec soin. Si on les prend pendant les grandes chaleurs, on est obligé, avant de les saler, de les fendre, et de leur ôter la tête et l'épine dorsale, qui se gâteraient aisément, et donneraient un mauvais goût au poisson.

Ils meurent bientôt après être sortis de l'eau. On peut cependant, avec des précautions, les transporter dans des étangs, où ils prospèrent et croissent lorsque ces pièces d'eau sont grandes, profondes, et ont un fond de sable.

---

(1) On trouvera la description du *tramail* ou *trémail*, dans l'article du *Gade colin;* et celle de la *louve*, dans l'article du *Pétromyzon lamproie.*

Au reste, ils varient un peu et dans leurs formes et dans leurs habitudes, suivant la nature de leur séjour. Voilà pourquoi les *Ferrats* du lac Léman ne ressemblent pas tout-à-fait aux autres lavarets. Voilà pourquoi aussi on doit peut-être regarder comme de simples variétés de l'espèce que nous décrivons, les *Gravanches*, les *Palées* et les *Bondelles*, dont M. Decandolle a fait mention dans les notes manuscrites que ce naturaliste si digne d'estime a bien voulu nous adresser.

Les *Gravanches* (1) ont le museau plus pointu, le goût moins délicat, et ordinairement les dimensions plus petites que les lavarets proprement dits. Elles habitent dans le lac de Genève, entre Rolle et Morgas. Elles s'y tiennent trop constamment dans les fonds, pendant onze mois de l'année, pour qu'alors on puisse les prendre : ce n'est que vers la fin de l'automne qu'elles paraissent. On les pêche à cette époque avec un filet, la nuit comme le jour, et on a essayé avec succès de les prendre *à la lanterne*.

Les *Palées* (2) vivent dans le lac de Neufchâtel. Ayant à-peu-près les mêmes habitudes que les gravanches, elles ne paraissent que pendant un mois ou environ, vers le milieu ou la fin de l'au-

---

(1) La Gravanche est une espèce distincte, décrite par M. de Jurine (*Coregonus hyemalis*), et adoptée par M. Cuvier. Desm. 1832.

(2) M. Cuvier sépare, comme espèce distincte, la Palée noire (*Coregonus Palæa*.) Desm. 2832.

tomne. On en prend alors une grande quantité avec des filets perpendiculaires, soutenus par des liéges, et maintenus par des plombs et des pierres arrondies, qui roulent ou glissent facilement sur les fonds de cailloux, préférés par les palées. On sale beaucoup de ces corégones, qu'on envoie au loin dans de petites barriques.

Il paraît que les *Bondelles* ne sont que de jeunes palées. On les pêche pendant toute l'année sur tous les bords du lac de Neufchâtel. On en mange beaucoup de fraîches en Suisse, et on sale les autres comme les sardines, auxquelles on dit qu'elles ne sont pas inférieures par leur goût (1).

---

(1) 8 rayons à la membrane branchiale du corégone lavaret.
    15 rayons à chaque pectorale.
    20 rayons à la nageoire de la queue.

LE CORÉGONE PIDSCHIAN,[1]

Coregonus Pidschian, Lacep.; *Salmo Pidschian*, Linn.,
Gmel. (2).

LE CORÉGONE SCHOKUR (3), *Coregonus Schokur*, Lac.; *Salmo
Schokur*, Linn., Gmel. (4). — C. NEZ (5), *Coregonus nasus*,
Lac.; *Salmo nasus*, Linn., Gmel. (6). — C. LARGE (7), *Core-
gonus latus*, Lac.; *Salmo lavaretus*, var. B, Linn., Gmel. (8).
— C. THYMALLE (9), *Thymallus (salmo) communis*, Cuv.;
Coregonus Thymallus, Lacep.; *Salmo Thymallus*, Linn.,
Gmel., Bl. (10). — C. VIMBE (11), *Coregonus Vimba*, Lac.;
Salmo Vimba, Linn., Gmel. (12). — C. VOYAGEUR (13), *Co-
regonus migratorius*, Lac.; *Salmo migratorius*, Linn., Gmel.
(14). — C. MULLER (15), *Coregonus Mulleri*, Lac.; *Salmo
Mulleri* et *Salmo Stroemi*, Linn., Gmel. (16). — C. AUTUM-
NAL (17), *Coregonus autumnalis*, Lac.; *Salmo autumnalis*,
Linn., Gmel. (18).

UNE variété du premier de ces corégones, à
laquelle on a donné le nom de *muchsan*, et dont

---

(1) Pallas, It. 3, p. 705, n. 3.

(2-4-6-8) M. Cuvier ne cite aucun des poissons auxquels se rapportent
ces notes. DESM. 1832.

(3) *Salmone schokur*. Bonnaterre, planches de l'Encyclopédie méthodique.

(5) *Salmone chycalle*. Bonnaterre, planches de l'Encyclopédie méthodique.

Pallas, It. 3, p. 705, n. 44.

Tschar. Lepechin, It. 3, p. 227, tab. 13.

(7) *Weisfisch*, à Dantzig.

Breite aesche, en Poméranie.

Schnepel, à Hambourg.

on doit la connaissance, ainsi que celle du pidschian, à l'illustre Pallas, a le dos plus élevé que

---

Sück, en Danemarck.

Lappsück, en Suède.

Lavaret large, et *thymalle large*. Bloch, pl. 26.

Salmone large. Bonnaterre, planches de l'Encyclopédie méthodique.

(9) *Ombre d'Auvergne*.

Temelo, en Italie.

Kressling, avant l'âge d'un an, en Suisse.

Iser, après l'âge d'un an, et avant l'âge de deux ans, ibid.

Æscherling, après l'âge de deux ans, ibid.

Asch, en Allemagne.

Æscha, ibid.

Escher, ibid.

Sprensling, en Autriche.

Mayling, ibid.

Charius, en Russie.

Harr, en Suède.

Id. en Norvége.

Zjotzhja, en Laponie.

Spelt, en Danemarck.

Stalling, ibid.

Grayling, en Angleterre.

Smelling like, ibid.

Thyme, ibid.

Salmone, ombre de rivière. Daubenton et Haüy, Encyclopédie méthodique.

Id. Bonnaterre, planches de l'Encyclopédie méthodique.

Bloch, pl. 24.

Müller, Prodr. Zoolog. Dan., p. 49, n. 416.

« Coregonus maxillá superiore longiore, pinná dorsi ossiculorum vi-
« ginti trium. » Artedi, gen. 10, syn. 20, spec. 41.

Θυμαλλος. Ælian., lib. 14, cap. 22, p. 831.

Thymalus, seu *thymus*. Gesner, p. 978, 979 et 1171.

Ascher, id. Thierb., p. 774.

Thymallus. Ambros. Hexam., lib. 5, cap. 23, *S. H.*

Thymallus. Salvian., fol. 81, *a*.

ce dernier. On trouve l'un et l'autre en Sibérie, de même que le schokur, dont la tête est petite, moins comprimée et plus arrondie par-devant que celle du lavaret.

Thymus, id. fol. 80 , *b* , ad iconem.

Thymalus. Wotton , lib. 8 , cap. 190 , fol. 170.

Thymallus. Aldrov., lib. 5 , cap. 14 , p. 594.

Jonston , lib. 3 , tit. 1 , cap. 3 , tab. 26 , fig. 3 , 4 et 5 , et tab. 31 , fig. 6.

Thymallus. Charleton , p. 155.

Id. Willughby, p. 187.

Id. Rai , p. 62.

Tunallus. Albert. Animal. , l. 24.

Thymo. Rondelet , seconde partie , chap. 10.

Faun. Suecic. , 354.

Kram. El. , p. 390 , n. 2.

Gronov. Mus. 2 , n. 162.

Klein , Miss. pisc. 5 , p. 21 , n. 15 , tab. 4 , fig. 5.

Thymallus. Mars. Danub. 4 , p. 75 , tab. 25 , fig. 2.

Brit. Zoolog. 3 , p. 262 , n. 7.

(10) Du sous-genre OMBRE *Thymallus,* dans le grand genre SAUMON. Cuv. DESM. 1832.

(11) *Salmone vimbe.* Daubenton et Haüy , Encyclopédie méthodique.

Id. Bonnaterre , planches de l'Encyclopédie méthodique.

Faun. Suecic. 351.

Wimba. It. Wgoth. , p. 231.

(12-14-16-18) M. Cuvier ne cite aucun des quatre poissons auxquels se rapportent ces notes. DESM. 1832.

(13) Georg. It. 1 , p. 182.

(15) *Salmo Strœmii*. Id.

Strom. Sondmor. 1 , p. 292.

Müller , Prodrom. Zoolog. Dan. , p. 49 , n. 415.

Salmone strom. Bonnaterre , planches de l'Encyclopédie méthodique.

(17) *Salmone sangchalle*. Bonnaterre , planches de l'Encyclopédie mé-thodique.

Pallas , It. 3 , p. 705 , n. 45.

Omal. Lepechin , lt. 3 , p. 228 , tab. 14 , fig. 1.

C'est également dans la Sibérie qu'habite le corégone nez, dont la longueur est ordinairement de dix-huit pouces.

Le corégone large a pour patrie une grande partie des contrées dans lesquelles on pêche le lavaret, avec lequel il a beaucoup de rapports. Son poids est de quatre ou six livres.

On voit une rangée de petites dents sur les deux mâchoires du thymalle. On trouve aussi quelques dents très-petites sur le devant du palais, et près de l'œsophage. La langue est unie; le corps allongé, ainsi que la queue; le dos arrondi; le ventre gros; les écailles sont dures et épaisses. La couleur générale est d'un gris plus ou moins mêlé de blanc; les raies longitudinales sont bleuâtres; une série de points noirs règne le long de la ligne latérale; la partie supérieure du poisson présente un vert noirâtre; les pectorales sont blanches; une nuance rougeâtre distingue les nageoires du ventre, de l'anus et de la queue. La première dorsale s'élève comme une petite voile au-dessus du corégone; elle est peinte d'un beau violet, avec la base et les rayons verdâtres, et des raies ainsi que des taches brunes.

La membrane de l'estomac du thymalle est presque aussi dure qu'un cartilage; le foie jaune et transparent; l'épine dorsale composée de cinquante-neuf vertèbres, et fortifiée de chaque côté par trente-quatre côtes.

Les anciens ont connu le thymalle. Élien et

l'évêque de Milan, saint Ambroise, en ont parlé. Ce poisson aime l'eau froide et pure, qui coule avec rapidité sur un fond de cailloux ou de sable. Il n'est donc pas surprenant qu'on le trouve particulièrement dans les ruisseaux ombragés des gorges des montagnes. Le nom d'*Ombre d'Auvergne*, qui lui a été donné, indique qu'il vit en France : il a été d'ailleurs observé dans presque toutes les contrées montueuses, tempérées ou froides de l'Europe et de la Sibérie ; il est même si commun en Laponie, que les habitants de ce pays se servent de ses intestins pour faire plus facilement du fromage avec le lait des rennes. Il se nourrit d'insectes, de petits animaux à coquille, de jeunes poissons, d'œufs de saumon et de truite. Il croît fort vite, parvient à la longueur de dix-huit pouces, et pèse quelquefois plus de quatre livres.

En automne, il descend ordinairement dans les grands fleuves, et de là dans la mer, d'où il remonte, vers le milieu du printemps, dans les fleuves, les rivières et les ruisseaux qui lui conviennent. On le prend surtout lors de ses passages, et notamment quand il remonte pour aller frayer. On le pêche avec le colleret, la louve (1), la nasse, et à la ligne. Sa chair est blanche, ferme,

---

(1) Voyez la description du *colleret* dans l'article du *Centropome sandat :* et celle de la *louve*, dans l'article du *Pétromyzon lamproie.*

douce, très-bonne au goût, principalement dans les temps froids, très-grasse en automne, très-facile à digérer dans toutes les saisons; et il est d'autant plus recherché, qu'on a attribué à son huile ou à sa graisse la propriété d'effacer les taches de la peau, et même les marques de la petite-vérole.

Il ne multiplie pas beaucoup, parce qu'il est très-délicat, et l'une des proies les plus agréables aux oiseaux d'eau. Il meurt bientôt, non seulement quand il est hors de l'eau, mais encore lorsqu'il est dans une eau tranquille; et, si l'on veut le conserver dans des huches, il faut qu'elles soient placées dans un courant.

Il répand, dans plusieurs circonstances, une odeur agréable, qu'Élien a comparée à celle du thym, et saint Ambroise à celle du miel, et qui paraît provenir de certains insectes dont il se nourrit, et qui, tels que le *tourniquet* (*gyrinus natator*), sont plus ou moins odorants.

Le corégone vimbe habite en Suède.

Le *voyageur* se trouve en Sibérie, dans le lac Baïkal, d'où il remonte, pour la ponte ou la fécondation des œufs, dans les rivières qui s'y jettent. Il a un pied et demi de longueur, la partie supérieure grise, la chair blanche, les œufs jaunes et très-bons à manger (1).

---

(1) 10 rayons à la membrane des branchies du corégone pidschian.

14 rayons à chaque pectorale.

Le müller a été pêché dans les eaux du Danemarck.

Le corégone autumnal passe l'hiver dans l'Océan glacial arctique. Les individus de cette espèce en partent, après la fonte des glaces, pour remonter dans les fleuves. Ils vont jusqu'au lac Baïkal, et dans d'autres lacs très-éloignés de la mer ; et lorsque l'automne arrive, ils se réunissent en grandes troupes, et redescendent jusque dans l'Océan. Ils perdent très-promptement la vie lorsqu'ils sont hors de l'eau. Ils sont gras, et ont dix-huit pouces de longueur.

---

9 rayons à la membrane branchiale du corégone schokur.
17 rayons à chaque pectorale.

9 rayons à la membrane des branchies du corégone nez.
18 rayons à chaque pectorale.

8 rayons à la membrane branchiale du corégone large.
15 rayons à chaque pectorale.
20 rayons à la nageoire de la queue.

10 rayons à la membrane des branchies du corégone thymalle.
16 rayons à chaque pectorale.
18 rayons à la caudale.

16 rayons à chaque pectorale du corégone vimbe.

9 rayons à la membrane branchiale du corégone voyageur.
17 rayons à chaque pectorale.
20 rayons à la nageoire de la queue.

9 rayons à la membrane des branchies du corégone autumnal.
16 rayons à chaque pectorale.

LE CORÉGONE ABLE,[1]

Coregonus Albula, Lac.; *Salmo Albula*, Linn., Gmel. (2).

Le Corégone Peled (3), *Coregonus Peled*, Lac., Cuv.; *Salmo Peled*, Pallas, Linn., Gmel. (4). — C. Marène (5), *Coregonus Marœna*, Lac., Cuv.; *Salmo Marœnula*, Bloch, Linn., Gmel. (6). — C. marénule (7), *Coregonus Marœnula*, Cuv., Lac.; *Salmo Marœnula*, Bl., Linn., Gmel. (8). — C. Wartmann (9), *Coregonus Wartmannii*, Cuv., Lac.; *Salmo Wartmanni*, Bl., Linn., Gmel. (10). — C. oxyrhinque (11), *Coregonus oxyrinchus*, Cuv., Lac.; *Salmo oxyrinchus*, Linn.; *Salmo Lavaretus*, Bl., pl. 25 (12). — C. Leucichthe (13), *Coregonus leucichthys*, Lac. (14). — C. ombre (15), *Coregonus Umbra*, Lac.; *Salmo Thymus*, Bonnaterre (16). — C. rouge (17), *Coregonus ruber*, Lac. (18).

L'Able, dont l'Europe est la patrie, a huit pouces, ou à-peu-près de longueur, le dos d'un vert

---

(1) *Sik-loja*, en Suède.
Stint, ibid.
Moika, en Finlande.
Rapis, ibid.
Blicta, dans plusieurs contrées du nord de l'Europe.
Faun. Suecic. 353.
Salmone able. Daubenton et Haüy, Encyclopédie méthodique.
Id. Bonnaterre, planches de l'Encyclopédie méthodique.
Kœlreuter, Nov. Comm. Petropol. 18, p. 503.

brunâtre, les côtés argentins, et des points noirâtres sur les nageoires.

« Coregonus edentulus, maxillà inferiore longiore. » Artedi, gen. 9,
spec. 40, syn. 18.

(2) M. Cuvier ne dit rien de ce poisson qui, sans doute, a été confondu avec d'autres espèces. Toutefois il appartient au sous-genre Lavaret, *Coregonus*, du grand genre Saumon. Desm. 1832.

(3) Lepechin, It. 3, p. 226, tab. 12.

(4) Du sous-genre Lavaret (*Coregonus*), Cuv., dans le grand genre
Saumon. Desm. 1832.

(5) *Grande marène*. Bloch, pl. 27.

Salmone marène. Bonnateïre, planches de l'Encyclopédie méthodique.

(6) Du sous-genre Lavaret (*Coregonus*), du genre Saumon, selon
M. Cuvier. Desm. 1832.

(7) *Murœne*, en Prusse.

Morène, en Sibérie et dans le Mecklembourg.

Stint, en Danemarck.

Fikloja, en Suède.

Smaafisk, en Norvége.

Blege, ibid.

Lake-sild, ibid.

Vemme, ibid.

Petite marène. Bloch, pl. 28, fig. 3.

Cyprinus marœnula. Wulff, Ichth. Boruss., p. 48, n. 65.

Marena. Willughby, Ichthyol., p. 229.

Rai, Pisc., p. 107, n. 12.

Klein, Miss. pisc. 5, p. 21, 16, tab. 6, fig. 2.

(8) Du sous-genre Lavaret, dans le grand genre Saumon, Cuv.
Desm. 1832.

(9) *Bésola*, dans plusieurs contrées de l'Europe.

Heverling, pendant sa première année, en Allemagne.

Maydel, idem, ibid.

Stubel et *steuber*, pendant sa seconde année, ibid.

Gangfisch, pendant sa troisième année, ibid.

Rhenken, pendant sa quatrième année, ibid.

Halbfelch, pendant sa cinquième année, ibid.

Le peled vit dans la Russie septentrionale. Sa chair est grasse; et sa longueur ordinaire de dix-huit pouces.

Dreyer, pendant sa sixième année, ibid.

Blaufelchen, pendant sa septième année et les années suivantes, ibid.

Ombre-bleu. Bloch, pl. 105.

Salmone ombre bleu. Bonnaterre, planches de l'Encyclopédie méthodique.

Albula parva. Gesner, Aquat., p. 34. Icon. anim., p. 340. Thierb., p. 188, *b.*

Albula cærulea. Id. Thierb., p. 187, *b.*

Albula parva. Aldrovand. Pisc., p. 659.

Id. Jonston, Pisc., p. 173.

Id. Willughby, Ichthyol., p. 384.

Id. Rai, Pisc., p. 61, n. 4.

Blafelchen. Wartmann, Besch. Berl. naturf. fr. 3, p. 184.

Bézole. Rondelet, seconde partie, chap. 16.

(10) Du sous-genre LAVARET, dans le genre SAUMON, selon M. Cuvier. DESM. 1832.

(11) *Salmone oxyrhinque.* Daubenton et Haüy, Encyclopédie méthodique.

Id. Bonnaterre, planches de l'Encyclopédie méthodique.

« Coregonus maxillâ superiore longiore conicâ. » Artedi, gen. 10, syn. 21.

Gronov. Mus. 1, p. 48.

(12) Du sous-genre LAVARET, dans le genre SAUMON, Cuv. DESM. 1832.

(13) *Salmone leucichthe.* Bonnaterre, planches de l'Encyclopédie méthodique.

Güldenst. Nov. Comm. Petropol. 16, p. 531.

(14) Ce poisson n'est pas cité par M. Cuvier. DESM. 1832.

(15) *Salmone ombre* (salmo thymus). Bonnaterre, planches de l'Encyclopédie méthodique.

Ombre de rivière. Rondelet, seconde partie, poissons de rivière, ch. 3.

La marène a la ligne latérale un peu courbée, les yeux gros, et les écailles grandes, minces et brillantes. Le nez, le front et le dos, sont noirs ou bleuâtres; le menton et le ventre blancs; les côtés argentins; les joues jaunes; les opercules bleuâtres et bordés de blanc; les nageoires, excepté l'adipeuse qui est noirâtre, bleues, bordées de noir, et violettes à la base; les nuances de la ligne latérale relevées par une série de plus de quarante points blanchâtres.

On trouve ce corégone dans le lac Maduit, et dans quelques autres grands lacs de la Poméranie ou de la nouvelle Marche de Brandebourg. Il est quelquefois long de plus de trois pieds. Sa chair grasse, blanche et tendre, a un très-bon goût. Son canal intestinal est très-court; mais on compte près de cent cinquante appendices auprès du pylore.

Les marènes se plaisent dans les eaux profondes, dont le fond est de sable ou de glaise. Elles y vivent en troupes nombreuses; elles ne quittent leur retraite que vers la fin de l'automne, pour frayer sur les endroits remplis de mousse ou d'autres herbes, et dans le printemps, pour cher-

---

« Coregonus maxillâ superiore longiore, etc. » Var. *B*. Artedi, syn. , p. 2 1.

(16) Non mentionné par M. Cuvier. DESM. 1832.

(17) « Trutta marina , rictu acuto. » Plumier, peintures sur vélin déja citées.

(18) Non cité par M. Cuvier. DESM. 1832.

cher de petits animaux à coquille, dont elles aiment beaucoup à se nourrir; et s'il survient une tempête, elles disparaissent subitement. Elles ne commencent à se reproduire qu'à l'âge de cinq ou six ans, et lorsqu'elles ont déja un pied ou plus de longueur. Pendant l'hiver, on les pêche sous la glace avec de grands filets dont les mailles sont assez larges pour laisser échapper les individus trop petits. Elles meurent dès qu'elles sortent de l'eau. Cependant Bloch nous apprend que M. de Marwitz de Zernickow est parvenu, en employant des vaisseaux larges, profonds, dont le fond était garni de glaise ou de sable, et dans l'intérieur desquels la chaleur ne pouvait pas pénétrer, à transporter un très-grand nombre de ces corégones dans ses terres, éloignées de huit lieues du lac Maduit, et à les acclimater dans ses étangs.

Bloch a le premier décrit la grande marène. La marénule, ou petite marène, est connue depuis long-temps. Schwenckfeld et Schoneveld en ont parlé dès le commencement du dix-septième siècle. Sa tête est demi-transparente; sa langue cartilagineuse et courte; sa longueur de huit à douze pouces; sa surface revêtue d'écailles minces, brillantes et faiblement attachées; son épine dorsale composée de cinquante-huit vertèbres; le nombre total de ses côtes, de trente-deux; sa ligne latérale ornée de plus de cinquante points noirs; la couleur de ses nageoires, d'un gris-blanc; sa caudale bordée de bleu; sa chair blanche, tendre, et de très-bon goût.

Ses habitudes ressemblent beaucoup à celles de la marène. On la pêche dans les lacs à fond de sable ou de glaise, du Danemarck, de la Suède et de l'Allemagne septentrionale. Il est des endroits où on la fume après l'avoir arrosée de bière. Ses œufs sont plus petits que ceux de presque tous les autres corégones.

Le wartmann a les écailles grandes; un appendice assez long auprès de chaque ventrale; l'estomac dur et étroit; plusieurs cœcums; le foie gros; le fiel vert; la vessie natatoire simple et située le long du dos; la tête petite et argentine comme le ventre; les nageoires jaunâtres ou blanchâtres, et bordées de bleu; une série de points noirs le long de la ligne latérale.

Il porte le nom d'un savant médecin de Saint-Gall, qui l'a décrit avec beaucoup d'exactitude. Il se trouve dans plusieurs lacs de la Suisse, et surtout dans celui de Constance, où, depuis le printemps jusqu'en automne, on prend plusieurs millions d'individus de cette espèce.

On le marine; on l'envoie au loin; et lorsqu'il est frais, il est regardé comme le meilleur poisson du lac. Il n'est donc pas surprenant qu'il ait été observé avec beaucoup de soin, et qu'on sache que c'est vers sa septième année qu'il a près de deux pieds de longueur.

Il fraie vers le commencement de l'hiver. On

le recherche à cette époque, mais alors sa chair
est moins tendre que pendant l'été. Voilà pourquoi c'est particulièrement dans cette dernière
saison qu'un grand nombre de bateaux partent
chaque soir pour aller le pêcher. Les filets ont
soixante ou soixante-dix brasses de hauteur,
parce que le corégone wartmann se tient souvent
à une profondeur de cinquante brasses. Il s'approche cependant à vingt, et même à dix brasses
de la surface de l'eau, lorsqu'il tombe une grosse
pluie, ou qu'un orage règne dans l'atmosphère :
aussi la pêche de ce poisson est-elle beaucoup
plus abondante dans ces moments d'agitation.
Mais, lorsque le froid commence à régner, le wartmann se retire à une si grande distance de la surface du lac, que les filets ne peuvent pas y atteindre. Ce corégone se nourrit d'insectes, de
vers, de plantes aquatiques. Vers l'âge de trois
ans, il a quelquefois une maladie qui lui donne
une couleur rougeâtre, et qui empêche qu'on ne
veuille en manger.

L'oxyrhinque est un des habitants de l'Océan
Atlantique septentrional.

Le leucichthe a été vu dans la mer Caspienne.
Sa longueur est de plus de trois pieds. Ses écailles
sont unies et presque arrondies ; le sommet de la
tête est convexe, lisse, dénué de petites écailles ;
les yeux sont gros, et peu rapprochés l'un de
l'autre ; la langue est triangulaire et un peu rude ;
des dents, que l'on distingue au tact plutôt qu'à

l'œil, hérissent le devant du palais; chaque opercule est composé de quatre lames. Les pectorales
sont blanches; la nageoire adipeuse est transparente et pointillée de noir; les ventrales sont
blanches, avec des points brunâtres et des appendices triangulaires; l'anale est rougeâtre et
tachée de brun; le dos présente des nuances
blanchâtres mêlées de noir.

C'est dans plusieurs rivières d'Allemagne et
d'Angleterre, ainsi que d'autres contrées euro-
péennes, que se plaît le corégone ombre. Il a la
langue lisse; deux tubercules garnis de petites
dents, et placés auprès du gosier; les nageoires
tachetées de noir, et peintes d'un rouge noirâtre (1).

---

(1) 16 rayons à chaque pectorale du corégone able.
33 rayons à la nageoire de la queue.

16 rayons à chaque pectorale du corégone peled.
22 rayons à la caudale.

14 rayons à chaque pectorale du corégone marène.
20 rayons à la nageoire de la queue.

15 rayons à chaque pectorale du corégone marénule.
20 rayons à la caudale.

9 rayons à la membrane branchiale du corégone wartmann.
17 rayons à chaque pectorale.
23 rayons à la nageoire de la queue.

17 rayons à chaque pectorale du corégone oxyrhinque.

10 rayons à la membrane branchiale du corégone leucichthe.
14 rayons à chaque pectorale.
27 rayons à la caudale.

Le corégone rouge est très-allongé. Ses ventrales sont presque aussi grandes que la première
dorsale, ou que celle de l'anus ; elles sont aussi
plus près de la tête que cette première nageoire
du dos, et moins éloignées du bout du museau
que de l'anàle. La nageoire adipeuse est recourbée et en forme de massue ; les pectorales ont un
peu la figure d'une faux. Ce corégone appartient
à la mer qui baigne les rivages américains et
voisins des tropiques. Si, contre mon attente, on
ne trouvait pas plus de quatre rayons à la membrane branchiale de cet osseux, il faudrait l'inscrire parmi les characins.

16 rayons à chaque pectorale du corégone ombre.
19 rayons à la nageoire de la queue.

10 ou 11 rayons à chaque pectorale du corégone rouge.
8 rayons à chaque ventrale.

LE CORÉGONE CLUPÉOÏDE.[1]

Coregonus clupeoides, Lac. (2).

LES naturalistes ignorent encore l'existence de ce corégone, au sujet duquel M. Noël vient de m'adresser une note manuscrite très-détaillée.

Ce savant m'apprend que l'on désigne, en Écosse, par la dénomination de *Hareng d'eau douce*, un poisson du Lochlomond, le plus beau lac des montagnes de l'Écosse occidentale. On avait écrit à M. Noël que ce même poisson était un hareng de mer, acclimaté dans l'eau douce, et que cet osseux avait pu remonter dans le Lochlomond par le Clyde et la petite rivière de Leven. M. Noël, empressé de vérifier ce fait, alla visiter le Lochlomond en août 1802, se procura plusieurs clupéoïdes à Inchtonachon, une des îles de ce lac, les examina avec beaucoup de soin, et

(1) *Fresh water herring*, en Écosse.
Span, ibid.
Pollock, ibid.

(2) M. Cuvier ne fait pas mention de ce poisson, mais il cite, comme appartenant au sous-genre LAVARET (*Coregonus*), le *Salmo clupeoides* de Pallas, qui doit être une espèce différente de celle qui fait le sujet de cet article. DESM. 1832.

a eu la bonté de me faire parvenir le résultat de son observation.

J'ai dû placer, parmi les corégones, ce clupéoïde, qui a beaucoup de rapports, en effet, avec les *Clupées*, et particulièrement avec le hareng, mais qui, d'après M. Noël, n'a pas les caractères des clupées, et présente la nageoire adipeuse des sal-mones, des osmères, des corégones, etc. (1).

Ce clupéoïde a la tête petite, un peu convexe par-dessus, et dénuée de petites écailles; trois petites pièces autour de l'œil, qui est grand et vif. Ses œufs sont d'un rouge orangé; sa chair est blanche, feuilletée, et très-délicate. Il fraie au commencement de l'hiver. On le cherche, pendant l'été et pendant l'automne, dans les endroits du lac où il y a le moins d'eau. On le prend avec un filet. Il vit en troupes; et sa longueur est quelquefois de plus de quinze pouces.

---

(1) 8 rayons à la membrane branchiale du corégone clupéoïde.

14 rayons à chaque pectorale.

35 rayons à la nageoire de la queue.

CENT QUATRE-VINGT-UNIÈME GENRE.

LES CHARACINS. (1)

*La bouche à l'extrémité du museau; la tête comprimée; des
écailles facilement visibles sur le corps et sur la queue; point
de grandes lames sur les côtés, de cuirasse, de piquants
aux opercules, de rayons dentelés, ni de barbillons; deux
nageoires dorsales; la seconde adipeuse et dénuée de rayons;
quatre rayons au plus à la membrane des branchies.*

ESPÈCES.	CARACTÈRES.
1. LE CHARACIN PIABUQUE.	Neuf rayons à la première nageoire du dos; quarante-trois à celle de l'anus; la caudale fourchue; les deux mâchoires garnies de dents à trois pointes; une raie longitudinale et argentée de chaque côté du poisson.
2. LE CHARACIN DENTÉ.	Dix rayons à la première dorsale; vingt-six à la nageoire de l'anus; les dents très-grandes, renflées, et très-apparentes; la couleur générale argentée; des raies brunes et blanchâtres.
3. LE CHARACIN BOSSU.	Dix rayons à la première dorsale; cinquante-cinq à l'anale; la caudale fourchue; la nuque très-élevée en bosse.
4. LE CHARACIN MOUCHE.	Onze rayons à la première nageoire du dos; vingt-trois à la nageoire de l'anus; la caudale fourchue; une tache noire auprès de chaque opercule.
5. LE CHARACIN DOUBLE-MOUCHE.	Douze rayons à la première nageoire du dos; trente-quatre à l'anale; la caudale fourchue; deux taches noires de chaque côté, l'une auprès de la tête, et l'autre auprès de la nageoire de la queue.

---

(1) Une partie des espèces comprises dans le genre des Characins se
rapporte aux sous-genres que M. Cuvier admet dans le grand genre Saumon, sous les noms de PIABUQUE, RAII, CURIMATE et CITHARINE.

DESM. 1832.

ESPÈCES.	CARACTÈRES.
6. LE CHARACIN SANS-TACHE.	Onze rayons à la première dorsale ; douze à la nageoire de l'anus ; le corps et la queue sans tache.
7. LE CHARACIN CARPEAU.	Onze rayons à la première nageoire du dos et à celle de l'anus ; la caudale fourchue ; les mâchoires sans dents ; le dos élevé et arrondi ; la dorsale très-haute.
8. LE CHARACIN NILOTIQUE.	Neuf rayons à la première dorsale ; vingt-six à la nageoire de l'anus ; la caudale fourchue ; le corps et la queue blancs ; toutes les nageoires jaunâtres.
9. LE CHARACIN NÉFASCH.	Vingt-trois rayons à la première nageoire du dos ; les dents de la mâchoire inférieure, plus grandes que les autres ; de petites écailles sur la base de la caudale ; le dos verdâtre.
10. LE CHARACIN PULVÉRULENT.	Onze rayons à la première nageoire du dos ; vingt-six à la nageoire de l'anus ; la caudale fourchue ; la ligne latérale descendante ; les nageoires un peu pulvérulentes.
11. LE CHARACIN ANOSTOME.	Onze rayons à la première dorsale ; dix à l'anale ; la caudale fourchue ; l'ouverture de la bouche, dans la partie supérieure du bout du museau.
12. LE CHARACIN FRÉDÉRIC.	Onze rayons à la première nageoire du dos ; dix à l'anale ; la caudale fourchue ; de petites écailles sur la base de la nageoire de l'anus ; trois taches noirâtres de chaque côté, entre l'anus et la nageoire de la queue.
13. LE CHARACIN A BANDES.	Treize rayons à la première dorsale ; dix à la nageoire de l'anus ; la caudale en croissant ; les deux mâchoires également avancées ; deux orifices à chaque narine ; un grand nombre de bandes transversales, irrégulières, noirâtres, et dont plusieurs sont réunies deux à deux.
14. LE CHARACIN MÉLANURE.	Neuf rayons à la première nageoire du dos ; trente à l'anale ; la caudale fourchue ; les deux mâchoires également avancées ; un seul orifice à chaque narine ; une tache noire et irrégulière sur chaque côté de la nageoire de la queue.

ESPÈCES.	CARACTÈRES.
15. Le Characin curimate.	Onze rayons à la première dorsale; dix à la nageoire de l'anus; la caudale fourchue; la mâchoire supérieure un peu plus avancée que l'inférieure; un seul orifice à chaque narine; une tache noire sur la ligne latérale, très-près des ventrales.
16. Le Characin odoé.	Neuf rayons à la première nageoire du dos; onze à celle de l'anus; la mâchoire supérieure plus avancée que celle d'en-bas; les dents fortes, inégales et pointues; deux orifices à chaque narine; les nageoires d'un brun-noirâtre.

LE CHARACIN PIABUQUE,[1]

Piabuque argentinus, Cuv.; *Characinus Piabucu*, Lac.; *Salmo argentinus*, Bloch, Linn., Gmel. (2).

Le CHARACIN DENTÉ (3), *Myletes Hasselquistii*, Cuv.; *Characinus dentex* et *Characinus niloticus*, Lac.; *Salmo dentex*, Hasselquist, Linn. (4). — C. BOSSU (5), *Piabuque gibbosus*, Cuv.; *Characinus gibbosus*, Lac.; *Salmo gibbosus*, Linn., Gmel. (6). — C. MOUCHÉ (7), *Characinus notatus*, Lac. (8). — C. DOUBLE-MOUCHE (9), *Piabuque bimaculatus*, Cuv.; *Characinus bimaculatus*, Lac.; *Salmo bimaculatus*, Linn., Gmel. (10). — C. SANS-TACHE (11), *Characinus immaculatus*, Lac.; *Salmo immaculatus*, Linn., Gmel. (12).—C. CARPEAU (13), *Curimata ? cyprinoides*, Cuv.; *Characinus cyprinoides*, Lac.; *Salmo cyprinoides*, Linn., Gmel. (14). — C. NILOTIQUE (15), *Myletes Hasselquistii*, Cuv.; *Characinus niloticus* et *Characinus dentex*, Lac.; *Salmo niloticus* et *Salmo dentex*, Linn., Gmel. (16). — C. NÉFASCH (17), *Citharinus Nefasch*, Geoff., Cuv.; *Characinus Nefasch*, Lac.; *Salmo niloticus*, Hasselquist; *Salmo Egyptius*, Linn., Gmel. (18). — C. PULVÉRULENT (19), *Characinus pulverulentus*, Lac.; *Salmo pulverulentus*, Linn., Gmel. (20).

Nous approchons de la fin de nos études. Nous avons devant nous le but vers lequel nous tendons

---

(1) *Silberstreit*, par les Allemands.
Silberforelle, ibid.
Salmone piabuque. Daubenton et Haüy; Encyclopédie méthodique.

depuis si long-temps. Plus exercés maintenant, hâtons notre marche, et contentons-nous de remarquer rapidement :

Salmone piabuque. Bonnaterre, planches de l'Encyclopédie méthodique.

« Trutta dentata, dorso plano, etc. » Act. Petr. 1761, p. 404.

Piabucu. Marcg. Bras. 170.

Bloch, pl. 382, fig. 1.

(2) Du sous-genre Piabuque, dans le grand genre Saumon de M. Cuvier.   Desm. 1832.

(3) *Phager des anciens,* suivant mon collègue, M. Geoffroy, professeur au Muséum d'histoire naturelle (lettre écrite d'Égypte).

Salmone denté. Bonnaterre, planches de l'Encyclopédie méthodique.

Forskael, Faun. Arab., p. 66, n. 98.

Salmo dentex. Hasselquist, It. 395.

Cyprinus dentex. Mus. Ad. Frid. 1, p. 108.

(4) Ce poisson est du sous-genre Raii (*Myletes*), dans le grand genre Saumon de M. Cuvier.

M. de Lacépède l'a décrit deux fois ; 1° sous le nom de *Characin denté,* et 2° sous celui de *Characin nilotique.* La même erreur existe dans le *Systema naturæ* de Gmelin.   Desm. 1832.

(5) « Charax dorso admodùm prominulo, etc. » Gronov. Mus. 1, n. 53, tab. 1, fig. 4.

Salmone bossu. Daubenton et Haüy, Encyclopédie méthodique.

Id. Bonnaterre, planches de l'Encyclopédie méthodique.

(6) Du sous-genre Piabuque, dans le grand genre Saumon de M. Cuvier.   Desm. 1832.

(7) *Salmone mouche.* Daubenton et Haüy, Encyclopédie méthodique.

Id. Bonnaterre, planches de l'Encyclopédie méthodique.

(8) M. Cuvier ne fait pas mention de ce poisson.   Desm. 1832.

(9) *Doppel fleck,* en Allemagne.

Flackig-hoitting, en Suède.

Salmone double-mouche. Daubenton et Haüy, Encyclopédie méthodique.

Id. Bonnaterre, planches de l'Encyclopédie méthodique.

Bloch, pl. 382, fig. 2.

Gronov. Mus. 1, n. 54, tab. 1, fig. 5.

La petitesse de la tête du piabuque; la saillie
de sa mâchoire inférieure, au-delà de celle d'en-

Mus. Ad. Frid. 1, p. 78, tab. 32, fig. 2.

Coregonus amboinensis. Artedi, spec. 44.

Tetragonopterus. Seba, Mus. 3, p. 106, tab. 34, fig. 3.

(10) Du sous-genre PIABUQUE, dans le grand genre SAUMON de M. Cuvier.

Ce naturaliste remarque qu'on a confondu à tort avec ce poisson le *Tetragonopterus* de Seba, ou *Coregonus amboinensis* d'Artedi, dont il compose un sous-genre à part, sous le nom de *Tétragonoptère.* DESM. 1832.

(11) « Albula pinnâ ani radiis duodecim. » Mus. Ad. Frid. 1, p. 78.

Salmone sans tache. Daubenton et Haüy, Encyclopédie méthodique.

Id. Bonnaterre, planches de l'Encyclopédie méthodique.

(12) M. Cuvier ne cite pas ce poisson.   DESM. 1832.

(13) *Salmone carpeau.* Daubenton et Haüy, Encyclopédie méthodique.

Id. Bonnaterre, planches de l'Encyclopédie méthodique.

Salmone édenté. Bloch, pl. 380.

« Charax maxillâ superiore longiore, capite anticè plagioplateo, etc. » Gronov. Mus. 378.

(14) M. Cuvier pense que ce poisson doit appartenir au sous-genre CURIMATE, dans le grand genre SAUMON.   DESM. 1832.

(15) *Rai,* par les Arabes.

Mus. Ad. Frid. 2, p. 99.

Salmone blanc-jaune. Daubenton et Haüy, Encyclopédie méthodique.

Id. Bonnaterre, planches de l'Encyclopédie méthodique.

(16) Du sous-genre RAII (*Myletes*), dans le grand genre SAUMON de M. Cuvier.

Ce poisson est le même que le *Characin denté* du même article (voyez ci-avant, note 3).   DESM. 1832.

(17) *Salmone néfasch.* Bonnaterre, planches de l'Encyclopédie méthodique.

Salmo niloticus. Hasselquist.

Forskael, Faun. Arab., p. 66.

(18) Du sous-genre CITHARINE, dans le grand genre SAUMON, Cuv. DESM. 1832.

(19) Mus. Ad. Frid. 2, p. 99.

haut ; la surface unie de sa langue ; la membrane
en forme de faucille, qui est tendue à son palais ;
l'orifice unique de chacune de ses narines ; la
courbure de sa ligne latérale ; le verdâtre de son
dos ; le gris de ses nageoires ; sa longueur, qui ne
passe pas un pied ; la blancheur et la délicatesse
de sa chair ; la facilité avec laquelle on le prend
dans les rivières de l'Amérique méridionale, en
attachant à l'hameçon un ver ou un mélange de
sang et de farine :

La couleur blanchâtre des nageoires du denté ;
et le rouge dont brille le lobe inférieur de sa caudale dans les eaux du Nil, ou dans celles de
quelques fleuves de la Sibérie :

Le séjour de choix que fait dans la mer qui
baigne Surinam le characin bossu ; la petitesse de
sa tête, que la bosse de la nuque fait paraître
comme rabaissée ; l'aiguillon incliné vers la queue,
et placé auprès de la base de chacune de ses pectorales ; le roux argenté de sa couleur générale ;
et la tache noire de chacun de ses côtés :

La forme pointue de la tête du characin mouche,
qui vit à Surinam, comme le bossu.

Le peu de largeur de l'ouverture de la gueule
du characin double-mouche ; l'égale prolongation
de ses deux mâchoires ; la double rangée de dents

Salmone pointillé. Daubenton et Haüy, Encyclopédie méthodique.
Id. Bonnaterre, planches de l'Encyclopédie méthodique.
(20) M. Cuvier ne fait aucune mention de ce poisson.   Desm. 1832.

qui garnit sa mâchoire d'en-haut; la surface lisse de sa langue et de son palais; le double orifice de chacune de ses narines; la forme tranchante du dessous de son ventre; l'arrondissement de son dos; la direction de sa ligne latérale, qui est droite, le bleu argentin de ses côtés; le verdâtre de sa partie supérieure; les nuances jaunes de sa dorsale, de ses pectorales et de ses ventrales; la couleur brune de ses autres nageoires; la blancheur et la graisse délicate que présente sa chair dans les rivières de Surinam et dans celles d'Amboine :

Le blanc argentin du characin sans tache, que l'on a pêché en Amérique :

La tête comprimée et dénuée de petites écailles du carpeau; la grosseur de son museau arrondi; la forme de ses lèvres charnues, qui compense un peu son défaut de dents aux mâchoires; la surface douce de sa langue; le double orifice de chacune de ses narines; les trois pièces de chacun de ses opercules; la convexité de son ventre; la carène de son dos; la rectitude de sa ligne latérale; la mollesse de ses écailles; le brunâtre de sa partie supérieure; l'argentin de ses côtés; le rougeâtre de ses nageoires; la bonté de sa chair; et l'intérêt qu'à Surinam on attache à sa prise (1) :

La brièveté de la nageoire adipeuse du nilotique, dont le nom indique la patrie :

______

(1) Nous n'avons pas cru, malgré l'autorité de Bloch, devoir séparer son édenté de notre characin carpeau.

La préférence que donne le néfasch au fleuve qui nourrit le nilotique :

La force et l'inégalité des dents qui garnissent la mâchoire supérieure du characin pulvérulent d'Amérique (1), ainsi que sa mâchoire inférieure,

------

(1)   4 rayons à la membrane branchiale du characin piabuque.
     12 rayons à chaque pectorale.
      8 rayons à chaque ventrale.
     20 rayons à la nageoire de la queue.

      4 rayons à la membrane des branchies du characin denté.
     15 rayons à chaque pectorale.
      9 rayons à chaque ventrale.
     25 rayons à la caudale.

      4 rayons à la membrane branchiale du characin bossu.
     11 rayons à chaque pectorale.
      8 rayons à chaque ventrale.
     19 rayons à la nageoire de la queue.

      4 rayons à la membrane des branchies du characin mouche.
     16 rayons à chacune de ses pectorales.
      7 rayons à chacune de ses ventrales.
     24 rayons à la caudale.

      4 rayons à la membrane branchiale du characin double-mouche.
     11 rayons à chacune de ses pectorales.
      8 rayons à chaque ventrale.
     19 rayons à la nageoire de la queue.

      4 rayons à la membrane des branchies du characin sans tache.
     14 rayons à chaque pectorale.
     11 rayons à chaque ventrale.
     20 rayons à la caudale.

      4 rayons à la membrane branchiale du characin carpeau.
     13 rayons à chaque pectorale.
     10 rayons à chaque ventrale.
     23 rayons à la nageoire de la queue.

laquelle est un peu plus courte que celle d'en-
haut; la surface lisse de sa langue; le rayon aiguillonné de sa dorsale et de sa nageoire de
l'anus; la blancheur d'un grand nombre de ses
écailles.

En tout, les characins ont de très-grands rapports avec les salmones, parmi lesquels ils ont été
placés par d'illustres naturalistes, mais dont nous
avons dû les séparer pour obéir aux véritables
principes d'une distribution méthodique des
poissons.

---

13 rayons à chaque pectorale du characin nilotique.
 9 rayons à chaque ventrale.
19 rayons à la caudale.

 4 rayons à la membrane des branchies du characin néfasch.
14 rayons à chaque pectorale.
 9 rayons à chaque ventrale.

 4 rayons à la membrane branchiale du characin pulvérulent.
16 rayons à chaque pectorale.
 8 rayons à chaque ventrale.
18 rayons à la nageoire de la queue.

LE CHARACIN ANOSTOME,[1]

Anostomus . . . . . . , Cuv.; *Characinus anostomus*, Lac. (2).

Le CHARACIN FRÉDÉRIC (3), *Curimata Fridericii*, Cuv.; *Characinus Friderici*, Lac.; *Salmo Friderici*, Bl. (4). — C. A BANDES (5), *Curimate fasciatus*, Cuv.; *Characinus fasciatus*, Lac.; *Salmo fasciatus*, Bl. (6). — C. MÉLANURE (7), *Piabuque melanurus*, Cuv.; *Characinus melanurus*, Lac.; *Salmo melanurus*, Bl. (8). — C. CURIMATE (9), *Curimate unimacutus*, Cuv.; *Characinus Curimata*, Lac.; *Salmo unimaculatus*, Bl. (10). — C. ODOÉ (11), *Hydrocyon Odoe*, Cuv.; *Characinus Odoe*, Lac.; *Salmo Odoe*, Bl. (12).

L'ANOSTOME a la tête comprimée; la mâchoire inférieure terminée par une sorte de mamelon

---

(1) *Salmone anostome.* Daubenton et Haüy, Encyclopédie méthodique. *Id.* Bonnaterre, planches de l'Encyclopédie méthodique.

(2) Le Characin anostome de Lacépède forme le type du sous-genre ANOSTOME, que M. Cuvier admet dans le grand genre SAUMON. DESM. 1832.

(3) Bloch, pl. 378.

(4) Le Characin Frédéric est placé par M. Cuvier dans le sous-genre CURIMATE, du grand genre SAUMON. DESM. 1832.

(5) Bloch, pl. 379.

(6) Du sous-genre CURIMATE, dans le grand genre SAUMON, Cuv. DESM. 1832.

(7) Bloch, pl. 381, fig. 2.

(8) Du sous-genre PIABUQUE, dans le grand genre SAUMON. DESM. 1832.

(9) *Capelan,* par les Anglais.

arrondi; la nuque abaissée; la partie antérieure du dos convexe; les écailles grandes; la couleur générale brune; les raies longitudinales moins foncées.

Bloch a publié le premier la description des cinq characins dont il nous reste à parler, et qu'il a inscrits parmi les salmones.

Il faut compter au nombre des caractères principaux du frédéric le peu de grosseur de la tête, qui n'est pas revêtue de petites écailles; la force des lèvres; l'égal avancement des deux mâchoires; les six dents allongées et inégales de la mâchoire d'en-bas; les huit dents petites et pointues de celle d'en-haut; la verrue qui est derrière le milieu de ces huit dents; la surface unie du palais, et de la langue qui est très-courte; le double orifice de chaque narine; l'élévation de la partie antérieure du dos; la courbure de la ligne latérale; l'appendice de chaque nageoire du ventre; la grandeur des écailles; l'excellent goût de la chair; le jaune argentin de la couleur générale; les nuances violettes de la partie supérieure; le jaune et le bleu des nageoires.

Le characin à bandes, qui vit à Surinam,

Einfleck, par les Allemands.

Bloch, pl. 381, fig. 3.

(10) Du sous-genre CURIMATE, dans le genre SAUMON. DESM. 1832.

(11) Bloch, pl. 386.

(12) Du sous-genre HYDROCIN (*Hydrocyon*), dans le grand genre SAUMON, selon M. Cuvier. DESM. 1832.

comme le frédéric, a l'orifice de chaque narine double; son dos est caréné; on voit un appendice auprès de chacune de ses ventrales.

Surinam est encore la patrie du mélanure et du curimate.

Le corps et la queue du mélanure sont argentés; son dos est gris; ses nageoires sont jaunâtres; des dents très-petites garnissent ses mâchoires; chacune de ses narines n'a qu'un orifice.

Le curimate a la langue libre et unie; le dos est brunâtre; les côtés et le ventre sont argentins; une teinte grise distingue les nageoires.

Ce characin habite les eaux douces, et particulièrement les lacs de l'Amérique méridionale. Sa chair est blanche, feuilletée et très-délicate.

L'odoé se trouve sur les côtes de Guinée (1).

---

(1)   4 rayons à la membrane branchiale du characin anostome.

13 rayons à chaque pectorale.

7 rayons à chaque ventrale.

25 rayons à la nageoire de la queue.

4 rayons à la membrane des branchies du characin frédéric.

12 rayons à chaque pectorale.

9 rayons à chaque ventrale.

20 rayons à la caudale.

4 rayons à la membrane branchiale du characin à bandes.

15 rayons à chaque pectorale.

10 rayons à chaque ventrale.

22 rayons à la nageoire de la queue.

4 rayons à la membrane des branchies du characin mélanure.

12 rayons à chaque pectorale.

8 rayons à chaque ventrale.

20 rayons à la caudale.

Il est très-vorace, et d'autant plus dangereux pour les petits poissons, qu'il parvient à la longueur de trois pieds. Il est poursuivi à son tour par beaucoup d'ennemis; et les pêcheurs lui font une guerre cruelle, parce que sa chair rougeâtre est grasse et très-agréable au goût. Son museau est avancé; l'ouverture de sa bouche très-grande; le palais rude; la langue lisse; l'orifice de chaque narine double; le dessus de la tête comme ciselé et rayonné en deux endroits; le ventre très-long; la première dorsale plus rapprochée de la caudale que les nageoires du ventre; la ligne latérale un peu courbée; le dos presque noir; la couleur des côtés, d'un brun ou d'un roux plus ou moins clair.

---

4 rayons à la membrane branchiale du characin curimate.

14 rayons à chaque pectorale.

11 rayons à chaque ventrale.

20 rayons à la nageoire de la queue.

4 rayons à la membrane des branchies du characin odoé.

14 rayons à chaque pectorale.

9 rayons à chaque ventrale.

28 rayons à la caudale.

CENT QUATRE-VINGT-DEUXIÈME GENRE.

LES SERRASALMES (1).

La bouche à l'extrémité du museau ; la tête, le corps et la queue, comprimés ; des écailles facilement visibles sur le corps et sur la queue ; point de grandes lames sur les côtés, de cuirasse, de piquants aux opercules, de rayons dentelés, ni de barbillons ; deux nageoires dorsales ; la seconde adipeuse et dénuée de rayons ; la partie inférieure du ventre carénée et dentelée comme une scie.

ESPÈCE.	CARACTÈRES.
Le Serrasalme rhomboïde.	Deux ou trois rayons aiguillonnés et quinze rayons articulés à la première nageoire du dos ; deux rayons aiguillonnés et trente rayons articulés à celle de l'anus ; la caudale en croissant ; le dos très-élevé auprès de la première dorsale ; la caudale bordée de noir.

(1) M. Cuvier adopte ce groupe, mais le considère comme un sous-genre de son grand genre SAUMON.   DESM. 1832.

LE
SERRASALME RHOMBOÏDE.[1]

Serrasalmus (Salmo) Rhombeus, Lac., Cuv.; *Salmo Rhombeus*,
Bl., Linn., Gmel. (2).

L*es* serrasalmes ressemblent beaucoup aux clupées, dont nous parlerons dans un des articles
suivants, et aux salmones, parmi lesquels ils ont
été comptés. Ils ont, par exemple, sur la carène
de leur ventre, une dentelure analogue à celle
que l'on voit sur la partie inférieure des clupées;
et ils présentent la nageoire dorsale et adipeuse
des salmones. Leur nom désigne cette dentelure,
ainsi que leur affinité avec le genre qui comprend
les saumons et les truites.

Nous n'avons encore inscrit qu'une espèce parmi
les serrasalmes; nous lui avons conservé la dénomination de *Rhomboïde*, pour rappeler celle qu'a

---

(1) *Sagebauch*, par les Allemands.
Salmone rhomboïde. Daubenton et Haüy, Encyclopédie méthodique.
Id. Bonnaterre, planches de l'Encyclopédie méthodique.
Pallas, Spicil. zoolog. 8, p. 52, tab. 5, fig. 3.
Bloch, pl. 383.
(2) Voyez la note de la page précédente. D*esm*. 1832.

employée le célèbre Pallas en faisant connaître cette espèce remarquable.

Le rhomboïde vit dans les rivières de Surinam; il y parvient à une grosseur considérable; et il y est si vorace, qu'il poursuit souvent les jeunes oiseaux d'eau. L'ouverture de sa bouche est grande : la mâchoire inférieure est un peu plus avancée que la supérieure; l'une et l'autre, et surtout celle d'en-bas, sont armées de dents larges, fortes et pointues. La langue est libre, mince et unie; mais les deux côtés du palais sont garnis d'une rangée de petites dents. Le front est presque vertical. Chaque narine a deux ouvertures très-rapprochées; les opercules sont rayonnés; la ligne latérale est droite; les écailles sont molles et petites; l'anus est à une égale distance de la tête et de la caudale; des écailles semblables à celles du dos couvrent une grande partie de l'anale; on voit un appendice auprès de chaque nageoire du ventre; la dentelure qui règne sur la partie inférieure du poisson, est formée par une suite de piquants recourbés, dont chacun tient à deux lobes écailleux, placés sous la peau, des deux côtés de la carène; le piquant le plus voisin de l'anus est double; il y a d'ailleurs au-devant de la première dorsale un autre piquant à trois pointes, dont la plus longue est inclinée vers la tête. Au reste, cette première dorsale et la nageoire de l'anus sont en forme de faux.

La chair du rhomboïde est blanche, grasse,

délicate; la couleur générale de ce poisson montre des nuances rougeâtres, relevées par des points noirs; les côtés sont argentins; les nageoires sont grises (1).

---

(1) 4 rayons à la membrane branchiale du serrasalme rhomboïde.

15 rayons à chaque pectorale

8 rayons à chaque ventrale.

18 rayons à la nageoire de la queue.

CENT QUATRE-VINGT-TROISIÈME GENRE.

LES ÉLOPES (1).

Trente rayons, ou plus, à la membrane des branchies; les yeux gros, rapprochés l'un de l'autre, et presque verticaux; une seule nageoire dorsale; un appendice écailleux auprès de chaque nageoire du ventre.

ESPÈCE.	CARACTÈRES.
L'ÉLOPE SAURE.	Vingt-deux rayons à la nageoire du dos; seize à celle de l'anus; la caudale fourchue; la mâchoire d'en-bas plus avancée que celle d'en-haut; la langue, les deux mâchoires et le palais, garnis d'un grand nombre de petites dents.

---

(1) M. Cuvier considère le genre ÉLOPE, Lac., comme devant former un sous-genre dans le grand genre SAUMON, et il le nomme SAURE, *Saurus.*

M. Cuvier conserve d'ailleurs le genre ÉLOPE de Linnée, mais il le place dans la famille des CLUPES.   DESM. 1832.

L'ÉLOPE SAURE.[1]

Saurus . . . ., Cuv.; *Elops Saurus*, Lac.; *Salmo Saurus*,
Bl., Linn., Gmcl. (2).

———

Les élopes se rapprochent des salmones par
plusieurs traits.

Le saure a la tête longue, dénuée de petites
écailles, comprimée et un peu aplatie dans sa
surface supérieure ; les os de ses lèvres sont longs,
et leur bord est un peu dentelé ; chacune de ses
narines a deux orifices ; son opercule est composé
de deux pièces, mais ne couvre pas en entier la
membrane branchiale ; sa ligne latérale est droite ;
son anus est une fois plus loin de la tête que de la
nageoire de la queue. Des nuances bleues et argentines composent ordinairement sa couleur gé-

———

(1) *Élope saure.* Daubenton et Haüy, Encyclopédie méthodique.
Id. Bonnaterre, planches de l'Encyclopédie méthodique.
Saurus maximus. Sloan. Jamaic. 2, p. 284, tab. 251, fig. 1.
Bloch, pl. 303, fig. 1 et 1.
(2) Du sous-genre SAURE de M. Cuvier, dans son grand genre des
SAUMONS, famille des poissons Malacoptérygiens abdominaux sal-
mones. DESM. 1832.

nérale; sa tête est souvent comme dorée; et des teintes rouges brillent sur ses nageoires (1).

---

(1) 34 rayons à la membrane des branchies de l'élope saure.

18 rayons à chaque pectorale.

15 rayons à chaque ventrale.

30 rayons à la nageoire de la queue.

CENT QUATRE-VINGT-QUATRIÈME GENRE.

LES MÉGALOPES (1).

Les yeux très-grands; vingt-quatre rayons ou plus à la membrane des branchies.

ESPÈCE.	CARACTÈRES.
LE MÉGALOPE FILAMENT.	Le dernier rayon de la nageoire dorsale terminé par un filament très-long et très-délié.

(1) M. Cuvier adopte ce genre de M. de Lacépède.　Desm. 1832.

LE MÉGALOPE FILAMENT.[1]

Megalops filamentosus, Lac., Cuv. (2).

Nous avons trouvé dans les manuscrits de Commerson une description très-courte et très-précise de ce poisson. Cet osseux se rapproche des élopes par plusieurs traits; mais il ne peut pas appartenir au genre de ces derniers. Nous avons dû d'ailleurs l'inscrire dans un genre différent de tous ceux que l'on connaît. Il vit dans les environs du fort Dauphin de l'île de Madagascar.

---

(1) *Oculeus* seu *megalops.*—« Postremo pinnæ dorsalis radio, in setam « longissimam retroducto ; vel, pinnâ dorsali in setam longissimam « abeunte ; radiis membranæ branchiostegæ viginti quatuor. » Commerson, manuscrits déja cités.

(2) Du genre Mégalope, dans la famille des Clupes, ordre des Malacoptérygiens abdominaux. Desm. 1832.

CENT QUATRE-VINGT-CINQUIÈME GENRE.

LES NOTACANTHES (1).

*Le corps et la queue très-allongés; la nuque élevée et arron-
die; la tête grosse; la nageoire de l'anus très-longue et réunie avec celle de la queue; point de nageoire dorsale; des
aiguillons courts, gros, forts, et dénués de membrane à la
place de cette dernière nageoire.*

ESPÈCE.	CARACTÈRES.
LE NOTACANTHE NEZ.	La mâchoire supérieure plus avancée que celle d'en-bas; l'ouverture de la bouche située au dessous du museau, qui est prolongé en avant, et un peu arrondi; la tête et les opercules garnis de petites écailles; dix gros aiguillons sur le dos.

(1) M. Cuvier admet ce genre dans la famille des Acanthoptérygiens
abdominaux.   DESM. 1832.

LE NOTACANTHE NEZ.[1]

Notacanthus nasus, Bl., Lac., Cuv. (2).

Bloch a fait graver la figure de cet animal, beau dans ses couleurs, délié dans ses formes, agile dans ses mouvements, rapide dans sa natation, vorace, hardi, dangereux pour les jeunes poissons, dont il aime à faire sa proie, et qui serait lié par les plus grands rapports avec les trichiures, si ces derniers, au lieu d'être entièrement privés de ces nageoires inférieures qu'on a comparées à des pieds, avaient des nageoires ventrales, comme le notacanthe.

Cet osseux parvient à une longueur considérable. Sa couleur générale est argentine, variée par des teintes dorées; les reflets d'or et d'argent brillent d'autant plus sur sa surface, qu'en un clin-d'œil il offre un grand nombre d'ondulations diverses, présente à la lumière mille faces différentes, réfléchit les rayons du soleil dans toutes les directions; et d'ailleurs ces nuances éclatantes

---

(1) *Der stachelrucken.* Bloch , pl. 431.
(2) Voyez la note de la page précédente. Desm. 1832.

sont relevées par quinze ou seize bandes transversales et brunes, que l'on voit sur son corps
et sur sa queue, ainsi que par les tons brunâtres
qui distinguent ses nageoires.

Son iris est argenté; ses yeux sont gros; chaque
narine n'a qu'un orifice; les dents des deux mâchoires sont égales, fortes et serrées; on compte
deux pièces arrondies à l'opercule; le commencement de la nageoire de l'anus montre une douzaine d'aiguillons écartés l'un de l'autre, recourbés, et soutenus par une membrane que revêtent
de petites écailles; la caudale est lancéolée; les
pectorales sont grandes (1).

---

(1) 15 ou 16 rayons à chaque pectorale du notacanthe nez.

2 rayons aiguillonnés et 8 rayons articulés à chaque ventrale.

Plus de 80 rayons articulés à la nageoire de l'anus et à celle de la
queue réunies.

CENT QUATRE-VINGT-SIXIÈME GENRE.

LES ÉSOCES (1).

L'ouverture de la bouche grande ; le gosier large ; les mâchoires garnies de dents nombreuses, fortes et pointues ; le museau aplati ; point de barbillons ; l'opercule et l'orifice des branchies très-grands ; le corps et la queue très-allongés et comprimés latéralement ; les écailles dures ; point de nageoire adipeuse ; les nageoires du dos et de l'anus courtes ; une seule dorale ; cette dernière nageoire placée au-dessus de l'anale, ou à-peu-près, et beaucoup plus éloignée de la tête que les ventrales.

PREMIER SOUS-GENRE.

La nageoire de la queue fourchue, ou échancrée en croissant.

ESPÈCES.	CARACTÈRES.
1. L'ÉSOCE BROCHET.	Vingt rayons à la nageoire du dos ; dix-sept à celle de l'anus ; quinze à la membrane des branchies ; la tête comprimée ; le museau très-aplati ; l'entre-deux des yeux et la nuque élevés et arrondis ; la dorsale, l'anale et la caudale brunes, avec des taches noires.
2. L'ÉSOCE AMÉRICAIN.	Seize rayons à la nageoire du dos ; douze à la membrane des branchies ; huit à chaque ventrale ; la tête comprimée ; le museau très-aplati ; l'entre-deux des yeux et la nuque élevés et arrondis ; la mâchoire d'en-haut plus courte que celle d'en-bas.

---

(1) Le genre Ésoce est le type d'une famille particulière dans l'ordre des Malacoptérygiens abdominaux, selon M. Cuvier.   DESM. 1832.

ESPÈCES.	CARACTÈRES.
3. L'Ésoce bélone.	Vingt rayons à la nageoire du dos ; vingt-trois à l'anale ; quatorze à la membrane branchiale ; la dorsale et la nageoire de l'anus, un peu en forme de faux ; la tête petite ; la mâchoire inférieure un peu plus avancée que celle d'en-haut ; ces deux mâchoires très-étroites, et deux fois plus longues que la tête proprement dite ; le corps et la queue très-déliés et serpentiformes.
4. L'Ésoce argenté.	Le corps et la queue très-déliés ; la couleur générale brune ; des taches jaunes en forme de lettres.
5. L'Ésoce gambarur.	Un rayon aiguillonné et quatorze rayons articulés à la nageoire du dos ; un rayon aiguillonné et quatorze rayons articulés à la nageoire de l'anus ; quatorze rayons à la membrane des branchies ; la mâchoire inférieure six fois plus longue que la supérieure ; une raie longitudinale et argentée de chaque côté de l'animal.
6. L'Ésoce espadon.	Quatorze rayons à la dorsale ; douze à l'anale ; quatorze à la membrane branchiale ; la mâchoire inférieure terminée par une prolongation très-étroite, conique, et sept ou huit fois plus longue que la mâchoire d'en-haut ; la ligne latérale située très-près du dessous du corps et de la queue, dont elle suit la courbure inférieure ; des bandes transversales.
7. L'Ésoce tête-nue.	Treize rayons à la nageoire du dos ; vingt-six à celle de l'anus ; sept à chaque ventrale ; les deux mâchoires également avancées ; la tête dénuée de petites écailles.
8. L'Ésoce chirocentre.	La mâchoire inférieure plus avancée que celle d'en-haut ; les dents longues et crochues ; la nageoire du dos plus courte que celle de l'anus ; ces deux nageoires falciformes ; les ventrales très-petites ; point de petites écailles sur la tête, ni sur les opercules ; un piquant très-fort, long, et dégagé, au-dessus de la base de chaque pectorale.

SECOND SOUS-GENRE.

La nageoire de la queue arrondie ou rectiligne, et sans échancrure.

ESPÈCE.	CARACTÈRES.
9. L'ÉSOCE VERT.	Onze rayons à la nageoire du dos; dix-sept à l'anale; la caudale arrondie; la mâchoire inférieure plus avancée que la supérieure; les écailles minces; la couleur générale verte ou verdâtre.

L'ÉSOCE BROCHET,[1]

Esox Lucius, Linn., Bloch, Lac., Cuv. (2).

ET

L'ÉSOCE AMÉRICAIN.[3]

Esox Lucius, var. B, Linn., Gmel.; *Esox Americanus*,
Lacep. (4).

———

LE brochet est le requin des eaux douces; il y
règne en tyran dévastateur, comme le requin au

———

(1) *Lançon*, quand il est très-jeune.

Lanceron, id.

Poignard, quand il est d'une grosseur moyenne.

Carreau, quand il est plus gros.

Béquet, dans quelques départements de France.

Bechet, ibid.

Lucs, ibid.

Lupule, ibid.

Luccio, en Italie.

Luzzo, ibid.

Trigle, à Malte.

Grashecht (quand il n'a qu'un an), en Allemagne.

Hecht, ibid.

Stukha, en Hongrie.

Csuka, ibid.

Szuk, en Pologne.

Szuka, ibid.

Zurcha, chez les Calmouques.

Tschortan, en Tatarie.

LACÉPÈDE. Tome X. 27

milieu des mers. S'il a moins de puissance, il ne rencontre pas de rivaux aussi redoutables ; si son

---

Aug, en Livonie.

Tschuk, en Russie.

Tschuw, ibid.

Schurtan, ibid.

Scheschuk, ibid.

Giadde, en Suède.

Gidde, en Danemarck.

Snoek, en Hollande.

Geep-visch, ibid.

Pike, en Angleterre.

Pikerelle, ibid.

Kamas, au Japon.

Ésoce brochet. Daubenton et Haüy, Encyclopédie méthodique.

Id. Bonnaterre, planches de l'Encyclopédie méthodique.

Bloch, pl. 32.

Faun. Suecic. 355.

Meiding. Ic. pisc. Austr., t. 10.

« Esox rostro plagioplateo. » Artedi, gen. 10, spec. 53, syn. 26.

Lucius. Auson. Mos. v. 122.

Id. Wotton, lib. 8, cap. 190, fol. 169.

Brochet. Rondelet, des poissons de rivière, chap. 11.

Lucius. Salvian., fol. 94, *b.* 95.

Id. Gesn., p. 500, 501, et (germ.) 175 *b.*

Id. Schonev., p. 44.

Id. Aldrovand., lib. 5, cap. 39, p. 630, 635.

Id. Jonston., lib. 3, tit. 3, cab. 5, cap. 29, fig. 1. Thaum., p. 417.

Id. Charleton, p. 162.

Id. Willughby, p. 236.

Id. Rai, p. 112.

Gronov. Mus. 1, n. 28.

Belon, Aquat., p. 292, It., p. 104.

Brochet. Camper, Mémoires des savants étrangers, 6, p. 177.

Pike. Brit. Zoology, 3, p. 270, n. 1.

Brochet. Valmont de Bomare, Dictionnaire d'histoire naturelle.

empire est moins étendu, il a moins d'espace à parcourir pour assouvir sa voracité; si sa proie est moins variée, elle est souvent plus abondante, et il n'est point obligé, comme le requin, de traverser d'immenses profondeurs pour l'arracher à ses asyles. Insatiable dans ses appétits, il ravage avec une promptitude effrayante les viviers et les étangs. Féroce sans discernement, il n'épargne pas son espèce, il dévore ses propres petits. Goulu sans choix, il déchire et avale, avec une sorte de fureur, les restes mêmes des cadavres putréfiés. Cet animal de sang est d'ailleurs un de ceux auxquels la nature a accordé le plus d'années : c'est pendant des siècles qu'il effraie, agite, poursuit, détruit et consomme les faibles habitants des eaux douces qu'il infeste; et comme si, malgré son insatiable cruauté, il devait avoir reçu tous les dons, il a été doué non seulement d'une grande force, d'un grand volume, d'armes nombreuses, mais encore de formes déliées, de proportions agréables, de couleurs variées et riches.

L'ouverture de sa bouche s'étend jusqu'à ses yeux. Les dents qui garnissent ses mâchoires sont fortes, acérées et inégales : les unes sont immo-

---

(2) Le Brochet forme le type du sous-genre des BROCHETS, dans le grand genre du même nom. DESM. 1832.

(3) Schœpf. Naturf. 20, p. 26.

(4) L'Ésoce américain décrit dans cet article est peut-être une des deux espèces des États-Unis qui ont été nommées, par M. Lesueur, *Esox reticularis* et *Esox Eston*, Act. de l'Ac. des Sc. nat. de Philadelphie, tome I. DESM. 1832.

biles, fixes et plantées dans les alvéoles; les autres, mobiles, et seulement attachées à la peau, donnent au brochet un nouveau rapport de conformation avec le requin. On a compté sur le palais sept cents dents de différentes grandeurs, et disposées sur plusieurs rangs longitudinaux, indépendamment de celles qui entourent le gosier. Le corps et la queue, très-allongés, très-souples et très-vigoureux, ont, depuis la nuque jusqu'à la dorsale, la forme d'un prisme à quatre faces dont les arêtes seraient effacées.

Pendant sa première année, sa couleur générale est verte; elle devient, dans la seconde année, grise et diversifiée par des taches pâles, qui, l'année suivante, présentent une nuance d'un beau jaune. Ces taches sont irrégulières, distribuées presque sans ordre, et quelquefois si nombreuses, qu'elles se touchent et forment des bandes ou des raies. Elles acquièrent souvent l'éclat de l'or pendant le temps du frai, et alors le gris de la couleur générale se change en un beau vert (1). Lorsque le brochet séjourne dans des eaux d'une nature particulière, qu'il éprouve la disette, ou qu'il peut se procurer une nourriture trop abondante, ses nuances varient. On le voit, dans certaines circonstances, jaune avec des taches noires. Au reste, parvenu à une certaine grosseur,

---

(1) Voyez ce que nous avons dit des couleurs des poissons, dans le Discours sur la nature de ces animaux.

il a presque toujours le dos noirâtre et le ventre blanc avec des points noirs.

L'œsophage et l'estomac montrent de grands plis pâles ou rouges, par le moyen desquels l'animal peut rejeter à volonté les substances qu'il avale dans les accès de sa voracité, et qu'il ne peut pas digérer. Cette faculté lui est commune avec la morue, ainsi qu'avec les squales, et particulièrement avec le requin, dont elle le rapproche encore. L'estomac est d'ailleurs très-long ; et, comme de ses grandes dimensions résulte une très-grande abondance de sucs digestifs, dont l'action très-vive se manifeste par les appétits violents qu'elle produit, il n'est pas surprenant que le canal intestinal proprement dit soit très-court, et n'offre qu'une sinuosité, comme dans un très-grand nombre d'animaux féroces et carnassiers.

Le foie est long et sans division ; la vésicule du fiel grosse ; le fiel jaune ; la laite double, ainsi que l'ovaire ; le péritoine blanc et brillant ; l'épine dorsale composée de soixante-une vertèbres ; le nombre des côtes est de soixante.

L'organe de l'ouïe renferme un troisième osselet pyramidal, garni à sa base d'un grand nombre de petits aiguillons, et placé dans la cavité qui sert de communication aux trois canaux demi-circulaires. Cet organe contient aussi une sorte de rudiment d'un quatrième canal demi-circulaire, qui communique avec le sinus par lequel se réunissent les trois canaux auxquels le nom de *demi-circu-*

laire a été donné. Voilà donc le sens de l'ouïe du brochet plus parfait que celui de presque tous les autres poissons osseux. Cet avantage lui donne un nouveau trait de ressemblance avec le requin et les squales; il lui donne de plus la facilité d'éviter de plus loin un ennemi dangereux, ou de s'assurer de l'approche d'une proie difficile à surprendre; et, d'après l'organisation particulière de son oreille, on doit être moins étonné que l'on ait remarqué, du temps même de Pline, la finesse de son ouïe, et que, sous Charles IX, roi de France, des individus de l'espèce que nous décrivons, réunis dans un bassin du Louvre, vinssent, lorsqu'on les appelait, recevoir la nourriture qu'on leur avait préparée.

La vessie natatoire du brochet est simple, mais grande; et sans cet instrument, ce poisson ne parcourrait pas avec la rapidité qu'il développe, les espaces qu'il franchit, contre les courants des fleuves impétueux, et au milieu des eaux les plus pures, et par conséquent les moins pesantes et les moins propres à le soutenir.

C'est en effet dans les rivières, les fleuves, les lacs et les étangs, qu'il se plaît à séjourner. On ne le voit dans la mer que lorsqu'il y est entraîné par des accidents passagers, et retenu par des causes extraordinaires, qui ne l'empêchent pas d'y dépérir; mais on l'a observé dans presque toutes les eaux douces de l'Europe.

Belon a écrit qu'il l'avait vu dans le Nil, où il

croyait que les anciens lui avaient donné le nom d'*Oxyrhynchus* (1) (museau pointu). Mon collègue, M. Geoffroy, professeur du Muséum d'histoire naturelle, va publier une dissertation très-savante sur les animaux de l'Égypte, dans laquelle on trouvera à quel poisson, différent de celui que nous examinons, les anciens avaient réellement appliqué cette dénomination d'*Oxyrhynque*.

Le brochet parvient jusqu'à la longueur de six à neuf pieds, et jusqu'au poids de quatre-vingts ou cent livres. Il croît très - promptement. Dès sa première année, il est très-souvent long d'un pied; dès la seconde, de quinze pouces; dès la troisième, de deux pieds; dès la sixième, de près de six pieds; dès la douzième, de huit pieds ou environ : et cependant cet animal destructeur arrive jusqu'à un âge très-avancé. Rzaczynsky parle d'un brochet de quatre-vingt-dix ans. En 1497 on prit à Kaiserslautern, près de Manheim, un autre brochet qui avait plus de dix-huit pieds de longueur, qui pesait trois cent soixante livres, et dont le squelette a été conservé pendant long-temps à Manheim. Il portait un anneau de cuivre doré, attaché, par ordre de l'empereur Frédéric-Barberousse, deux cent soixante-sept ans auparavant. Ce monstrueux poisson avait donc vécu près de trois siècles. Quelle effrayante quantité d'animaux plus faibles

____

(1) Belon, liv. 2 , chap. 32.

que lui il avait dû dévorer pour alimenter son énorme masse pendant une si longue suite d'années !

Le brochet cependant n'est pas seulement dangereux par la grandeur de ses dimensions, la force de ses muscles, le nombre de ses armes; il l'est encore par les finesses de la ruse et les ressources de l'instinct.

Lorsqu'il s'est élancé sur de gros poissons, sur des serpents, des grenouilles, des oiseaux d'eau, des rats, de jeunes chats, ou même de petits chiens tombés ou jetés dans l'eau, et que l'animal qu'il veut dévorer lui oppose un trop grand volume, il le saisit par la tête, le retient avec ses dents nombreuses et recourbées, jusqu'à ce que la portion antérieure de sa proie soit ramollie dans son large gosier, en aspire ensuite le reste, et l'engloutit. S'il prend une perche ou quelque autre poisson hérissé de piquants mobiles, il le serre dans sa gueule, le tient dans une position qui lui interdit tout mouvement, et l'écrase, ou attend qu'il meure de ses blessures.

Tous les brochets ne fraient pas à la même époque : les uns pondent ou fécondent les œufs dès le milieu de février, d'autres en mars, et d'autres en avril. S'ils sont très-redoutables pour les habitants des eaux qu'ils fréquentent, ils sont très-souvent livrés sans défense à des ennemis intérieurs qui les tourmentent vivement. Bloch a vu dans leur canal alimentaire différents vers intestinaux, et il a compté dans un de ces poissons, qui ne pesait qu'une livre et demie, jusqu'à cent vers, du genre des vers solitaires.

Mais ils ont encore plus à craindre des pêcheurs qui les poursuivent. On les prend de diverses manières : en hiver, sous les glaces ; en été, pendant les orages, qui, en éloignant d'eux leurs victimes ordinaires, les portent davantage vers les appâts ; dans toutes les saisons, au clair de la lune ; dans les nuits sombres, au feu des bois résineux. On emploie, pour les pêcher, le trident, la ligne, le colleret, la truble, l'épervier, la louve, la nasse (1).

---

(1) On trouve la description du *colleret* dans l'article du centropome sandat ; de la *truble*, dans celui du misgurne fossile ; de la *louve* et de la *nasse*, dans celui du pétromyzon lamproie. L'*épervier* est un filet en forme d'entonnoir ou de cloche, dont l'ouverture a quelquefois soixante pieds de circonférence. Cette circonférence est garnie de balles de plomb, et le long de ce contour le filet est retroussé en dedans, et attaché de distance en distance, pour former des bourses. On se sert de l'*épervier* de deux manières : en le traînant, et en le jetant. Lorsqu'on le traîne, deux hommes placés sur les bords du courant d'eau maintiennent l'ouverture du filet dans une position à-peu-près verticale, par le moyen de deux cordes attachées à deux points de cette ouverture. Un troisième pêcheur tient une corde qui répond à la pointe du filet. Si l'on s'aperçoit qu'il y ait du poisson de pris, et qu'on veuille relever l'*épervier*, les deux premiers pêcheurs lâchent leurs cordes, de manière que toute la circonférence de l'ouverture du filet porte sur le fond ; le troisième tire à lui la corde qui tient au sommet de la cloche, se balance pour que les balles de plomb se rapprochent les unes des autres, et quand il les voit réunies, tire l'*épervier* de toutes ses forces, et le met sur la rive. Lorsqu'on jette ce filet, on a besoin de beaucoup d'adresse, de force et de précautions. On déploie l'*épervier* par un élan qui fait faire la roue au filet, et qui

Leur chair est agréable au goût. On les sale dans beaucoup d'endroits, après les avoir vidés, nettoyés, et coupés par morceaux.

Sur les bords du Jaïk et du Volga, on les sèche ou on les fume après les avoir laissés pendant trois jours entourés de saumure.

Dans d'autres contrées, et particulièrement en Allemagne, on fait du *caviar* avec leurs œufs. Dans la marche électorale de Brandebourg, on mêle ces mêmes œufs avec des sardines, on en compose un mets que l'on nomme *netzin*, et que l'on regarde comme excellent. Cependant ces œufs de brochet passent, dans beaucoup de pays, au moins lorsqu'ils n'ont pas subi certaines préparations, pour difficiles à digérer, purgatifs et malfaisants.

C'est sur des brochets qu'on a essayé particulièrement cette opération de la castration dont nous avons déja parlé, et par le moyen de laquelle on est parvenu facilement à engraisser les individus auxquels on l'a fait subir.

Si l'on veut se procurer une grande abondance de gros brochets, il faut choisir, pour leur multiplication, des étangs qui ne soient pas propres aux carpes, à cause d'ombrages trop épais, de sources trop froides, ou de fonds trop maréca-

---

peut entraîner le pêcheur dans le courant, si une maille s'accroche à ses habits. La corde plombée se précipite au fond de l'eau, et enferme les poissons compris dans l'intérieur de la cloche.

geux : les brochets y réussiront, parce que toutes les eaux douces leur conviennent. On y placera, pour leur nourriture, des cyprins ou d'autres poissons de peu de valeur, comme des *Rotengles* et des *Rougeâtres*, si le fond de l'étang est sablonneux; et des bordelières ou des hamburges, si ce même fond est couvert de vase. Au reste, on peut les porter facilement d'un séjour dans un autre, sans leur faire perdre la vie; et on assure qu'ils n'ont été connus en Angleterre que sous le règne de Henri VIII, où on en transporta de vivants dans les eaux douces de cette île.

Le professeur Gmelin regarde comme une variété du brochet, un ésoce d'Amérique dans lequel la mâchoire supérieure est plus courte à proportion de celle d'en-bas que dans le brochet d'Europe : mais le nombre des rayons de la membrane branchiale de ce poisson américain, de sa dorsale et de ses ventrales, nous oblige à le considérer comme appartenant à une espèce différente de celle du brochet (1).

---

(1) 14 rayons à chaque pectorale de l'ésoce brochet.

10 rayons à chaque ventrale.

17 rayons à la nageoire de l'anus.

20 rayons à la nageoire de la queue.

13 rayons à chaque pectorale de l'ésoce américain.

L'ÉSOCE BÉLONE.[1]

Belone . . . . , Cuv.; *Esox Belone* , Linn., Gmel., Bl., Lac. (2).

———

Le museau de cet ésoce ressemble au bec d'un harle, ou à une très-longue aiguille ; son corps et

———

(1) *Orphie.*
Arphye.
Aiguille de mer.
Éguillette, auprès de Brest.
Hagojo , auprès de Marseille.
Aguillo , ibid.
Aguio , dans le département du Var. (Note envoyée par M. Fauchet, préfet de ce département.)
Acuchia , en Italie.
Angusicula , ibid.
Charman , en Arabie.
Choram, ibid.
Hornhecht, en Allemagne.
Nadelhecht, ibid.
Schneffel, auprès de Dantzig.
Nabbgiadda, en Suède.
Horn-give, en Norvége .
Nehhesild, ibid.
Horn-igel, ibid.
Gierne-fur, en Islande.
Horn-fisk, en Danemarck.

(2) Du sous-genre Orphie, *Belone*, Cuv., dans le grand genre des Brochets, famille des Malacoptérygiens abdominaux ésoces. Desm. 1832.

sa queue sont d'ailleurs si déliés, que la longueur
totale de l'animal est souvent quinze fois plus

Geep-wisch, en Hollande.
Naedl-fish, en Angleterre.
Garfish, ibid.
Horn-fish, ibid.
Sea-needel, ibid.
Garpike, ibid.
Timucu, au Brésil.
Peisce agutha, ibid.
Ikan tsjakalang hidjoe, dans les Indes orientales.
Grone tsjakalang of geep, ibid.
Ablennes, par plusieurs auteurs.
Ésoce bélone. Daubenton et Haüy, Encyclopédie méthodique.
Id. Bonnaterre, planches de l'Encyclopédie méthodique.
Orphie. Bloch, pl. 33.
Esox belone. Ascagne, 5, pl. 6.
Brünn. Pisc. Massil., p. 79, n. 95.
Muller, Prodrom. Zoolog. Danic., p. 49, n. 420.
Faun. Suecic. 356.
« Esox rostro cuspidato, gracili, subtereti et spithamali. » Artedi,
gen. 10, syn. 27.
Ραφίς. Oppian., lib. 1, 172, et 3, 605.
Id. Athen., lib. 8, p. 355.
Ahaniger. Albert., lib. 24, p. 241, *a*, edit. Venetæ, 1495.
Acus piscis. Salvian., fol. 68.
Belone et *raphis*, id est *acus.* Petri Artedi Synonymia piscium, etc.,
auctore J. G. Schneider, etc.
Gronov. Mus. 1, n. 39. Zooph., p. 117, n. 362.
« Mastaccembelus mandibulis longissimis, etc. » Klein, Miss. pisc. 4,
p. 21, n. 1, tab. 3, fig. 2.
Aiguille. Rondelet, première partie, liv. 8, chap. 3.
« Acus prima species. » Gesner, Aquat., p. 9, 10. Thierb., p. 48, b.
« Acus vulgaris, acus Oppiani. » Aldrovand. Pisc., p. 106, 107.
Acus vulgaris. Willughby, Ichthyolog., p. 231, tab. p. 2, fig. 4,
Append., tab. 3, fig. 2.

grande que sa hauteur : il n'est donc pas surprenant qu'on lui ait donné le nom d'*Aiguille*.
On l'a nommé aussi *Anguille de mer*, parce qu'il
vit dans l'eau salée, et que ses formes générales
ont beaucoup d'analogie avec celles de la murène
anguille. La ressemblance dans la conformation
amène nécessairement de grands rapports dans
les mouvements et dans les habitudes; et en effet
la manière de vivre de l'ésoce bélone est semblable, à plusieurs égards, à celle de l'anguille.

Les dents du bélone sont petites, mais fortes,
égales, et placées de manière que celles d'une
mâchoire occupent, lorsque la bouche est fermée,
les intervalles de celles de l'autre. Les yeux sont
gros. La ligne latérale est située d'une manière
remarquable; elle part de la portion inférieure de
l'opercule, reste toujours très-près du dessous du
corps ou de la queue, et se perd presque à l'extrémité inférieure de la base de la caudale. La queue
s'élargit, ou, pour mieux dire, grossit à l'endroit
où elle pénètre en quelque sorte dans la nageoire
de la queue; les autres nageoires sont courtes.

La partie supérieure du poisson est la seule
sur laquelle on voie des écailles un peu grandes,
tendres et arrondies.

Lorsque le bélone serpente, pour ainsi dire,

Rai, Pisc., p. 109.
Seapike. Brit. Zoology, p. 274, n. 2.
Timucu. Marcgrav. Brasil., 168.
Orphie. Valmont de Bomare, dictionnaire d'histoire naturelle.

dans l'eau, ses évolutions, ses contours, ses replis tortueux, ses élans rapides, sont d'autant plus agréables, que ses couleurs sont belles, brillantes et gracieuses ; le front, la nuque et le dos, offrent un noir mêlé d'azur ; les opercules réfléchissent des teintes vertes, bleues et argentines : la moitié supérieure des côtés est d'un vert diversifié par quelques reflets bleuâtres ; l'autre moitié répand, ainsi que le ventre, l'éclat de l'argent le plus pur : du gris ou du bleu sont distribués sur les nageoires.

Ce poisson si bien paré et si svelte a été observé dans presque toutes les mers ; il en quitte les profondeurs pour aller frayer près des rivages, où il annonce, par sa présence, la prochaine apparition des maquereaux. Il n'a communément qu'un pied et demi de longueur, et ne pèse que deux à quatre livres ; il devient alors très-souvent la proie des squales, des grandes espèces de gades, ou d'autres habitants de la mer voraces et bien armés : mais il parvient quelquefois à de plus grandes dimensions. Le chevalier Hamilton a vu pêcher, à Naples, un individu de cette espèce, qui pesait quatorze livres ; et Renard assure qu'on trouve, dans les Indes orientales, des bélones de six à neuf pieds de longueur, dont la morsure est, dit-on, très-dangereuse, et même mortelle, apparemment à cause de la nature de la blessure que font leurs dents nombreuses et acérées.

On prend les bélones pendant les nuits calmes et obscures, à l'aide d'une torche allumée, qui les attire en contrastant avec des ténèbres épaisses, et par le moyen d'un instrument garni d'une vingtaine de longues pointes de fer, qui les percent et les retiennent ; on en pêche jusqu'à quinze cents dans une seule nuit.

En Europe, où le bélone a la chair sèche et maigre, on ne le recherche guère que pour en faire des appâts.

Son canal intestinal proprement dit n'offre pas de sinuosité, et n'est pas distinct, d'une manière sensible, de la fin de l'estomac.

L'épine dorsale est composée de quatre-vingt-huit vertèbres ; elle soutient de chaque côté cinquante-une côtes : lorsque ces côtes et ces vertèbres sont exposées à un chaleur très-forte, elles deviennent vertes. Un effet semblable a été observé dans quelques autres poissons, et particulièrement dans des espèces de blennies ; et ces phénomènes paraissent confirmer ce que nous avons dit de la *Nature des Poissons* (voyez notre Discours sur ce sujet), surtout lorsqu'on rapproche cette coloration rapide de la lueur phosphorique que répandent dans l'obscurité ces os verdis par la chaleur (1).

______

(1) 13 rayons à chaque pectorale de l'ésoce bélone.

 7 rayons à chaque ventrale.

23 rayons à la nageoire de la queue.

L'ÉSOCE ARGENTÉ,[1]

Butirinus indicus, Cuv.; *Esox argenteus*, Forsk., Lac., Linn.,
Gmel.; *Argentina Glossodonta*, Forsk.; *Argentina Bonuk*,
Lac. (2).

L'ÉSOCE GAMBARUR,[3]

Hemiramphus marginatus, Cuv.; *Esox Gambarur*, Lac.;
Esox marginatus, Linn., Gmel. (4).

ET L'ÉSOCE ESPADON.[5]

Hemiramphus brasiliensis, Cuv.; *Esox brasiliensis*, Linn.,
Bl. pl. 391; *Esox Gladius*, Lac. (6).

GEORGE FORSTER a découvert l'argenté dans les
éaux douces de la Nouvelle-Zélande, et d'autres

---

(1) *Esox fusus*, *etc.* G. Forster, It. circa orb. 1, p. 159.

(2) Du genre BUTIRIN, dans la famille des CLUPES, ordre des Malacoptérygiens abdominaux. Cuv.

M. de Lacépède a décrit deux fois ce poisson, 1° sous le nom d'ÉSOCE
ARGENTÉ, et 2° sous celui d'ARGENTINE BONUK. DESM. 1832.

(3) *Esox hepsetus*, Linn., Gmel.

Forskael, Faun. Arabic., p. 67, n. 98.

« Argentina, pinnâ dorsali pinnæ ani oppositâ. » Amœnit. acad. 1,
p. 321.

Piquitinga. Margrav. Brasil. 159.

Ésoce piquitingue. Daubenton et Haüy, Encyclopédie méthodique.

Id. Bonnaterre, planches de l'Encyclopédie méthodique.

îles du grand Océan équinoxial. Nous n'avons pas vu d'individu de cette espèce : si sa caudale

---

Ésoce gambarur. Id.

Orphie de Rio Janeiro, « esox dorso monopterygio, rostro apice coc-« cineo, lineâ laterali latà, argenteâ, etc. » Commerson, manuscrits déja cités.

« Menidia corpore subpellucido, lineâ laterali latieri argenteâ. » Browne, Jamaic. 441, tab. 45, fig. 3.

(4) Du sous-genre DEMI-BEC, *Hemiramphus*, Cuv., dans le grand genre BROCHET, de la famille des Malacoptérygiens abdominaux ésoces.

L'*Esox hepsetus* de Linnée, cité dans la synonymie de cette espèce, est un composé de deux poissons : 1° le *Piquitinga* de Marcgrave, ou *Mœnidia* de Browne, qui est un anchois ; 2° l'autre que M. Cuvier ne peut reconnaître, mais qui cependant est un Hémiramphe. DESM. 1832.

(5) *Demi-museau.*

Bécassine de mer.

Petit espadon.

Elephantennase, par les Allemands.

Kleiner schwerdtfisch, id.

Halt-bec, par les Hollandais.

Brasilianischen snoek, id.

Under-sword fish, par les Anglais.

Piper, ibid.

Balaon, aux Antilles.

Ikan moeloet betang, dans les Indes orientales.

Mus. Ad. Frid. 2, p. 102.

« Esox maxillâ inferiore tereti, cuspidatâ, longissimâ, etc. » Gronov. Zooph. 363.

Browne, Jamaic. 443, tab. 45, fig. 2.

Under-swon fish. Grew. Mus. 87, tab. 7.

Ésoce petit espadon. Daubenton et Haüy, Encyclopédie méthodique.

Id. Bonnaterre, planches de l'Encyclopédie méthodique.

« Acus minor infernè rostrata, vulgò balon, etc. » Plumier, manuscrits de la Bibliothèque royale.

Petit espadon. Bloch, pl. 391.

(6) Ce poisson appartient au sous-genre DEMI-BEC, *Hemiramphus*, et paraît se rapporter surtout à l'*Hemiramphus brasiliensis* de M. Cuvier. DESM. 1832.

n'est pas échancrée, il faudra la placer dans le second sous-genre des ésoces.

Le gambarur nous a paru, ainsi qu'à Commerson, appartenir à la même espèce que le piquitingue au l'hepsète, qu'on n'a séparé du premier poisson, suivant ce célèbre voyageur, que parce qu'on a eu sous les yeux des piquitingues altérés, et privés particulièrement de la plus grande partie de leur longue mâchoire inférieure.

Il habite dans les eaux de la mer d'Arabie, ainsi que dans celles qui arrosent les rivages du Brésil.

Son corps est un peu transparent, très-allongé, ainsi que la queue, et couvert, comme cette dernière partie, d'écailles assez grandes; la mâchoire supérieure dure et très-courte; l'inférieure prolongée en aiguille, six fois plus longue que la mâchoire d'en-haut, et un peu mollasse à son extrémité; l'ouverture de la bouche garnie sur ses deux bords de petites dents; l'œil grand et rond; le dessus du crâne aplati; le lobe inférieur de la caudale près de deux fois plus long que le supérieur; la couleur générale un peu claire; le haut de la tête brun; le dos olivâtre à son sommet, et orné de raies longitudinales séparées par des taches brunes et carrées; la partie inférieure de l'animal marquée de quatre autres raies; chaque côté paré, ainsi que l'indique le tableau générique, d'une raie longitudinale, large, argentée et éclatante; la dorsale ordinairement très-noire, et le bout de la mâchoire inférieure d'un beau rouge.

Commerson a observé, en juin 1767, auprès de Rio-Janeiro, un gambarur qui n'avait guère plus de huit pouces de longueur.

L'espadon a beaucoup de rapports avec le gambarur; il en a aussi avec le xiphias espadon, et sa tête ressemble, au premier coup d'œil, à une tête de xiphias renversée. La prolongation de la mâchoire inférieure est encore plus longue que dans le gambarur, aplatie et sillonnée auprès de l'ouverture de la bouche, dont les deux bords sont hérissés de plusieurs rangées de petites dents pointues : d'autres dents sont situées autour du gosier; mais le palais et la langue sont unis. Le dessus de la tête est déprimé; les opercules sont rayonnés; le lobe inférieur de la caudale dépasse celui d'en-haut. La couleur générale est argentée; la tête, la mâchoire inférieure, le dos et la ligne latérale sont communément d'un beau vert, et les nageoires bleuâtres (1).

On trouve l'espadon dans les mers des deux

____

(1) 10 ou 12 rayons à chaque pectorale de l'ésoce gambarur.

    6 rayons à chaque ventrale.

    14 rayons à la nageoire de la queue.

    10 rayons à chaque pectorale de l'ésoce espadon.

    6 rayons à chaque ventrale.

    18 rayons à la caudale.

Indes. Nieuhof et Valentyn l'ont vu dans les Indes orientales; Plumier, Du Tertre, Browne et Sloane l'ont observé en Amérique. Sa chair est délicate et grasse. On l'attire aisément dans les filets, par le moyen d'un feu allumé au milieu d'une nuit sombre. Il paraît qu'il multiplie beaucoup.

L'ÉSOCE TÊTE-NUE,[1]

Erythrinus . . . ., Cuv. ; *Esox gymnocephalus*, Linn.,
Gmel., Lac. (2).

ET

L'ÉSOCE CHIROCENTRE.

Chirocentrus . . . ., Cuv. ; *Esox Chirocentrus*, Lac. ; *Clupea
dentex*, Schneid. ; *Clupea Dorab*, Gmel. (3).

L*E* premier de ces deux ésoces habite dans les
Indes ; le second a été observé par Commerson,
qui en a laissé un dessin dans ses manuscrits.
Nous lui avons donné le nom de *Chirocentre*,
pour indiquer le piquant ou aiguillon placé auprès de chacune de ces nageoires pectorales que
l'on a comparées à des mains. Une sorte de

(1) *Ésoce tête-nue.* Daubenton et Haüy, Encyclopédie méthodique.
Id. Bonnaterre, planches de l'Encyclopédie méthodique.

(2) Ce poisson est probablement du genre ÉRYTHRIN, *Erythrinus*, de
Gronow et 'e M. Cuvier, dans la fami'le des Clupes, ordre des Malacoptérygiens abdominaux.   DESM. 1832.

(3) Ce poisson est le type du genre CHIROCENTRE, *Chirocentrus*, de
M. Cuvier, dans la famille des Clupes, ordre des Malacoptérygiens abdominaux.   DESM. 1832.

loupe arrondie paraît au-dessus de ces mêmes pectorales. La ligne latérale règne près du dos, dont elle suit la courbure. Les écailles sont petites et serrées. Les deux lobes de la caudale sont très-grands ; l'inférieur est plus long que l'autre(1).

---

(1) 10 rayons à chaque pectorale de l'ésoce tête-nue.

19 rayons à la nageoire de la queue.

L'ÉSOCE VERT.[1]

Esox viridis, Linn., Gmel., Lac. (2).

Ce poisson habite dans les eaux douces de la Caroline, où il a été observé par Catesby et par le docteur Garden (3).

---

(1) *Ésoce verdet.* Daubenton et Haüy, Encyclopédie méthodique.

Ésoce aiguille écailleuse. Bonnaterre, planches de l'Encyclopédie méthodique.

(2) Sous le nom d'*Esox viridis*, M. Cuvier pense que Linnée a réuni une description de l'Orphie envoyée par Garden, avec la figure du Caiman (espèce de Lépisostée), donnée par Catesby, II, xxx.

Cela étant, l'espèce de l'Ésoce vert serait factice.   Desm. 1832.

(3) 11 rayons à chaque pectorale de l'ésoce vert.

6 rayons à chaque ventrale.

16 rayons à la nageoire de la queue.

FIN DU TOME X.

TABLE

DES ARTICLES CONTENUS DANS LE DIXIÈME VOLUME
DES ŒUVRES DE LACÉPÈDE.

FIN DE LA TABLE DES ARTICLES.

TABLE RAISONNÉE

LACÉPÈDE. Tome X.   29

Ce poisson, dont la connaissance est due à Commerson, se rapproche beaucoup de l'ordre des thoracins; ses caractères, p. 107 et 108.

Description du cobite loche, p. 114. — On le trouve dans les ruisseaux et les petites rivières des pays montagneux, p. 115. — Sa manière de vivre, *ibid.* — Ses ennemis, p. 116. — Sa pêche; manière de le transporter vivant au loin, p. 117. — Manière de l'acclimater dans des rivières ou des ruisseaux, *ibid.* — Sa description, p. 118. — On croit l'avoir retrouvé fossile dans les schistes calcaires d'OEningen, p. 119. — Habitudes propres au cobite tænia, *ibid.* — Qualités de sa chair, p. 120. — Sa description et celle du cobite trois barbillons, *ibid.* et p. 121.

Il vit dans les étangs; perd difficilement la vie, p. 124; — se cache dans des trous qu'il creuse dans la vase et y vit long-temps, lorsque l'eau s'est écoulée, *ibid.* — Il est très-sensible aux variations atmosphériques, p. 125. — Ses habitudes, p. 127. — Sa chair est molle et de mauvais goût, p. 128. — Sa description, p. 129.

Ce poisson de Surinam est très-digne de l'attention des physiciens, p. 133. — Les anableps sont très-remarquables par leurs yeux qui ont chacun la cornée divisée en deux parties, ce qui semble les rendre doubles, p. 134. — Description détaillée de ces yeux, p. 135 *et suiv.* — Description de ce poisson, p. 141. — Les petits sortent de l'œuf dans le ventre de la mère, *ibid.* — L'urine et le fluide spermatique du mâle sortent par une espèce de verge, ce qui fait penser que la copulation des anableps a lieu avec accouplement, p. 142. — Détails anatomiques, *ibid.*

Ce poisson se plaît dans presque toutes les mers, p. 271. — On le
trouve sur toutes les côtes septentrionales de l'Europe et de l'Asie,
dans l'océan Atlantique et dans l'océan Pacifique, sur les côtes occidentales de l'Europe, à la Nouvelle-Hollande, etc., p. 272. — Il
préfère le voisinage des grands fleuves et des rivières dont les eaux
sont rapides, p. 273. — Il habite aussi quelques lacs et mers intérieurs, *ibid.* — S'il croît dans les mers, il naît dans les eaux douces.

Il passe l'hiver dans l'Océan, et remonte les fleuves dans la belle saison avec une grande facilité, p. 274.—Détails sur les voyages des saumons dans les divers climats ; ils nagent avec beaucoup de vitesse en troupes nombreuses, et dans un ordre assez régulier, *ibid.* — Ils font beaucoup de bruit en battant l'eau avec leur queue, p. 276. — Ils remontent les cataractes, en s'élançant au moyen de leur queue qu'ils courbent en arc, et redressent ensuite, comme un ressort qui se débande, p. 277. — Détails anatomiques et zoologiques sur les saumons, p. 278. — Les individus de trois ans ont la mâchoire supérieure très-recourbée en forme de crochet, et portent les noms de *Bécards* ou de *Hecquets*, p 280. — Temps du frai ; détails sur la ponte des œufs, *ibid.* — Après le frai, les saumons sont mous, maigres et faibles, p. 283. — Éclosion des œufs, détails sur le développement et la croissance des jeunes saumons, p. 284. — Les saumons se nourrissent d'insectes et de petits poissons, *ibid.* — Leurs ennemis, p. 285. — Diverses sortes de pêches employées pour prendre les saumons, dans divers pays, *ibid.* — Nombre immense de ces poissons qui sont pêchés chaque année, p. 290. — Maladies dont ils sont atteints, p. 292.

Les saumons *Illankens* passent l'hiver dans le lac de Constance, comme les saumons proprement dits dans la mer, p. 294. — Ils voyagent dans le Rhin supérieur et les autres rivières qui se jettent dans ce lac, p. 296. — Ils pèsent souvent quarante livres ; leurs œufs sont la proie de beaucoup de poissons et d'oiseaux d'eau, *ibid.* — Leur pêche, p. 297. — Quelques détails sur leurs caractères spécifiques, *ibid.* et 298.

Description de la truite, p. 301. — On la trouve dans presque toutes les contrées du globe, et particulièrement dans les lacs élevés, p. 303. — Suite de sa description, *ibid.* — Sa longueur, son poids, *ibid.* — Elle aime les eaux froides, claires et rapides, qui coulent sur des fonds pierreux, p. 304. — Les grandes chaleurs l'incommodent, et elle recherche les eaux fraîches, *ibid.* — Fait communiqué par M. Duchesne de Versailles, qui semble prouver que les truites peuvent vivre longtemps dans des cavités souterraines remplies d'eau, p. 306. — Les truites vivent d'insectes, de vers et de petits coquillages aquatiques, p. 307. — Époque du frai de ces poissons dans les lacs Léman et de

Le brochet est le requin des eaux douces, p. 417. — Ses habitudes
gloutonnes et féroces, p. 419. — Ses caractères, *ibid. et suiv.* — Détails anatomiques, p. 421. — Dimensions auxquelles parvient le brochet, p. 423. — Époque de sa ponte, p. 424. — Sa pêche, p. 425. — Conservation de sa chair et de ses œufs, p. 426. — Ésoce américain, p. 427.

L'Ésoce Bélone est remarquable par le prolongement de son bec en une très longue aiguille, p. 428. — On l'a nommé *Anguille de mer* à cause de la forme de son corps, p. 430. — Ses caractères, *ibid. et suiv.* — Manière de pêcher l'Ésoce Bélone, p. 432. — Ses arêtes, par la cuisson, prennent une couleur verte plus ou moins foncée, *ibid.*

FIN DE LA TABLE.

9 782329 064314